普通高等教育“十一五”国家级规划教材
21世纪高职高专电子信息类专业系列教材

电子测量技术

第2版

主　编　徐佩安
副主编　黄鸿彬　谢展鹏
参　编　郭慧泉　王效华　刘婷婷

机械工业出版社

本书着重讲述了电子测量中的基本概念，以电子测量仪器仪表为主线介绍它们的工作原理、使用方法和测量技能。主要内容包括：概述，万用表，直流稳压电源，毫伏表，信号发生器，示波器，数字频率计，扫频仪、频谱分析仪及失真度测量仪，逻辑分析仪，计算机仿真测量和常用电子测量仪表综合运用。

本书既可作为高等职业院校应用电子技术、电子信息工程技术和通信技术等专业学生的教学用书，也可供从事电类专业的工程技术人员参考。

为方便教学，本书有电子课件、习题解答等教学资源，凡选用本书作为授课教材的老师，均可通过电话（010-88379564）或 QQ（2314073523）索取。有任何技术问题也可通过以上方式联系。

图书在版编目（CIP）数据

电子测量技术/徐佩安主编．—2 版．—北京：机械工业出版社，2011.6（2022.7 重印）

普通高等教育“十一五”国家级规划教材　21 世纪高职高专电子信息类专业系列教材

ISBN 978-7-111-34815-3

Ⅰ．①电…　Ⅱ．①徐…　Ⅲ．①电子测量－高等职业教育－教材　Ⅳ．①TM93

中国版本图书馆 CIP 数据核字（2011）第 118478 号

机械工业出版社（北京市百万庄大街 22 号　邮政编码 100037）

策划编辑：曲世海　责任编辑：曲世海　责任校对：李秋荣

封面设计：陈　沛　责任印制：刘　媛

涿州市般润文化传播有限公司印刷

2022 年 7 月第 2 版第 5 次印刷

184mm×260mm · 12.25 印张 · 300 千字

标准书号：ISBN 978-7-111-34815-3

定价：37.00 元

电话服务

客服电话：010-88361066

010-88379833

010-68326294

网络服务

机　工　官　网：www.cmpbook.com

机　工　官　博：weibo.com/cmp1952

金　　书　　网：www.golden-book.com

机工教育服务网：www.cmpedu.com

前　　言

电子测量技术是电子技术中进行信息检测的重要手段，它是一门发展快、应用面宽、实践性强而且非常重要的应用学科，在现代科学技术中占有举足轻重的作用和地位。现代高科技中，火箭、导弹飞行轨道的控制，人造卫星飞行姿态的调整，必须有快速、精密的信息检测；现代化的大地测量、气象遥感和地质勘探等也都少不了应用电子技术手段进行测量。

为适应国民经济建设对电子测量技术专业人才的需求，许多高职高专学院的电子测量技术与仪器、检测技术及应用、通信技术、电子信息工程技术和应用电子技术等专业纷纷开设了电子测量技术的课程，培养学生具有电子测量方面的基础知识和应用能力。

本课程是一门实践性很强的课程，在理论教学的同时，就应尽可能与电子测量技能与训练同步进行，以达到理论联系实际，学以致用的目的。教学内容应根据专业不同而各有侧重。

本书在编写过程中力求适应高等职业学院注重应用能力培养的特点，突出实际应用，在问题的阐述上，避免过深过难的理论推导，力求简明扼要，通俗易懂。对测量仪器仪表讲清工作原理框图，重点介绍电物理量的测量技能。为了教与学的方便，本书各章后都配有本章小结和习题。

本教材的教学参考学时数为54学时，其中第一章2学时，第二章6学时，第三章2学时，第四章4学时，第五章6学时，第六章8学时，第七章2学时，第八章4学时，第九章4学时，第十章8学时，第十一章8学时。

全书共十一章，第一、二、五章由徐佩安编写，第三、四、十章由郭慧泉编写，第六章由谢展鹏编写，第八章由刘婷婷编写，第七、九章由王效华编写，项目一到项目五及第十一章由黄鸿彬编写。

全书在编写中参考了一些电子测量方面的教材和科技书，在此，编者向其作者致以感谢。由于编者水平有限，书中存在的错误和不妥之处敬请读者批评指正。

编　者

目录

第一章　概　　述

第一节　电子测量基本知识

一、电子测量的意义

电子测量就是以电子技术理论为依据，借助于电子测量设备，把未知的电量或非电量与作为测量单位的标准电量进行比较，从而确定这个未知电量或非电量（包括数值和单位）的过程。电子测量内容通常包含以下几个方面：

1）能量的测量，如电流（I）、电压（U）、电功率（P）、电能（W）等。

2）电路特征的测量，如电阻（R）、电容（C）、电感（L）等。

3）电信号特性的测量，如频率（f）、相位（φ）、功率因数（$\cos\varphi$）、失真度（k）等。

4）电子电路性能的测量，如放大倍数（A）、通频带（BW）、灵敏度（S）等。

5）非电量的测量，如压力（p）、温度（T）、速度（v）等。

上述各项测量内容中，尤其是频率、时间、电压、相位、阻抗等基本电参数的测量更为重要，它们往往是其他参数测量的基础。如放大器的增益测量实际上就是其输入、输出端电压的测量；脉冲信号波形参数的测量可归结为电压和时间的测量；许多情况下电流的测量不方便，就以电压的测量来代替。同时，由于时间和频率的测量具有其他测量所不可比拟的精确性，因此人们越来越关注把其他待测量转化成时间或频率的测量的方法和技术。

二、电子测量的方法

1. 按测量手段分类

（1）直接测量　在测量过程中，能够直接将被测量与同类标准量进行比较，或能够直接用事先刻度好的测量仪器对被测量进行测量，直接获得数值的测量称为直接测量。例如，用电压表测量电压、用直流电桥测量电阻等都是直接测量。直接测量方式广泛应用于工程测量中。

（2）间接测量　当被测量由于某种原因不能直接测量时，可以通过直接测量与被测量有一定函数关系的物理量，然后按函数关系计算出被测量的数值，这种间接获得测量结果的方式称为间接测量。例如，用伏安法测量电阻，是利用电压表和电流表分别测量出电阻两端的电压和通过该电阻的电流，然后根据欧姆定律计算出被测电阻的大小。间接测量方式广泛应用于科研、实验室及工程测量中。

（3）组合测量　当某项测量结果需要用多个未知参数表示时，可通过改变测量条件进行多次测量，根据函数关系列出方程组求解，从而得到未知量的测量，称为组合测量。这种测量方法比较复杂，费时间，但准确度较高，一般适用于科学实验。

2. 按测量方式分类

（1）直读法　用直接指示被测量大小的指示仪表进行测量，能够直接从仪表刻度盘上或从显示器上读取被测量数值的测量方法，称为直读法。例如，用欧姆表测量电阻时，从指示的数值可以直接读出被测电阻的数值。这一读数被认为是可信的，因为欧姆表的数值事先用标准电阻进行了校验，标准电阻已将它的量值和单位传递给欧姆表，间接地参与了测量。直读法测量的过程简单，操作容易，读数迅速，但其测量的准确度不高。

（2）比较法　将被测量与标准量在比较仪器中直接比较，从而获得被测量数值的方法，称为比较法。例如，用电桥测量电阻时，标准电阻直接参与了测量过程。在电子测量中，比较法具有很高的测量准确度，可以达到 ±0.001%，但测量时操作比较麻烦，相应的测量设备也比较昂贵。

比较法又分为零值法、较差法和替代法三种。

1）零值法又称平衡法，它是利用被测量和标准量对仪表的作用相互抵消，由指零仪表作出判断的方法，即当指零仪表指示为零时，表示两者的作用相等，仪表达到平衡状态。此时按一定的关系可计算出被测量的数值。

2）较差法是通过测量被测量与标准量的差值，或正比于该差值的量，根据标准量来确定被测量数值的方法。

3）替代法是分别把被测量和标准量接入同一测量系统，在标准量替代被测量时，调节标准量，使系统的工作状态在替代前后保持一致，然后根据标准量来确定被测量的数值。用替代法测量时，由于替代前后测量系统的工作状态是一样的，因此仪器本身性能和外界因素对替代前后的影响几乎是相同的，有效地克服了所有外界因素对测量结果的影响。

3. 按测量性质分类

（1）时域测量　时域测量也称为瞬时测量，主要是测量被测量随时间的变化规律。如用示波器观察脉冲信号的上升沿、下降沿、平顶降落等脉冲参数以及动态电路的暂态过程。

（2）频域测量　频域测量也称为稳态测量，主要目的是获取待测量与频率之间的关系。如用频谱分析仪分析信号的频谱，测量放大器的幅频特性、相频特性等。

（3）数据域测量　数据域测量也称为逻辑量测量，主要是对数字信号或电路的逻辑状态进行测量，如用逻辑分析仪等设备测量计数器的状态。随着微电子技术的发展需要，数据域测量及测量智能化、自动化显得越来越重要。

（4）随机测量　随机测量也称为统计测量，主要是对各类噪声信号进行动态测量和统计分析。这是一项新的测量技术，尤其在通信领域有着广泛应用。

除了上述几种常见的分类方法外，还有其他一些分类方法。比如，按照对测量准确度的要求，可以分为精密测量和工程测量；按照测量时测量者对测量过程干预程度分为自动测量和人工测量；按照被测量与测量结果获取地点的关系分为本地测量和遥控测量或分为接触测量和非接触测量；按照被测量的属性分为电量测量和非电量测量等。

三、电子测量的特点

1. 测量频率范围极宽

测量频率时，除测直流外低频可低至 $10^{-5} \sim 10^{-4}$Hz，高频可至 10^{12}Hz。在不同的频率范围内，电子测量所依据的原理、使用的测量仪器及采用的测量方法也各不相同。例如，信号源就分为低频、音频、高频和超高频等多种信号发生器。

2. 测量仪器的量程很广

量程是仪器所能测量各种参数的最大范围。由于被测对象的大小相差极大，因而要求测量仪器的量程也极宽。例如，一台高灵敏度的新型数字电压表可以测出 10nV 级至 1kV 级的电压，量程达 11 个数量级。

3. 测量准确度高

电子仪器的准确度比其他测量仪器高很多，特别是对频率和时间的测量。由于采用原子频标和原子秒作为基准，使时间的测量误差减小到 $10^{-13}\sim10^{-14}$量级，这是目前人类在测量准确度方面达到的最高标准。

4. 测量速度快

电子测量由于是通过电子运动和电磁波的传播来进行工作的，因此它具有其他测量方法通常无法比拟的高速度。例如，火箭发射过程需要快速测出其运动参数，以便下达控制信号，使它达到预期的目标。

5. 实现遥测和长期不断的测量

通过各种类型的传感器，可以实现对人体不便于接触或无法到达的区域进行遥测，而且也可以在被测对象正常工作的情况下进行不间断的测量。例如对卫星、导弹、人体内部、敌人火力可达的前沿阵地等的测量。

6. 测量过程的自动化和测量仪器的微机化

由于电子测量的测量结果和它所需要的控制信号都是电信号，非常有利于直接测量或通过 A-D 转换与计算机相连接，实现自动记录、数据运算、分析处理和程序控制，做成各种自动化仪器或自动测试系统。

电子测量所具有的一系列特点，使它被广泛地运用到各个领域，大到天文观测、航空航天，小到物质结构、基本粒子，几乎没有不应用电子测量技术的领域。

四、测量单位制

测量单位是确定一个被测量的标准，因此测量单位的确定和统一是非常重要的。

1. 国际单位制（SI）的组成

国际单位制是由国际单位制单位、国际单位制词头和国际单位制的十进倍数单位三部分组成。

1）国际单位制单位包括了基本单位、导出单位和辅助单位三类。基本单位共有七个，其名称及符号列于表 1-1 中。导出单位是由基本单位按定义、定律或一定的关系式推导出来的单位。辅助单位有两个，即平面角的单位弧度（rad）和立体角的单位球面度（sr），它们在应用过程中可以任意作为基本单位或导出单位。

表 1-1　国际单位制基本单位

量的名称	单位名称	单位符号
长度	米	m
质量	千克（公斤）	kg
时间	秒	s
电流	安［培］	A
热力学温度	开［尔文］	K
物质的量	摩［尔］	mol
发光强度	坎［德拉］	cd

2）国际单位制词头采用的是十进制词头，它们是用来表示使单位增大或缩小的十进倍数。词头是这些倍数单位名称的一部分，它们代表的倍数从 $10^{-18} \sim 10^{18}$，共有 16 个，见表 1-2。

表 1-2　国际单位制词头

因数	词头名称		词头符号	因数	词头名称		词头符号
	原文（法）	中文			原文（法）	中文	
10^{18}	exa	艾	E	10^{-1}	deci	分	d
10^{15}	peta	拍	P	10^{-2}	centi	厘	c
10^{12}	tera	太	T	10^{-3}	milli	毫	m
10^{9}	giga	吉	G	10^{-6}	micro	微	μ
10^{6}	mega	兆	M	10^{-9}	nano	纳	n
10^{3}	kilo	千	k	10^{-12}	pico	皮	p
10^{2}	hecto	百	h	10^{-15}	femto	飞	f
10^{1}	deca	十	da	10^{-18}	atto	阿	a

2. 使用国际单位制的注意事项

在使用国际单位制时，必须遵循规定的使用方法。这里简要介绍国际单位制的使用方法和需要注意的事项。

1）词头符号与单位符号之间不留间隔。例如，km（千米）。

2）若单位符号上有指数，则表明倍数单位按指数相乘。例如，$1\text{cm}^3 = 10^{-6}\text{m}^3$。

3）两个以上单位的乘积最好用圆点作为乘号，只有当不致与其他符号混淆时，圆点可以省略，但次序不能变动。例如，k · m 或 km，但不允许写成 mk。

4）不允许用两个以上国际单位制词头并列构成组合词头。例如，1pF（皮法），而不允许用 1mnF（毫纳法）。

5）当导出单位由一个单位被另一个单位除而构成时，可以用斜线、水平线或者负幂数表示。例如，m/s、$\text{m} \cdot \text{s}^{-1}$。

6）除了加括弧外，一个组合单位在同一行内只能用一条斜线，在复杂情况下应该用负幂数或括弧表示。例如，m/s^2 或 $\text{m} \cdot \text{s}^{-2}$，但不应写为 m/s/s。

7）选用国际单位制单位的倍数单位时，应使数值处于 0.1 ~ 1000 之间。例如，$3.4 \times 10^4\text{N}$ 可以写成 34kN，0.00687m 可以写在成 6.87mm，$5.4 \times 10^{-9}\text{s}$ 可以写成 5.4ns。但在同一个量的数值表中，或同一篇文章中讨论这些数值时，即使有些数值不在 0.1 ~ 1000 范围以内，也要求使用一致的倍数单位或分数单位。

第二节　测 量 误 差

在测量过程中，由于受到测量方法、测量设备、测量条件及观测经验等多方面因素的影响，测量结果不可能是被测量的真实数值，而只是它的近似值，即任何测量的结果与被测量的真实值之间总是存在着差别，这种差别称为测量误差。

一、测量误差的分类

根据测量误差的性质和特点，可以将其分为系统误差、偶然误差和粗大误差。

1. 系统误差

在相同条件下多次测量同一量时，其大小和符号保持恒定，或在条件改变时按某种确定规律变化的误差称为系统误差。系统误差主要是由于测量设备的不完善、测量方法的不严格和测量条件的不稳定而引起的。由于系统误差表示了测量的结果偏离其真实值的程度，即反映了测量结果的准确度，所以在误差理论中，经常用准确度来表示系统误差的大小。

系统误差的消除方法：对测量仪器仪表进行校正，在准确度要求较高的测量结果中，引入校正值进行修正；消除产生误差的根源，即正确选择测量方法和仪器，尽量使测量仪表在规定的使用条件下工作，消除各种外界因素造成的影响；采用特殊的测量方法，如正负误差补偿法、替代法等。

2. 偶然误差

在实际相同条件下多次测量同一量时，其大小和符号以不可预定的方式变化着的误差称为偶然误差，又称随机误差，很多测量结果的随机误差的分布形式接近于正态分布，也有部分测量结果的随机误差属于均匀分布或其他分布。产生偶然误差的原因很多，如温度、磁场、电源频率、感官分辨本领等的偶然变化都可能引起这种误差。由于偶然误差表示了测量的结果偏离其真实值的分散情况，因此偶然误差经常用来表示测量的准确度。

消除偶然误差可采用在同一条件下，对被测量进行足够多次的重复测量，取其平均值作为测量结果的方法。

系统误差和偶然误差是两类性质完全不同的误差。系统误差反映在一定条件下误差出现的必然性，而偶然误差则反映在一定条件下误差出现的可能性。

3. 粗大误差

超出了规定条件下预期的误差称为粗大误差。也就是说一定的测量条件下，测量结果明显地偏离了真值。粗大误差亦称为寄生误差，它主要是由于读数错误、测量方法错误、测量仪器有缺陷等原因造成的。显然，凡是含有粗大误差的测量结果应该摒弃不用。

二、测量误差的来源

1. 仪器误差

由于测量仪器本身及附件的电器和机械性能不完善而引起的误差。如仪器零件位置安装不正确、刻度不够均匀、元器件老化等，这是仪器固有的误差。

2. 使用误差

由于仪器的安装、布置、调节和校正不当等所造成的误差。如把要求水平放置的仪器垂直放置、接线太长、未装阻抗匹配连接线、接地不当等都会产生使用误差。减小这种误差的方法就是严格按照技术规程操作，提高实验技巧和对各种现象的分析能力。

3. 影响误差

由于受外界温度、湿度、电磁场、机械振动、光照、放射性等影响而造成的误差。

4. 人体误差

由于测量者的分辨能力、工作习惯和身体素质等原因引起的误差。对于某些借助人耳、人眼来判断结果的测量以及需要进行人工调整等的测量工作，均会产生人体误差。

5. 方法和理论误差

由于测量方法或者仪器仪表选择不当所造成的误差称为方法误差。测量时，依据的理论不严格或者应用近似公式、近似值计算等造成的误差称为理论误差。

三、测量误差的表示方法

测量误差通常用绝对误差和相对误差来表示。

1. 绝对误差

测量结果的数值 X 与被测量的真实值 X_0 的差值称为绝对误差，用 ΔX 表示

$$\Delta X = X - X_0 \tag{1-1}$$

由于被测量的真实值 X_0 往往是很难确定的，所以在实际测量中，通常用标准表的指示值或多次测量的平均值作为被测量的真实值。对同一被测量而言，测量的绝对误差越小，测量就越准确；对不同被测量，测量的绝对误差不能反映测量的准确程度。

2. 相对误差

相对误差的大小，既可以用来反映同一被测量又可以反映不同被测量的测量准确程度，相对误差根据不同的表示形式，可分为实际相对误差、示值相对误差、分贝误差和满度相对误差。

（1）实际相对误差　测量的绝对误差与被测量真实值之比，称为实际相对误差，用符号 γ_0 表示，则

$$\gamma_0 = \frac{\Delta X}{X_0} \times 100\% \tag{1-2}$$

（2）示值相对误差　测量的绝对误差与仪表指示值之比，称为示值相对误差，用符号 γ_x 来表示

$$\gamma_x = \frac{\Delta X}{X} \times 100\% \tag{1-3}$$

（3）分贝误差　用分贝（dB）表示的相对误差，其在电子学和声学中常用来表示相对误差。

对于电流、电压等电参量：$\gamma\,(\mathrm{dB}) = 20\lg(1+\gamma)$　(1-4)

对于功率类等电参量：$\gamma\,(\mathrm{dB}) = 10\lg(1+\gamma)$　(1-5)

（4）满度相对误差　测量仪器量程内最大绝对误差与测量仪器满度值（量程上限值）之比，称为满度相对误差，用符号 γ_m 表示

$$\gamma_m = \frac{\Delta X_m}{X_m} \times 100\% \tag{1-6}$$

满度相对误差也称为满度误差或者最大引用误差。我国电工仪表的准确度等级 S 就是按满度误差 γ_m 分级的，按 γ_m 大小依次划分成 0.1、0.2、0.5、1.0、1.5、2.5 及 5.0 七级。如某电压表为 0.1 级，即表明它的准确度等级为 0.1 级，它的满度误差不超过 0.1%，即 $|\gamma_m| \leqslant 0.1\%$（习惯上也写成 $\gamma_m = \pm 0.1\%$）。

利用绝对误差和相对误差的概念，可以把一个测量结果完整地表示为

$$\text{测量结果} = X + \Delta X \quad \text{或} \quad \text{测量结果} = X(1 + \gamma_x) \tag{1-7}$$

也就是说，测量不仅要确定被测量的大小，还必须确定测量结果误差的大小，即确定测量结果的可靠程度。

例1 要测一个10V左右的电压，手头有两块电压表，其中一块量程为50V、1.5级，另一块量程为15V、2.5级，问选用哪一块表合适？

解 若使用量程为50V、1.5级电压表，则测量产生的最大相对误差为

$$|\Delta U| = 50\text{V} \times 1.5\% = 0.75\text{V}$$

$$\gamma_x = \frac{|\Delta U|}{10\text{V}} \times 100\% = 7.5\%$$

被测电压的最大相对误差为7.5%。

若使用量程为15V、2.5级电压表，则用同样方法可以求得测量产生的最大相对误差为

$$|\Delta U| = 15\text{V} \times 2.5\% = 0.375\text{V}$$

$$\gamma_x = \frac{|\Delta U|}{10\text{V}} \times 100\% = 3.75\%$$

被测电压的最大相对误差为3.75%。因此应选用15V、2.5级电压表。

第三节 电子测量仪器仪表概述

测量仪器仪表是将被测量转化成可直接获得数值或者信息的器具，包括各类指示仪器、比较仪器、记录仪器、传感器和变送器等。利用电子技术对各种待测量进行测量的设备，统称为电子测量仪器仪表。

一、测量仪器仪表的功能

各类测量仪器仪表一般都具有物理量的变换、信号的传输和测量结果的显示等三种最基本的功能。

1. 变换功能

对于电压、电流等电学量的测量，是通过测量各种电效应来达到目的的。比如作为模拟测试仪表，就是将流过线圈的电流，转变为转动力矩，并带动与线圈相连的指针转动，使仪表指针偏转一个角度，根据偏转角度大小得到被测电流的大小，这就是一种很基本的变换功能。对非电量测量，必须将各种非电物理量如温度、亮度、颜色、压力、物质成分等，通过各种传感器，转换成为与之相关的电压、电流等，然后再通过对电压、电流的测量，得到被测物理量的大小。

2. 传输功能

在遥测系统中，现场测量结果经变送器处理后，经过较长距离的传输才能送到测试终端。不管采用有线的还是无线的方式，传输过程中造成的信号失真和外界干扰等问题都会存在。因此，现代测量技术和测量仪器仪表都必须认真对待测量信息的传输问题。

3. 显示功能

测量结果必须以某种方式显示出来才有意义。因此，任何测量工具都必须具备显示功能。比如模拟式仪表通过指针在仪表刻度盘上显示测量结果，数字式仪表通过数码管、液晶显示器或阴极射线管显示测量结果。另外，一些先进的仪器如智能化仪器等还具有数据记录、数据存储、数据处理及自检、自校、报警提示等功能。

二、测量仪器仪表的主要性能指标

1. 精密度

精密度（δ）说明仪表指示值的分散性，表示在同一测量条件下对同一被测量进行多次测量时，得到的测量结果的分散程度。它反映了随机误差的影响。精密度高，意味着随机误差小、测量结果的重复性好。比如某电流表的精密度为0.05mA，即表示用它对同一电流进行测量时，得到的各次测量值的分散程度不大于0.05mA。

2. 正确度

正确度（ε）说明仪表指示值偏离真实值的程度。所谓真实值是指待测量在特定状态下所具有的真实值的大小。正确度反映了系统误差的影响。正确度高则说明系统误差小，比如某电流表的正确度是0.05mA，则表明用该电流表时的指示值与真实值之差不大于0.05mA。

3. 准确度

准确度（τ）是精密度和正确度的综合反映。准确度高，说明精确度和正确度都高，也就意味着系统误差和随机误差都小，因而最终测量结果的可信度也高。在具体的测量实践中，可能会出现这样的情况：正确度较高而精密度较低，或者情况相反，有相当的精密但欠正确。当然理想的情况是既正确又精密，即测量结果准确度高。要获得理想的结果，应满足三个方面的条件：性能优良的测量仪器、正确的测量方法和细心的测量操作。准确度、精密度和正确度的关系可用图1-1表示。

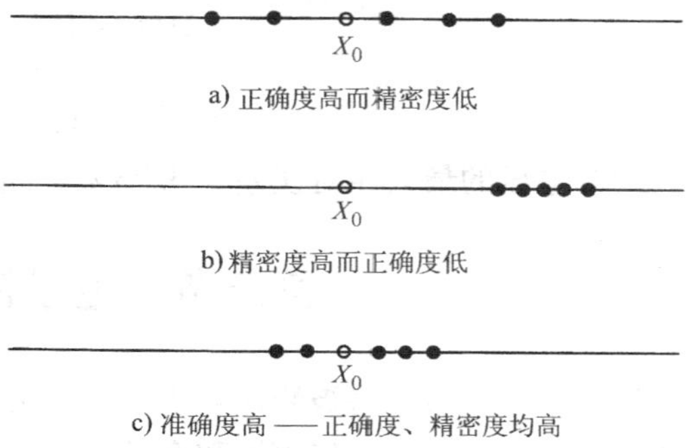

图1-1　测量结果的正确度、精密度和准确度

4. 稳定性

稳定性经常用稳定度和影响量两个参数来表征。稳定度（稳定误差），是指在规定的时间区间，其他外界条件恒定不变的条件下，仪器示值变化的大小。造成这种示值变化的原因主要是仪器内部各元器件的特性、参数不稳定和老化等因素。稳定度可用示值绝对变化量和时间一起表示。

由于电源电压、频率、环境温度、湿度、气压和振动等外界条件变化而造成仪表示值的变化量，称为影响量（影响误差）仪表的稳定性一般用示值偏差和引起该偏差的影响量一起表示。

5. 输入阻抗

测量时由于仪表接入待测电路，将改变待测电路的阻抗特性，这种现象称为负载效应。为了减小测量仪表对待测电路的影响，提高测量准确度，通常对这类测量仪表的输入阻抗都有一定要求。仪表的输入阻抗一般用输入电阻和输入电抗表示。对信号源等供给仪器，还要考虑输出阻抗，在高频以上频率测量等场合，还必须注意阻抗的匹配。

6. 灵敏度

灵敏度表示测量仪表对被测量变化的敏感程度，一般定义为测量仪表指示值增量ΔY与被测量增量ΔX之比。例如，示波器在单位输入电压的作用下，示波器荧光屏上光点偏移的距离就定义为它的偏转灵敏度，单位为cm/V、cm/mV等。灵敏度的另一种表示方式称为分辨力，定义为测量仪表所能区分的被测量的最小变化量，在数字式仪表中经常使用。

7. 线性度

线性度表示测量仪表输入输出特性，表示仪表的输出量随输入量变化的规律。若

仪表的输出为 Y，输入为 X，则两者关系用 $Y=f(X)$ 表示。若 $Y=f(X)$ 为 XOY 平面上过原点的直线，则称之为线性刻度特性，否则称之为非线性刻度特性。由于各类测量仪表的原理各异，不同的测量仪表可能呈现不同的刻度特性。仪表的线性度可用线性误差来表示。

8. 动态特性

测量仪表的动态特性表示仪表的输出响应随输入变化的能力。例如，模拟测试仪表由于动圈式表头指针惯性、轴承摩擦、空气阻尼等因素的作用，使得仪表的指针不能瞬间稳定在固定值上。又如示波器的垂直偏转系统，由于输入电容等因素的影响，造成输出波形对输入信号的滞后与畸变，示波器的瞬态响应就表示了这种仪器的动态特性。

并非所有仪器仪表都用上述特性加以考核。有些测量仪器仪表除了上述指标特性外，还有如功耗、读数装置、工作频率等其他技术要求。

三、电子测量仪器仪表的分类

电子测量仪器仪表的分类方法按不同的要求分类不同，若按其功能，则大致可分为下面几类：

（1）电平测量仪器　各种模拟式电压表、毫伏表、数字式电压表、电流表、功率计和电能表等。

（2）电路参数测量仪器　各类电桥，Q 表，R、L、C 测试仪，晶体管或集成电路参数测试仪，图示仪等。

（3）频率、时间和相位测量仪器　电子计数式频率计、石英钟、数字式相位计、波长计等。

（4）波形测量仪器　各类示波器，如通用示波器、多踪示波器、取样示波器、记忆和数字存储示波器等。

（5）信号分析仪器　失真度测量仪、谐波分析仪和频谱分析仪等。

（6）模拟电路特性测试仪器　扫频仪、噪声系数测试仪和网络特性分析仪等。

（7）数字电路特性测试仪器　它主要指逻辑分析仪。这类仪器内部多带有微处理器或通过接口总线与外部计算机相连，是数据域测量中不可缺少的设备。

（8）测试用信号源　各类低频和高频信号发生器，脉冲信号发生器、函数发生器、扫描和噪声信号发生器等。

第四节　测量数据的处理

测量数据的处理，就是从测量所得到的原始数据中求出被测量的最佳估计值，并计算其精确程度。必要时还要把测量数据绘制成曲线或归纳成经验公式，以便得出正确结论。

一、有效数字

由于含有误差，所以测量数据和由测量数据计算出来的算术平均值等都是近似值。通常就从误差的观点来定义近似值的有效数字。若末尾数字是个位，则包含的绝对误差值不大于0.5，若末尾是十位，则包含的绝对误差值不大于5，对于其绝对误差不大于末尾数字一半的数，从它左边第一个不为零的数字起，到右边最后一个数字（包括零）止，都称为有效数字。

例如：	51416	五位有效数字	4.162	四位有效数字
	6500	四位有效数字	67×10^2	二位有效数字
	0.058	二位有效数字	0.906	三位有效数字

由上述几个数字可以看出，位于数字中间和末尾的“0”都是有效数字，而位于第一个非零数字前面的“0”，都不是有效数字。

数字末尾的“0”很重要，如写成10.60表示测量结果准确到百分位，最大绝对误差不大于0.005，而若写成10.6，则表示测量结果准确到十分位，最大绝对误差不大于0.05，可见末位是欠准确的估计值，称为欠准数字。决定有效数字位数的标准是误差，多了则夸大了测量准确度，少了则带来了附加误差。

二、多余数字的修约规则

对测量结果中的多余有效数字，应按下面的修约规则进行：以保留数字的末尾为单位，它后面的数字若大于0.5个单位，则末尾进1；小于0.5个单位，末尾不变；恰为0.5个单位，则末尾为奇数时加1，末尾为偶数时不变，即末尾取偶数。简单概括为“小于5舍，大于5入，等于5时取偶数法则”。

例2 将下列数字保留到小数点后一位：22.34、12.56、15.35、32.45。

解 22.34→22.3 12.56→12.6 15.35→15.4 32.45→32.4

之所以采用这样的舍入法则，是出于减小计算误差的考虑。每个数字经舍入后，末尾是欠准数字，末位之前是准确数字，最大舍入误差是末位的一半。因此当测量结果未注明误差时，就认为最末一位数字有“0.5”误差，称此为“0.5误差法则”。

三、有效数字的运算规则

当需要对几个测量数据进行运算时，要考虑有效数字保留多少位的问题，以便不使运算过于麻烦而又能正确地反映测量的准确度。保留的位数原则上取决于各数中准确度最差的那一项。

1. 加法运算

以小数点后最少的为准（各项无小数点则以有效位数最少者为准），其余各数可多取一位。结果以小数点后最少的为准（无小数点则以有效位数最少者为准）。

例如：$13.3729+16.04\rightarrow13.373+16.04=29.413\rightarrow29.41$

2. 减法运算

当相减两数相差较远时，原则同加法运算，当两数很接近时，有可能造成很大的相对误差，因此第一要尽量避免导致相近两数相减的测量方法，第二在运算中多取一些有效数字。

3. 乘除法运算

以有效数字最少的数为准，其余参与运算的数字可多取一位，结果中的有效数字位数与最少的数相等。

例如：$1.05782\times14.21\times4.52\rightarrow1.058\times14.21\times4.52=67.9544936\rightarrow68.0$

4. 乘方、开方运算

运算结果比原数多保留一位有效数字。

例如：$27.8^2\approx772.8$ $\sqrt{9.4}\approx3.07$

5. 对数运算

对数前后的有效数字位数应相等。

本章小结

1. 电子测量就是以电子技术理论为依据，借助于电子测量设备，把未知的电量或非电量与作为测量单位的同类标准电量进行比较，从而确定这个未知电量或非电量的过程。

2. 电子测量内容：电能量、电路特征、电信号特性、电子电路性能、非电量的测量。

3. 电子测量特点：频率范围极宽、量程很广、准确度高、测量速度快、可遥测、易微机化。

4. 电子测量的分类：按测量手段，可分为直接测量、间接测量和组合测量；按测量方式，可分为直读法和比较法；按测量的性质，可分为时域测量、频域测量、数据域测量和随机测量。

5. 测量误差分类：按测量误差的性质和特点，可分为系统误差、偶然误差和粗大误差；按误差的来源，可分为仪器误差、使用误差、影响误差、人体误差、方法和理论误差；按误差的表示方法，可分为绝对误差和相对误差。

6. 国际单位制是由国际单位制单位、国际单位制词头和国际单位制单位的十进倍数单位三部分组成。

7. 电子测量仪器仪表的功能：变换、传输和显示功能。主要性能指标：精密度、正确度、准确度、稳定性、输入阻抗、灵敏度、线性度和动态特性。

8. 用数字方式表示测量结果时，根据要求确定有效数字位。不可随意更改测量结果的有效数字位。在对多余数字位进行删略时，必须遵循数字的舍入规则——“四舍五入”。

习　　题

1. 什么叫电子测量？电子测量的对象是什么？

2. 电子测量方法有几种？它们是按什么进行分类的？

3. 电子测量的特点与其他测量有什么不同？

4. 简述国际单位制的基本组成。国际单位制的基本单位有哪些？

5. 什么叫测量误差？产生测量误差的主要原因有哪些？

6. 根据误差的性质，可以把误差分为哪几类？

7. 误差的表示方法有几种？各表示什么含义？

8. 测量仪器仪表有什么功能，主要性能指标是什么？

9. 有一电流为20A的电路，用电流表甲测量时，其指示为20.3A；另一电流为60A的电路，用电流表乙测量时，其指示为59.1A。试求甲、乙两只电流表测量的绝对误差和相对误差各为多少？能不能说甲表比乙表更准确？

10. 举例说明正确度、精密度和准确度之间的关系。

11. 根据有效数字运算规则计算下列各式

(1) $26.12 + 5.4291 + 0.082498$

(2) $4.465 + 21.3 + 34.635 + 0.125064$

(3) $5.9758 \times 3.42 \times 3.3525$

(4) 6.83^2　7.5^2　$\sqrt{8.6}$　$\sqrt{25.8}$

12. 用2.5级、30A的电流表测得某段电路中的电流为24A。求：

(1) 该电流表最大允许的基本误差。

(2) 测量结果可能的最大相对误差。

13. 用量限为300V的电压表去测量电压为250V的某电路上的电压，要求测量的相对误差不大于±1.5%。问应选用哪一个准确度等级的电压表？若改用量限为500V的电压表，则又该如何选择准确度等级？

第二章　万　用　表

万用表是一种多功能、多量程、便于携带的电子仪表。它可以用来测量直流电流、电压，交流电流、电压，电阻，音频电平和晶体管直流放大倍数等物理量。

万用表由表头、测量线路、转换开关以及表笔等组成。表头用来指示被测量的数值；测量线路用来把各种被测量转换为适合表头测量的直流微小电流或者电压；转换开关用来实现对不同测量线路、不同量程的选择，以适合各种被测量的要求。万用表可以分为模拟式和数字式万用表。模拟式万用表是由磁电系测量机构作为核心，用指针来显示被测量数值；数字式万用表是由数字电压表作为核心，配以不同转换器，用液晶显示器显示被测量数值。

第一节　模拟式万用表

一、模拟式万用表面板结构

各种模拟式万用表的面板布置不完全相同，模拟式万用表面板结构一般包括刻度尺、量程选择开关、机械零位调节旋钮、欧姆档零位调节旋钮、供接线用的插孔或者接线柱等。图2-1所示的是国产MF30型万用表的外形图。

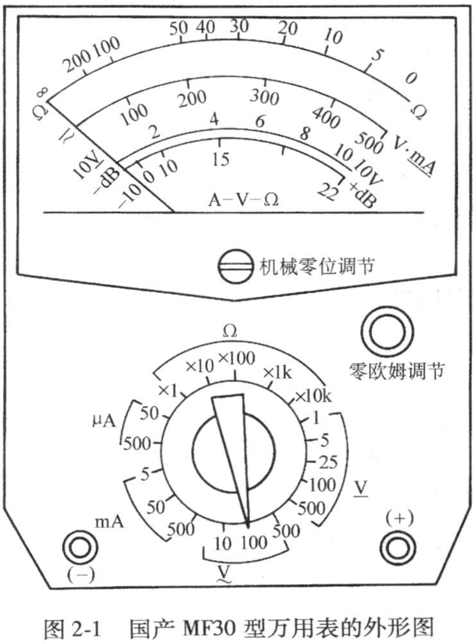

图2-1　国产MF30型万用表的外形图

该仪表的外形图由五部分组成，各部分的功能如下：

(1) 刻度尺　显示各种被测量的数值及范围。

(2) 量程选择开关　根据具体情况转换不同的量程、不同的物理量。

(3) 机械零位调节旋钮　用于校准指针的机械零位。

(4) 欧姆档零位调节旋钮　用来进行电气零位调节。

(5) 供接线用的插孔或者接线柱　用来外接测试表笔。

二、模拟式万用表的主要功能及技术指标

1. 主要功能

万用表的主要功能包括直流电流、电压的测量，交流电流、电压的测量，电阻的测量，晶体管直流放大倍数的测量和电平的测量。

2. 技术指标

1）灵敏度高：由于采用了灵敏度较高的磁电系表头，因此万用表的灵敏度较高。

2）防外磁场的能力强。

3）工作频率范围较宽。

4）存在波形误差：万用表采用整流电路，刻度尺是按正弦波交流电的有效值刻度的。

三、基本测量原理

1. 磁电系测量机构的工作原理（见图 2-2）

（1）转动力矩的产生　当活动线圈通过直流电流时，所产生的磁场与永久磁铁的磁场相互作用，线圈位于气隙中的垂直边受到电磁力的作用。电磁力的方向可以根据左手定则来确定，每个垂直边受到的电磁力的大小为

$$F = NBlI \tag{2-1}$$

式中，F 是电磁力，单位为 N；N 是线圈匝数；B 是气隙中的磁感应强度，单位为 T；l 是线圈垂直边的有效长度，单位为 m；I 是通过线圈的电流，单位为 A。

若线圈的横边宽度为 b，则作用于整个线圈的转动力矩（N · m）为

$$M_1 = 2NBlIb/2 = NBlbI = NBSI = KI \tag{2-2}$$

式中，$S = bl$，为线圈的面积；$K = NBS$，在仪表做好以后为定值。

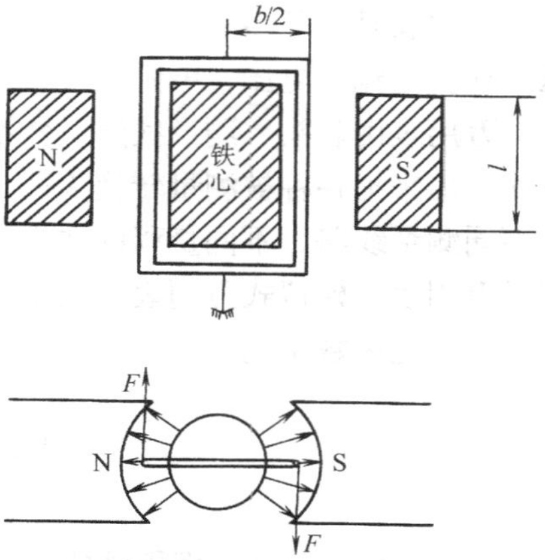

图 2-2　磁电系测量机构的工作原理

所以，转动力矩的大小仅与被测电流成正比。

（2）反作用力矩的产生　当可动线圈偏转时，游丝被旋紧。游丝是一种螺旋形的弹性元件，当其被旋紧后，就产生相反方向（即与可动线圈偏转方向相反）的力矩，称为反作用力矩。线圈偏转角越大，它所产生的反作用力矩就越大，反作用力矩 M_2 的大小正比线圈的偏转角，于是有

$$M_2 = W\alpha \tag{2-3}$$

式中，W 是游丝反作用力矩系数，其大小决定于游丝的材料和结构尺寸；α 是线圈的偏转角，即指针的偏转角。

当反作用力矩和转动力矩大小相等时，力矩平衡，指针停止偏转，这时指针的偏转角 α 可以通过力矩平衡方程式来得到，即

$$M_1 = M_2$$
$$KI = W\alpha$$
$$\alpha = KI/W = S_I I \tag{2-4}$$

对于某一仪表而言，S_I 是一个常数，因此，指针偏转角 α 正比于流入线圈的电流 I。通过适当的刻度，指针位置即能反映被测电流的大小。

2. 测量直流电流的基本原理

一个磁电系表头就是一个电流表，只不过它的量程为 I_g（一般为几微安至几十微安），当要测较大的电流时，在表头两端并联一个适当阻值的电阻即可，如图 2-3 所示。其中 R_s 称为分流电阻（分流器），阻值的大小可用下式计算：

$$R_s = R_g/(n-1) \tag{2-5}$$

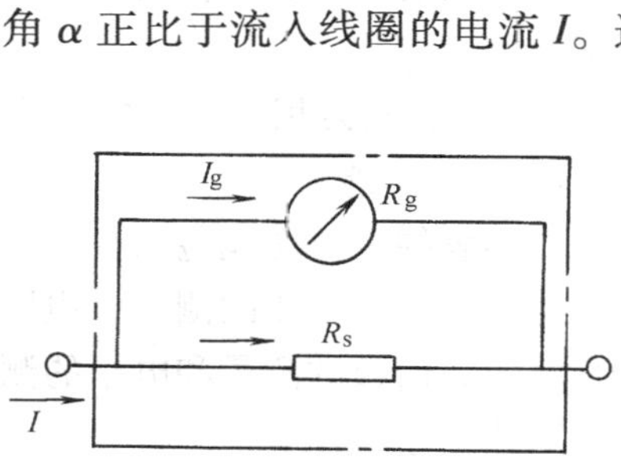

图 2-3　单量程直流电流表原理图

式中，$n=I/I_g$，表示表头量程扩大的倍数。

当 R_s 为定值时，被测电流 I 与流过表头的电流的大小成一定的比例关系，因此表头指针的偏转角可以反映被测电流的大小。

多量程的电流表，即在表头两端并联上不同阻值的电阻，由转换开关接入电路。分流器有两种连接方法：独立分档和闭路抽头连接式。从保护表头的安全因素出发，若开关接触不良，则独立分档式可能损坏表头，而闭路抽头连接式可避免损坏表头，因此多采用电路闭路抽头连接式，如图 2-4 所示。此电流表有三档量程，分别为 I_1、I_2、I_3。

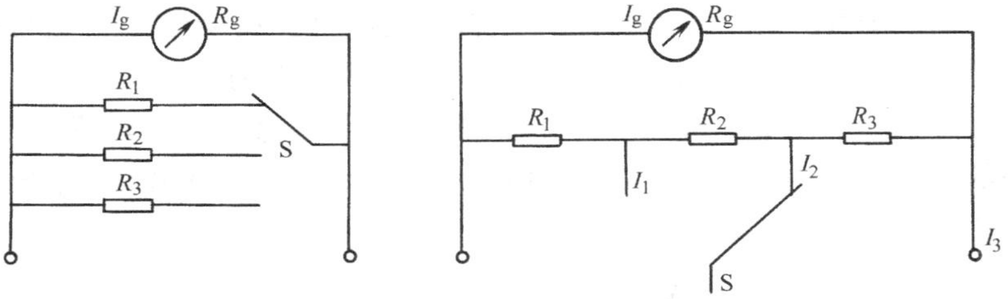

a) 独立分档式　　b) 闭路抽头连接式

图 2-4　多量程直流电流表原理图

3. 测量直流电压的基本原理

用单独的一个磁电系表头就可测量小于 U_g（$U_g=I_gR_g$）的直流电压。若要测较大的电压时，则根据串联电阻可以分压的原理，在表头上串联一个适当的电阻即可，如图 2-5 所示。图中 R_V 称为分压电阻，阻值大小用下式计算：

$$R_V=(U-I_gR_g)/I_g=(mU_g-I_gR_g)/I_g=(m-1)R_g \tag{2-6}$$

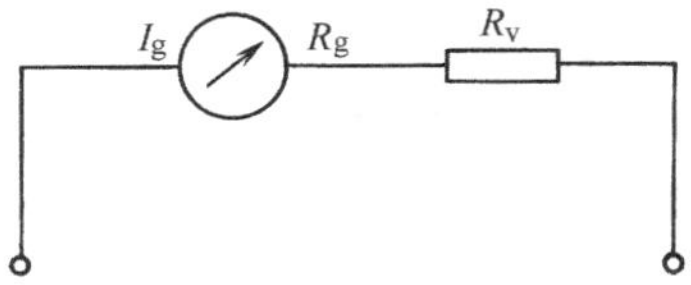

图 2-5　单量程直流电压表原理图

式中，$m=U/U_g$，表示表头量程扩大的倍数。

当 R_V 为定值时，被测电压 U 与流过表头的电流的大小成一定的比例关系，因此表头指针的偏转角可以反映被测电压的大小。

如果多个分压电阻与表头串联，就可制成多量程的直流电压表。连接方式分为单用式和共用式，电路原理如图 2-6 所示。

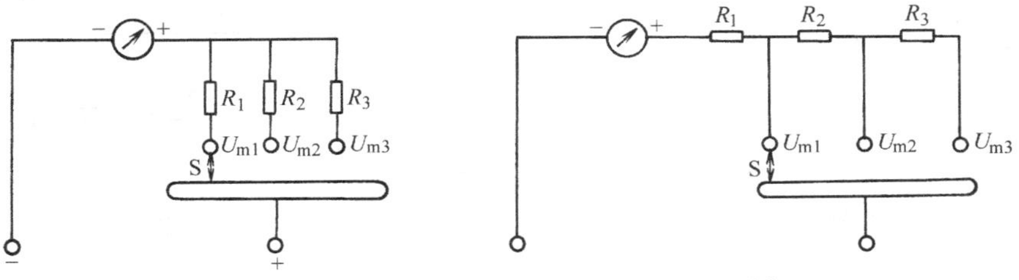

a) 单用式　　b) 共用式

图 2-6　多量程直流电压表原理图

4. 测量交流电压、电流的基本原理

由于万用表的表头是磁电系测量机构，只能测量直流。因此测量交流电时，必须采取整流措施。对交流信号进行整流的方式有多种，最常见的是平均整流和峰值整流，而在万用表上普遍采用平均值整流方式，而平均值整流又可分为半波整流和全波整流两种。

（1）半波整流电路　如图2-7所示，整流二极管VD_1与表头串联构成一个支路，而二极管VD_2并接在由表头和VD_1串联的支路两端。由于二极管的单向导电性，输入信号经VD_1、VD_2的作用，流过表头的电流是单向脉动电流，其波形如图2-7所示。当VD_2导通时，二极管的正向电阻很低，所以a、b端的电压也很低，一般只有0.3～0.7V。这就保护了VD_1，使它不会被反向电压击穿。

（2）全波整流电路　如图2-8所示，它是由四个整流二极管组成的桥式整流电路，二极管分别成为桥路的四个臂。两个对角线一个接交流电源，另一个接磁电系测量机构。由于二极管VD_1、VD_3和VD_2、VD_4的作用，在交流电压的一个周期内，表头中流过的是两个同方向的半波电流，其波形如图2-8所示。若外加的交流电压的数值相等，则在全波整流电路中，流过表头的电流要比半波整流电路大一倍。所以全波整流电路比半波整流电路有较高的灵敏度，或者说其整流效率要高一倍。

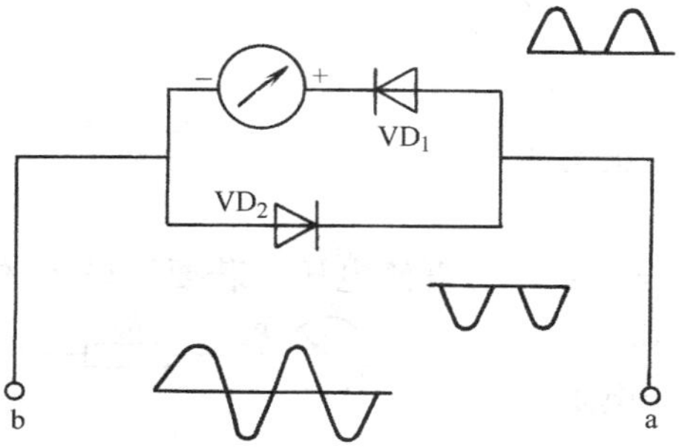

图2-7　半波整流电路

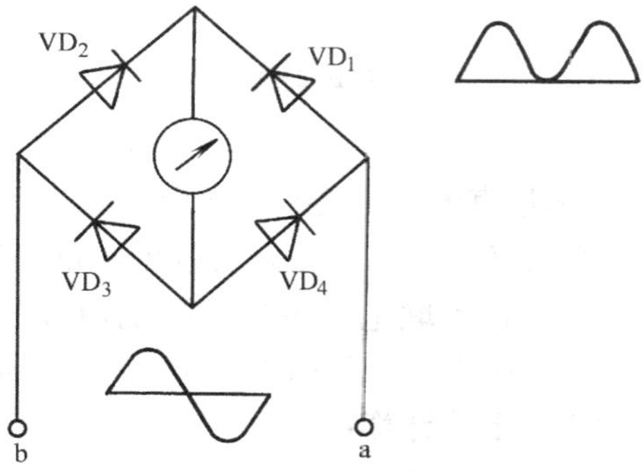

图2-8　全波整流电路

（3）多量限交流电压表　将带有整流电路的表头电路串联各种数值的附加电阻，即构成多量限的交流电压表。与直流电压档的测量电路类似，多量限交流电压档的测量电路也分为单用式和共用式两种，如图2-9所示。

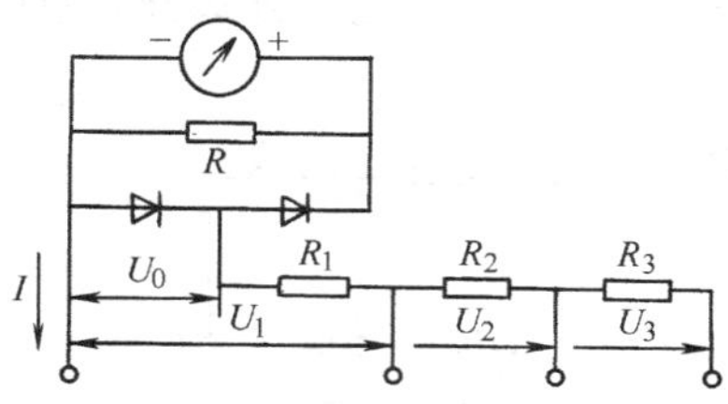

a）半波整流

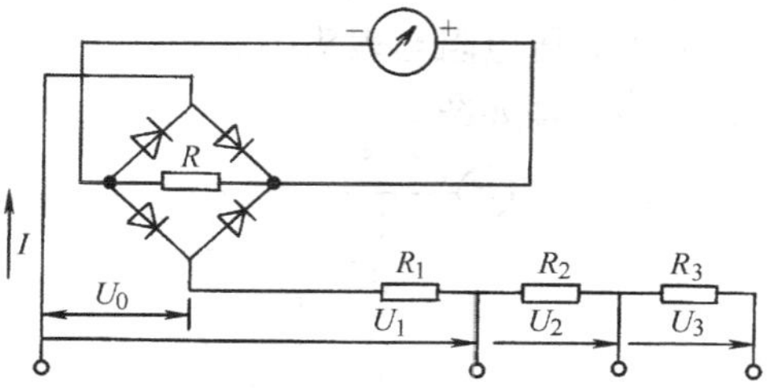

b）全波整流

图2-9　多量限交流电压表电路

（4）多量限交流电流表　将带有整流电路的表头电路并联各种数值的分流电阻，即构成多量限交流电流表，与直流电流档的测量电路类似，交流电流表中一般采用闭路抽头连接式分流电路，如图2-10所示。

5. 测量电阻的基本原理

万用表的电阻档基本电路如图2-11所示。

根据欧姆定律可知，流过被测电阻的电流为

$$I = \frac{U}{R_c + R + R_x} \tag{2-7}$$

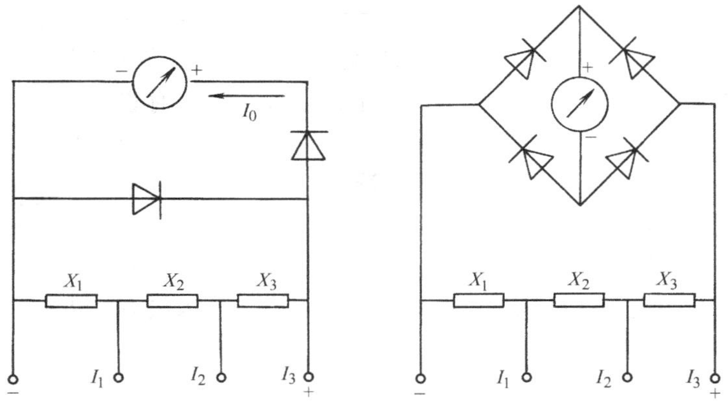

图 2-10　多量限交流电流表电路

由上式可知，当电池电压 U、固定电阻 R、R_c 不变时，流过表头电流的大小与被测电阻 R_x 的大小是一一对应的，因此表头指针的偏转角可以用来反映被测电阻的大小。同时可以得出以下几点结论：

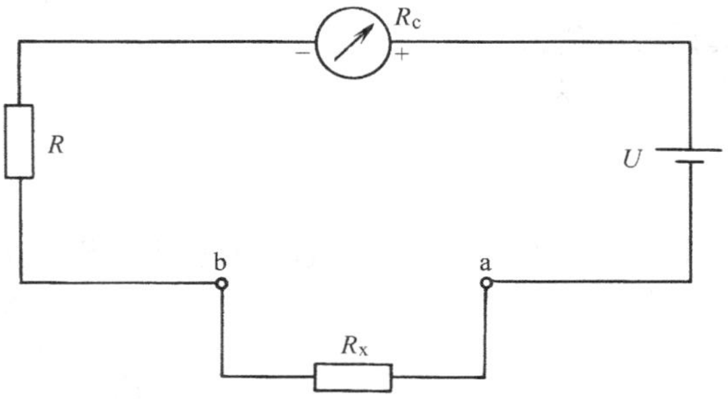

图 2-11　万用表测量电阻的原理电路图

1）根据电阻测量原理可知，流过表头的电流与被测电阻的关系不是线性关系，因此，万用表刻度尺的刻度是不均匀的。当被测电阻 R_x 为无穷大时，$I=0$，指针偏转角为 0；当 $R_x=0$ 时，流过表头的电流 I 恰好是表头的满偏电流 I_c，这时指针满刻度偏转。可见万用表刻度尺为反向刻度，与其电流、电压档的刻度尺的刻度方向恰好相反，如图 2-12 所示。

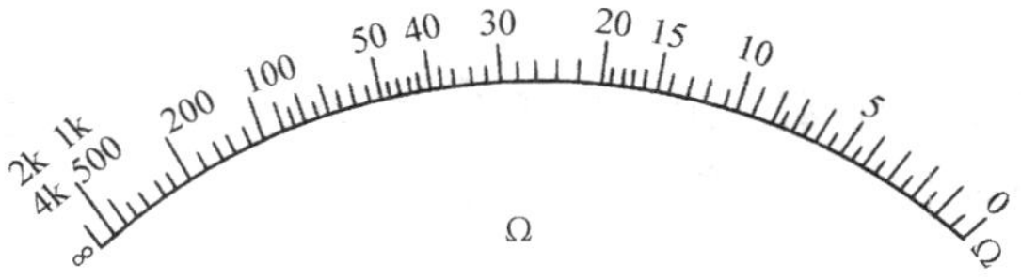

图 2-12　万用表刻度尺

2）万用表随着使用或者存放时间的增加，电池端电压会逐渐下降，必然会使测量时工作电流减小从而造成测量误差。最明显的误差就是当 $R_x=0$ 时，表头指针不能达到满刻度偏转，即不能达到零欧姆刻度线。因此，实际的万用表中都设有零欧姆调整器。常用的零欧姆调整器一般都采用分压式电路，如图 2-13 所示。

通过调节电位器来调节分流电流的大小，从而确保当 $R_x=0$ 时，流过表头的电流等于表头的满偏电流，使指针达到零欧姆刻度线。

3）如图 2-11 所示，当 $R_x=R_c+R$ 时，有

$$I = \frac{U}{R_c + R + R_x} = \frac{U}{2(R_c + R)} = \frac{I_c}{2} \tag{2-8}$$

式中，I_c 为表头的满偏电流。当表头指针在刻度尺的中心位置时，所指示的数值称为欧姆中

心值。这时所指示的欧姆数值正好是该量限的总内阻值。首先由于万用表刻度尺的刻度不均匀，知道了欧姆中心值，就确定了万用表的有效测量范围，使得其有效测量范围一般为$\frac{1}{10}$～10倍欧姆中心值。若被测电阻超出该范围太大，则需要改变量程。其次根据欧姆中心值，可以按十进制倍数扩大其量程。这样做可以使各个量程共用一条刻度尺，读数很方便。

4）测量电阻量程的扩大，欧姆表的总内阻也增大，测量时表头的工作电流相应减小，当 $R_x=0$ 时，指针不能指到零刻度。为了解决这一问题，第一在电池电压不变的情况下，改变测量电路的分流电阻，以适应不同量程时对工作电流的要求。第二提高工作电压，高阻档时电表的内阻增加，但提高了电池电压后，当 $R_x=0$ 时，仍可保持表头电流达到满偏，可以通过转换开关接入较高的电池电压。

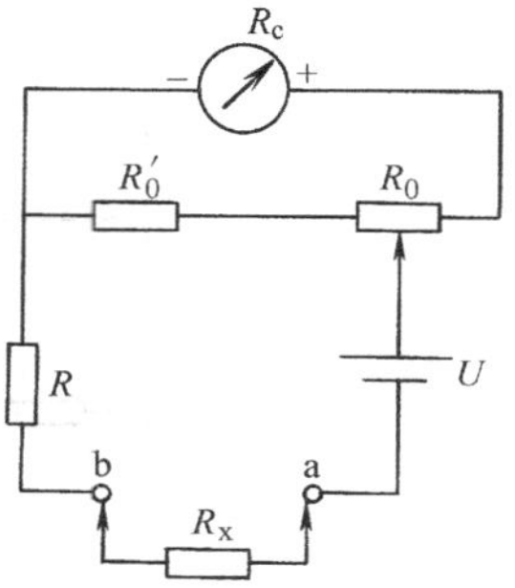

图 2-13　分压式零欧姆调整器

6. 测量电平

（1）电平　电信号通过某一传输系统时，其功率发生相对变化，用对数表示功率、电压的增加或者衰减的倍数，称为电平，其计量单位为“贝尔”。实际测量中常用的单位是“贝尔”的十分之一，即“分贝”，用符号“dB”表示。

$$S = 10\lg\frac{P_2}{P_1} \tag{2-9}$$

式中，S 是电平值；P_1 是输入的功率；P_2 是输出的功率。

在实际测量电平时，由于电压比较容易测得，通常用测量电压代替测量功率，根据

$$P_1 = \frac{U_1^2}{R} \quad P_2 = \frac{U_2^2}{R}$$

因此

$$S = 20\lg\frac{U_2}{U_1} \tag{2-10}$$

（2）零电平　电平为两个功率或者电压之比的对数值，其大小是相对的。通常规定在600Ω的负载电阻上消耗1mW的功率作为零电平。因此，电路中某处的电平，可以表示为相对于零分贝的绝对电平，即

$$S = 10\lg\frac{P}{1\times10^{-3}\text{W}} \text{或} S = 20\lg\frac{U}{0.775\text{V}} \tag{2-11}$$

（3）注意事项

1）有的模拟式万用表规定在500Ω负载电阻上消耗6mW功率为零分贝标准，此时对应的电压为1.732V。

2）当被测电路负载电阻不是规定的600Ω（或者500Ω）时，此时电平应按下式计算：

$$S = 20\lg\frac{U}{0.775\text{V}} + 10\lg\frac{600\Omega}{R_L} \tag{2-12}$$

3）当被测电平的数值超出分贝刻度尺的基本范围时，应适当选择交流电压档的量限，并根据说明书上给出的附加分贝值，加上读数即是实际测量结果。

第二节　数字式万用表

新技术的发展，开创了数字式测量仪器这一崭新的领域。与旧的模拟式测量仪器相比，数字式测量仪器不仅在准确度、分辨力和测量速度等方面有着极大的优越性，而且把数字技术和微处理器技术与精密测量技术结合在一起，已使之成为仪器仪表领域中一个独立而完整的分支。

数字式万用表（又称数字多用表，简写为DDM）是数字测量仪器的一个重要组成部分。它是由数字电压表（常简写为DVM）配上各种变换器所构成的，因而具有交直流电压、交直流电流、电阻等多种测量功能。数字电压表是数字式万用表的核心，因此也常把各类数字式万用表统称为数字电压表。

一、数字式万用表的面板结构

数字式万用表的面板主要包括液晶显示器、电源开关、量程选择开关、h_{FE}插口和输入插孔。以DT—830型数字式万用表为例，其面板如图2-14所示。

DT—830型数字式万用表面板由五部分组成，各部分的名称和作用如下：

（1）液晶显示器　显示各种被测量的数值，包括小数点、正负号及溢出状态。

（2）电源开关　接通和切断表内电池电源。

（3）量程选择开关　根据具体情况转换不同的量程、不同的物理量。

（4）h_{FE}插口　用来进行晶体管参数的测量。

（5）输入插孔　用来外接测试表笔。

二、数字式万用表的主要功能及技术指标

1. 主要功能

数字式万用表的主要功能除和模拟式万用表一样具有直流电流、电压的测量，交流电流、电压的测量，电阻的测量外，还能够进行二极管结电压的测量、晶体管h_{FE}的测量和线路通短的测量。

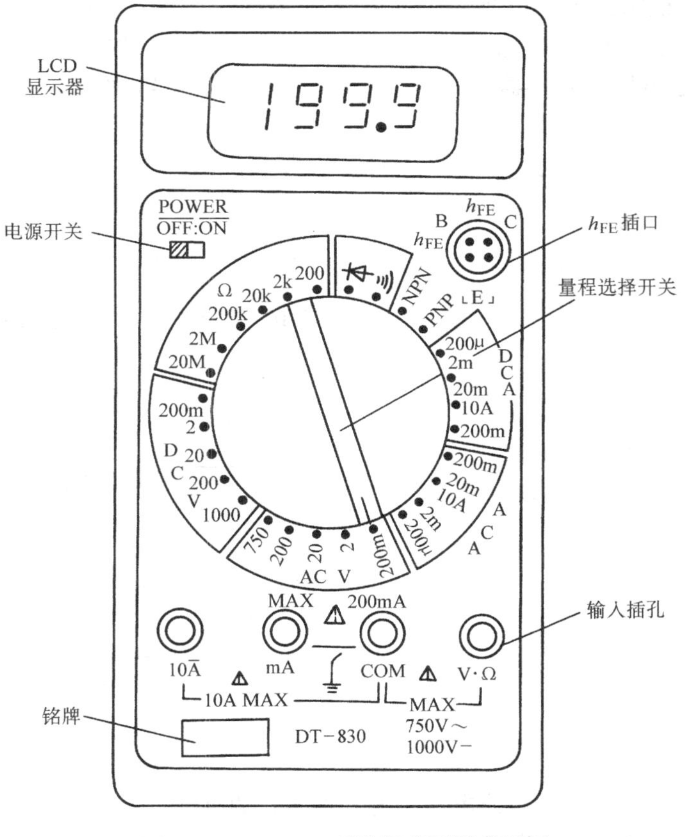

图2-14　DT—830型数字式万用表面板

2. 技术指标

（1）误差　数字式万用表的误差主要包括基准源误差、输入放大器误差、非线性误差和

量化误差。

（2）分辨力　指其末位一个字所对应的数值。

（3）输入阻抗　指数字式万用表处于工作状态下，从输入端看进去的输入电路的等效阻抗。

（4）测量速度和响应时间　测量速度是指在单位时间内，按规定的准确度完成测量的次数；响应时间是指输入信号发生突变的瞬间到满足准确度的新的稳定显示值之间的时间间隔。

三、基本工作原理

数字式万用表的测量过程是先由转换电路将被测量转换成直流电压信号，由 A-D（模-数）转换器将电压模拟量转换成数字量，然后通过电子计数器计数，最后把测量结果用数字的形式直接显示出来。测量过程如图 2-15 所示。

图 2-15　数字式万用表的测量过程

数字式万用表是在数字式直流电压表的基础上扩展而成的，数字式直流电压表的简单原理框图如图 2-16 所示。它主要由 A-D 转换器、电子计数器、译码显示器和控制器等构成，数字式万用表在数字式直流电压表的基础上，加上 AC-DC（交流-直流）转换器、*I-U*（电流-电压）转换器和 *R-U*（电阻-电压）转换器而构成，其原理框图如图 2-17 所示。

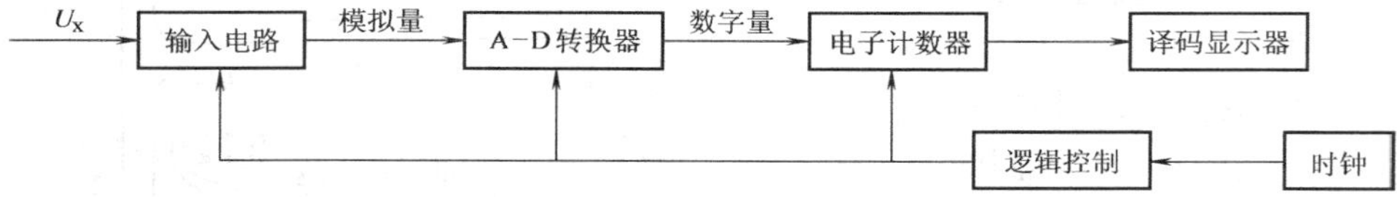

图 2-16　数字式直流电压表原理框图

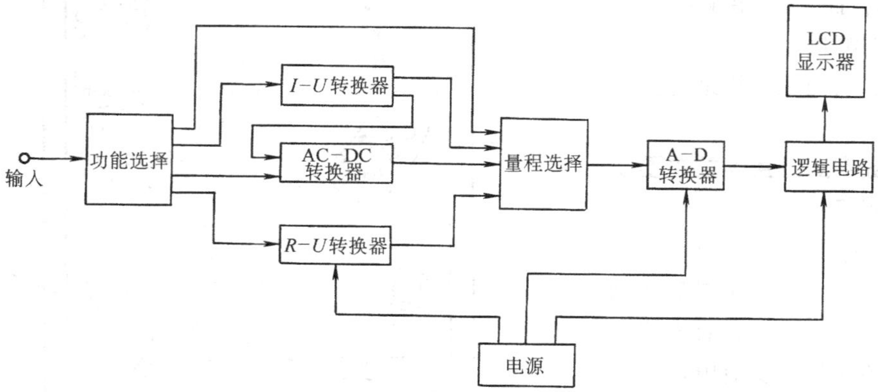

图 2-17　数字式万用表原理框图

1. 数字式直流电压表的基本工作原理

以双斜积分数字式直流电压表为例，其组成如图 2-18 所示，工作波形如图 2-19 所示。

图 2-18 中 U_x 为被测电压，U_N 为基准电压，逻辑控制电路控制测量顺序，双斜积分数字式直流电压表的一次测量过程包括以下三个阶段：

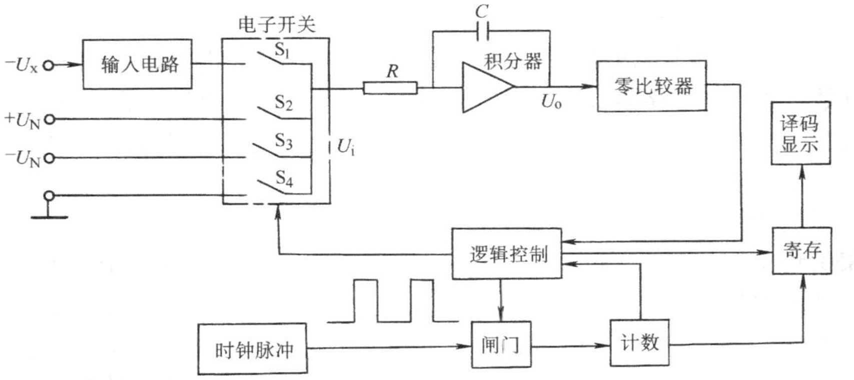

图 2-18　双斜积分数字式直流电压表的组成

(1) 准备阶段 ($t_0 \sim t_1$)　在此阶段，逻辑控制电路控制开关中的 S_4 闭合，其余开关均断开，使积分器的输出为零，即 $U_o = 0$。

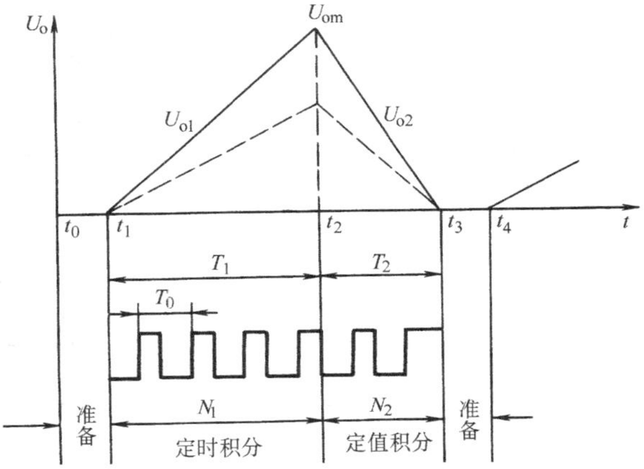

图 2-19　双斜积分数字式直流电压表的工作波形

(2) 采样阶段 ($t_1 \sim t_2$)　假设被测电压 U_x 为负电压，在 $t = t_1$ 时刻，逻辑控制电路控制开关 S_4 断开，S_1 闭合，积分器对 U_x 积分，U_{o1} 从零开始线性上升，同时闸门被打开，计数器从 0 开始对通过闸门的时钟脉冲的个数进行计数。设计数器的计数容量为 N_1，当计数器的计数值达到 $N_1 + 1$ 时 (记此时刻为 t_2)，计数器溢出，产生一个进位脉冲给逻辑控制电路，控制开关 S_1 断开。

$t = t_2$ 时刻　　$$U_{o1} = U_{om} = -\frac{1}{RC}\int_{t_1}^{t_2} - U_x \mathrm{d}t = \frac{T_1}{RC}U_x = \frac{N_1 T_0}{RC}U_x$$

式中，N_1、T_0、R、C 为定值；U_o 由被测电压 U_x 的大小决定。

(3) 比较阶段 ($t_2 \sim t_3$)　在 $t = t_2$ 时刻，逻辑控制电路控制闸门打开，并将计数器清零后重新开始计数，与此同时，将开关 S_1 断开，S_2 闭合，积分器对 U_N 进行反相积分，积分器的输出 U_{o2} 从 U_{om} 线性下降，一直降到 $U_{o2} = 0$ 为止，此时刻记为 t_3。

$t = t_3$ 时刻　　$$U_{o2} = U_{om} + \left(-\frac{1}{RC}\int_{t_2}^{t_3} U_N \mathrm{d}t\right) = 0$$

$$U_{om} - \frac{U_N}{RC}T_2 = 0$$

代入 U_{om} 的表达式中得　　$$\frac{N_1 T_0}{RC}U_x - \frac{N_2 T_0}{RC}U_N = 0$$

$$U_x = \frac{N_2}{N_1}U_N \tag{2-13}$$

若取 $U_N = N_1$，则 $U_x = N_2$。

在 $t = t_3$ 时刻，零比较器输出信号给逻辑控制电路，使逻辑控制电路控制闸门关闭，计数器停止计数，并控制寄存器将计数结果送到译码显示电路，由显示器将测量结果直接用数字 N_2 显示出来，同时将开关 S_2 断开，S_4 闭合，积分器进入休止期，准备进行下一次测量。

2. 数字式万用表的基本原理

DT—830 型数字式万用表由 TSC7106 型大规模集成电路（LSI）构成，数字式直流电压表的基准档（或称基本表）的量程为 $U_m = 200mV$。7106 芯片典型接线如图 2-20 所示，图中 R_{28}、C_1 为时钟振荡器的 RC 网络。$R_{18} \sim R_{20}$、R_{48}及 RP 为基准电压的分压电路。R_{31}、C_{10}为输入端阻容滤波电路。R_{32}、C_{12}分别为积分电阻和积分电容。TSC7106 的公共端（32 脚）与面板上的表笔插孔 COM 连通，U + 与 COM 之间有 2.7 ~ 2.9V 稳压输出。

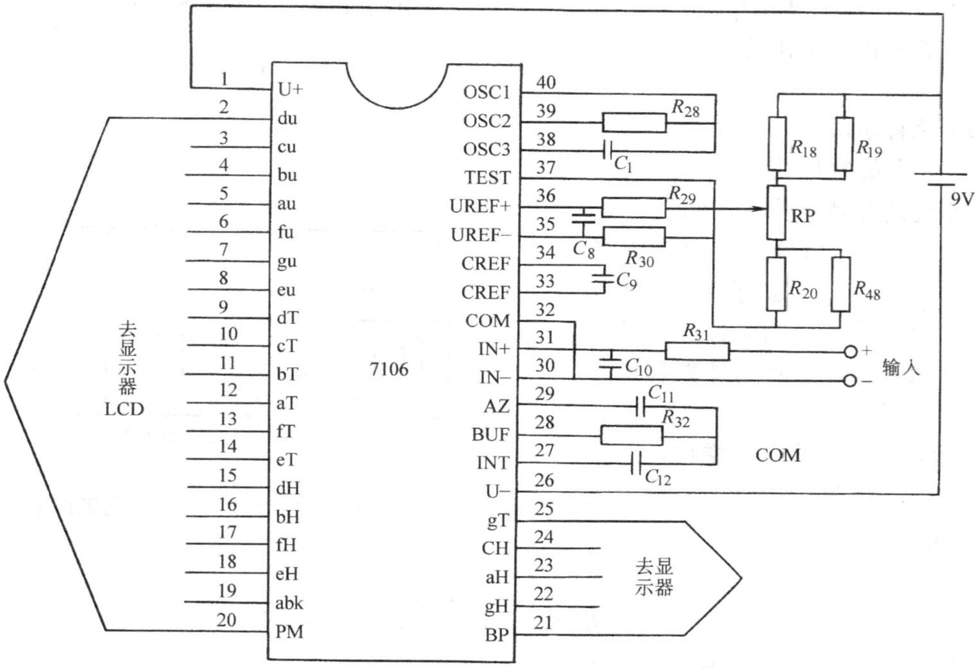

图 2-20　7106 芯片典型接线图

对数字式直流电压表的分压电路加以扩展，就构成多功能、多量程的数字式万用表。

（1）多量程数字式直流电压表　采用电阻分压器可以把基本量程为 220mV 的数字式直流电压表扩展为多量程的数字式直流电压表，电路如图 2-21 所示。该表共设置五个量程：200mV、2V、20V、200V 和 1000V，由量程选择开关 S_1 控制。上述五档的分压比依次为 1/1、1/10、1/100、1/1000 和 1/10000。只要选取合适的档位，即可把 0 ~ 1000V 范围内的任何直流电压 U_{IN}衰减成 0 ~ 200mV 电压，再利用基本表进行测量。

（2）多量程数字式直流电流表　使被测输入电流 I_x 流过电阻 R 时可产生压降 U_R，将 U_R 输入数字式电压表，即可显示出被测电流的大小，也即实现了 I-U 转换。再利用选择开关可扩展成多量程的数字式直流电流表。图 2-22 是五量程数字式直流电流表的电路图。通过电阻 $R_2 \sim R_5$、R_{cu}即可把 0 ~ 2A 范围内的任何直流电流 I_{IN}转化为 0 ~ 200mV 的电压，再利用量

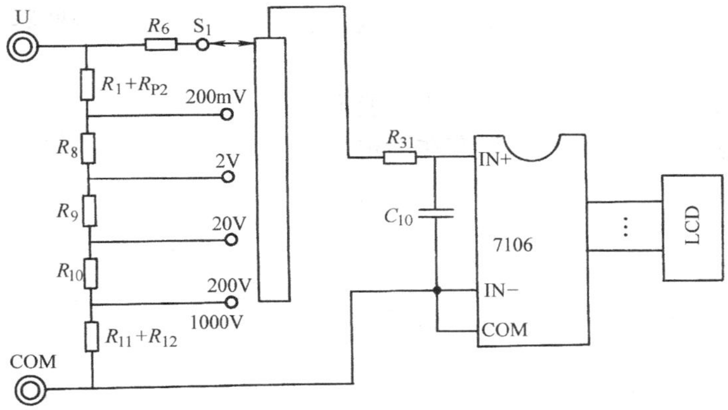

图 2-21　五量程数字式直流电压表

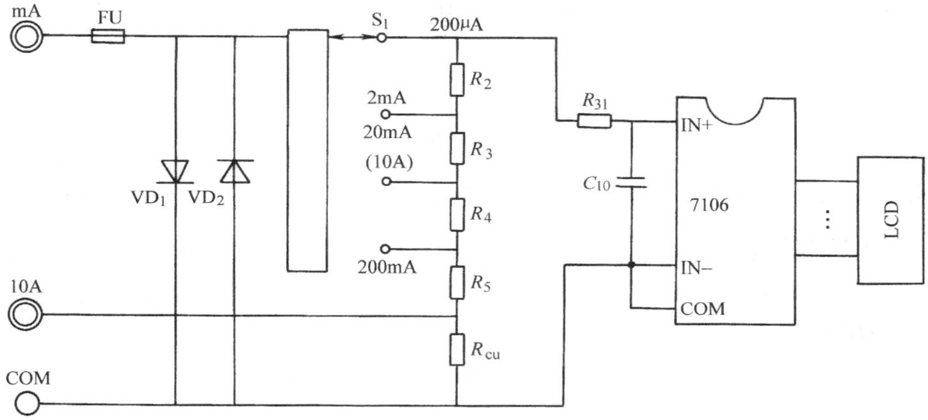

图 2-22　五量程数字式直流电流表

程为 $U_m=200$mV 的基本表进行测量。

（3）多量程数字式交流电压、电流表　为了测量交流电压，在数字式万用表中，采用线性整流电路。由运算放大器、二极管组成半波或者全波的线性整流电路，使整流输出电压与被测电压成正比，就构成 AC-DC 转换器。典型电路如图 2-23 所示。运算放大器 CA3140、二极管 VD_1 和 VD_2 组成线性半波整流电路。C_4、R_5 和 C_5 构成平滑滤波器。改变 AC-DC 转换器的增益，即可读出被测电压有效值。该交流电压表量程为 200mV（有效值），若被测电压

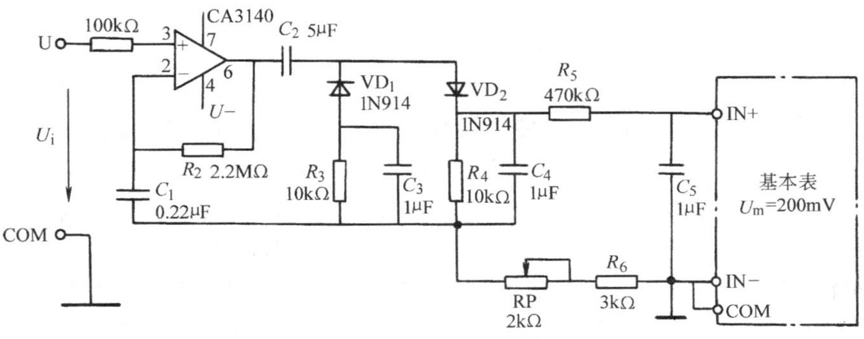

图 2-23　AC-DC 转换器

高于 200mV，则需在 AC-DC 转换器前加分压电路。只要在 AC-DC 转换器前面加分流电阻，就能扩展成多量程数字式交流电流表。

（4）多量程数字式欧姆表　测量电阻一般采用比例法，其优点是，即使基准电压存在一定偏差或者在测量过程中略有波动，也不会增加测量误差，因此可降低对基准电压的要求。电路如图 2-24 所示。

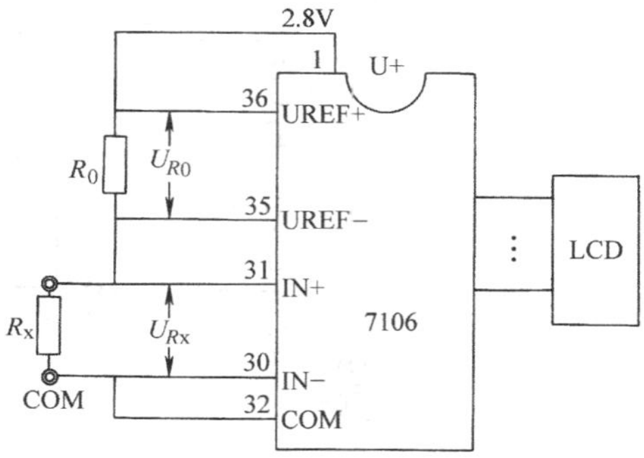

图 2-24　比例法测电阻

被测电阻 R_x 与基准电阻 R_0 串联后接在 U + 与 COM 之间。U + 与 UREF +，UREF − 与 IN +，IN − 与 COM 两两接通。基准电压源 E_0，向 R_0 和 R_x 提供测试电流 I，R_0 两端的压降 U_{R0} 作为基准电压，R_x 两端的压降 U_{Rx} 作为输入电压 U_{IN}。则有

$$\frac{U_{IN}}{U_{R0}}=\frac{U_{Rx}}{U_{R0}}=\frac{IR_x}{IR_0}=\frac{R_x}{R_0} \tag{2-14}$$

当 $R_x=R_0$ 时，显示为 1000；当 $R_x=2R_0$ 时，溢出。因此，显示值为 $1000\,\dfrac{R_x}{R_0}$。

利用选择开关改变基准电阻 R_0 的数值，就构成多量程数字式欧姆表。图 2-25 是六量程数字式欧姆表的电路。为节省元器件，在数字式万用表中常借用多量程数字式直流电压表的分压电阻作为欧姆表的基准电阻。

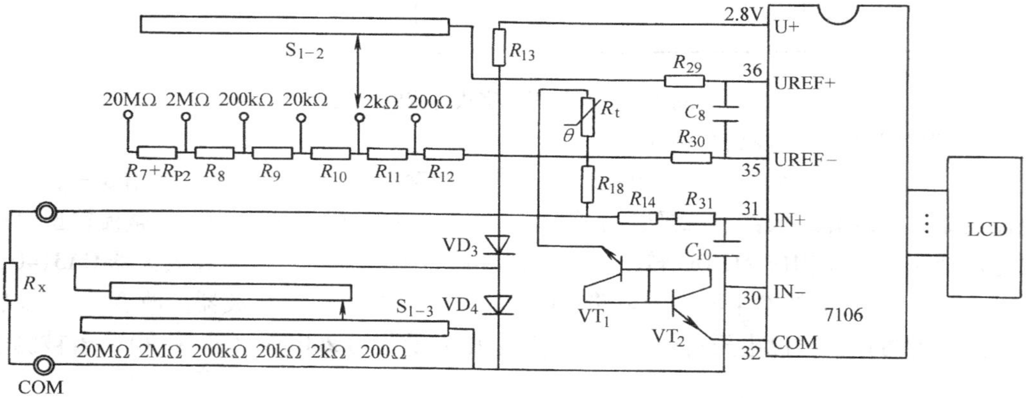

图 2-25　六量程数字式欧姆表

（5）二极管检查电路　测量电路如图 2-26 所示，U + 端的 2.8V 基准电压经过 R_{17}、R_t、R_{16} 向被测二极管 VD 提供正向电压，使二极管导通，导通压降 U_D 作为输入电压。若被测管正常，则显示屏显示出的正向压降为 0.550 ~ 0.700V（硅管）或 0.150 ~ 0.300V（锗管）；若显示出"000"，则表明管子已被击穿短路；若显示出"1"，则表明管子内部开路。当然，当二极管极性接反时，也会显示"1"。所以，测量时应注意区别。

（6）晶体管 h_{FE} 值测量电路　测量电路如图 2-27 所示。被测管的工作电压为 2.8V，通过 RP_1、R_1 产生基极电流 I_b（10μA）。而 R_0（R_4、R_5、R_{cu} 串联而成）为取样电阻，接在被测管发射极 E 与公共端 COM 之间，将 I_e 转换成 U_{IN} 输入 7106，起 I-U 转换器的作用。由于 I_e =

$I_c+I_b\approx I_c$，所以 $U_{IN}=I_eR_0\approx I_cR_0=I_c(R_4+R_5+R_{cu})$，由于 I_c 与 U_{IN} 成正比，则 $h_{FE}\approx I_c/I_b$。因为 $U_{IN}=I_eR_0\approx I_cR_0=h_{FE}I_bR_0$，将 $I_b=10\mu A$，$R_0=10\Omega$ 代入得 $U_{IN}=100h_{FE}$（μV）$=0.1h_{FE}$（mV），则 $h_{FE}=10U_{IN}$，其中 h_{FE} 的单位取 mV。因此，可以利用 200mV 量程测 h_{FE}，即可显示出被测晶体管的 h_{FE}，量程为 0～1000。

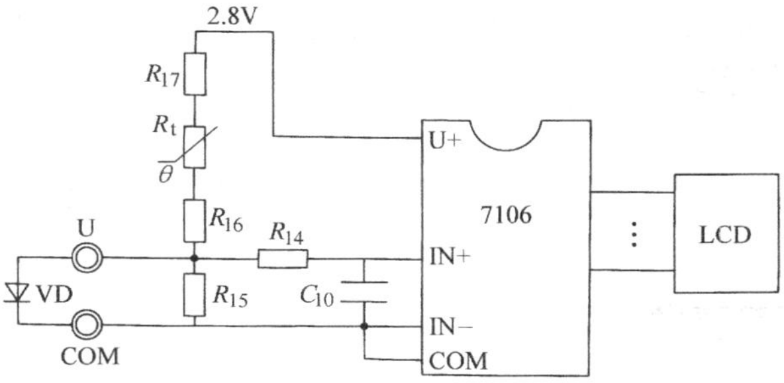

图 2-26　二极管检查电路

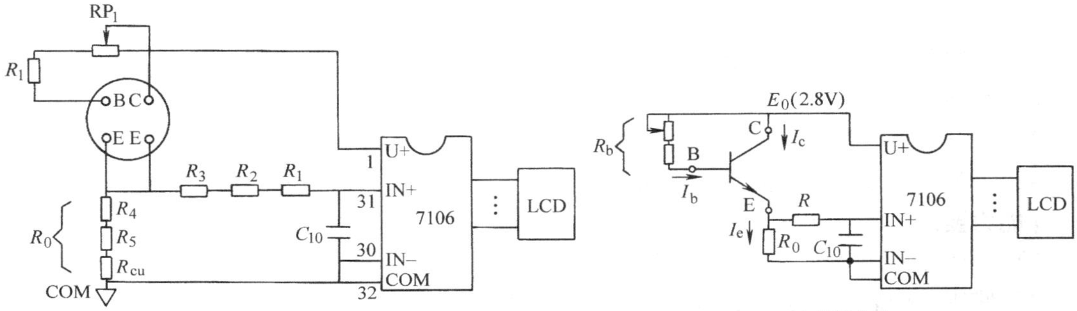

a) 实际电路　　b) 等效电路

图 2-27　h_{FE} 值测量电路

对于 NPN 型或 PNP 型晶体管，只需改变电源极性及标准电阻 R_0 的位置即可（对于 PNP 型管，R_0 应移到集电极上）。

（7）蜂鸣器电路　蜂鸣器电路是由 200Ω 档扩展而成的。蜂鸣器的符号为 HA，它主要包括电压比较放大器、可控 *RC* 振荡器和压电陶瓷蜂鸣片三部分。电路如图 2-28 所示。

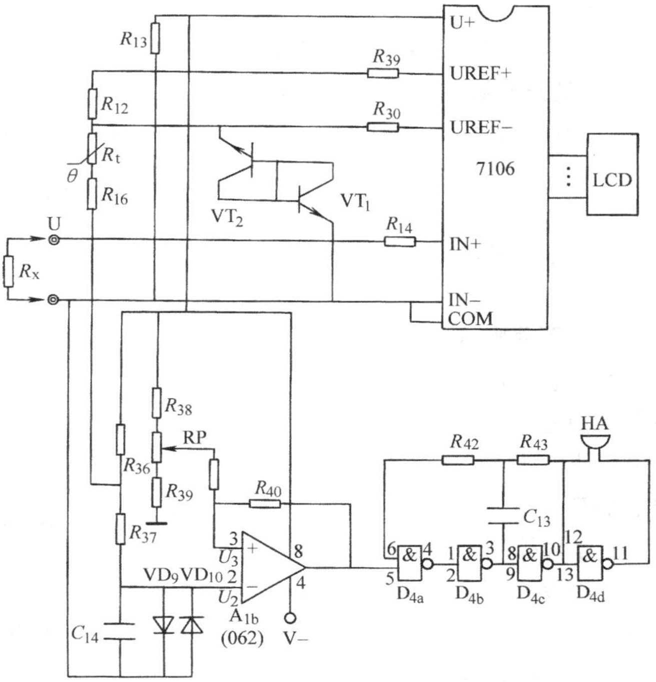

图 2-28　蜂鸣器电路

压电陶瓷蜂鸣片受由四个与非门 4011B 和 R_{43}、C_{13} 组成的可控 *RC* 振荡器控制，而振荡器的工作状态又受电压比较放大器（运算放大器 A_{1b}）控制。A_{1b} 上的"5"端为振荡器控制端，该端高电位时，电路起振。通常"5"端电位近似为 −4V 时，振荡器停振。当被测线路接通时，就在 R_{37} 的上端与 COM 之间并联上一个阻值很小的导线电阻 R_x，立即使 $U_2=0V$。由于 $U_3=0.02V$，放大后输出电

压 $U_5 \approx 2.4V$，使“5”端变成正电位，振荡器起振，反相器 D_{4d} 两端就有振荡电压，驱动压电陶瓷蜂鸣片发出蜂鸣声。与此同时，显示器显示出被测线路的电阻值。

项目一　万用表的测量技能和训练

项目要求

本项目通过万用表的测量技能和训练，要求学生初步掌握万用表基本量程使用方法，熟练掌握常见电子元器件的检测方法。万用表的使用是电子测量的基本技能。

【知识要求】

1）了解万用表的基本功能。

2）掌握电阻、直流电流和交、直流电压的测量方法。

3）了解常见元器件的识别与检测。

4）了解万用表的简易故障和排除。

【能力要求】

1）能读懂万用表的基本测量数值。

2）使用万用表测量电阻、直流电流和交、直流电压。

3）能判断、识别常见电子元器件的种类，能正确说出常见电子元器件的名称。

4）会使用万用表对电路板上的直流电流和交、直流电压进行测量。

5）能判断和排除万用表的简易故障。

【学习方法】

1）练习前认真阅读实践流程，了解相关无线电基本知识。

2）通过实际的技能训练，掌握电子测量工具。

3）勤于思考，拓展对万用表检修知识的学习并掌握测量技巧。

任务一　万用表基本使用方法

通过本任务的学习，了解万用表基本使用方法，为后面的操作调试奠定基础。熟练掌握万用表基本量程是从事电子产品装配和调试工作的基本技能之一。

一、万用表基本使用方法介绍

万用表又称为多用表、三用表或复用表，是一种多功能、多量程的测量仪表，一般万用表可测量直流电流、直流电压、交流电压、电阻和音频电平等，有的还可以测交流电流、电容量、电感量及半导体的一些参数（如放大倍数 β）。

万用表分为模拟式（指针式）万用表和数字式万用表，外形如图 2-29 所示。

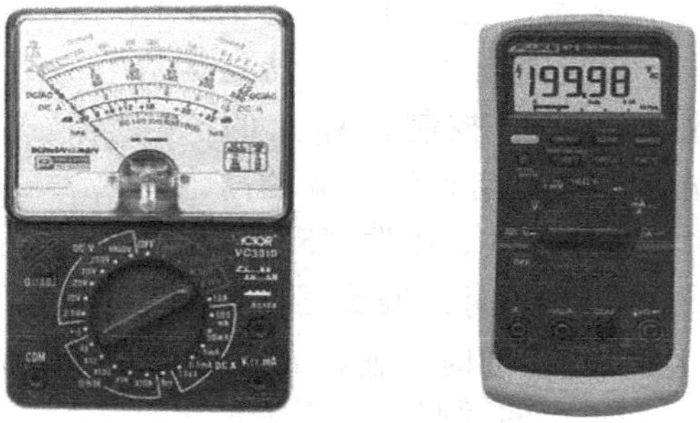

图 2-29　万用表外形

（一）MF47 型模拟式万用表的使用说明

1. 熟悉面板

MF47 型模拟式万用表外形如图 2-30 所示。

(1) 插孔的选择　在测量前，首先检查表笔应插在什么位置上。红色表笔的连线应接到标有“ + ”的插孔内，黑色表笔应接到标有“ - ”或“ * ”的插孔内。有些万用表针对特殊量设有专用插孔，在测量这些特殊量时，应把红色表笔改接到相应的专用插孔内，而黑色表笔的位置不变。

(2) 测量档位的选择　根据测量的对象，将转换开关旋至所需要的位置上。有的模拟式万用表面板上设有两个转换开关旋钮，使用时需要互相配合来完成测量工作。在选择档位时，应特别小心，稍有不慎就有可能损坏仪表。特别是测量电压时，若误选了电流档或者电阻档，则将会使表头遭受严重损坏，甚至被烧毁。因此，选择好测量对象后，要仔细核对无误后才能进行测量。

图 2-30　MF47 型模拟式万用表

(3) 量程的选择　根据被测量的估计值选择量程，量程应大于被测量的数值。测量电流、电压时，其量程的选择应尽量使指针工作在满刻度值的 2/3 以上区域，以保证测量结果的准确度。用万用表测量电阻时，应尽量使指针在中心刻度值的$\frac{1}{10}$ ~ 10 倍之间。若测量前无法估计出被测量的大致范围，则应先把转换开关旋至量程最大的位置进行估测，然后再选择适当的量程进行测量。

(4) 正确读数　万用表的表盘上有很多条刻度尺，每一条刻度尺上都标有被测量的标志符号，测量读数时应根据被测量及量程在相应的刻度尺上读出指针指示的数值。另外，读数时尽量使视线与表面垂直。对装有反射镜的模拟式万用表，应使镜中指针的图像与指针重合后，再进行读数。

2. 使用前的检查调整

1) 检查万用表的外观是否完好无损，当轻轻摇晃时，指针应左右轻微摆动自如。

2) 转动转换开关，查看是否切换灵活、指示量程档位是否准确。

3) 水平放置万用表，进行机械调零。即转动表盘指针下面的机械调零螺钉，使指针对准刻度尺左边的 0 位线。必要时可以利用提把作为倾斜支撑，但刻度尺与水平面的倾斜度不能超过 60°，以确保读数的准确性，如图 2-31 所示。

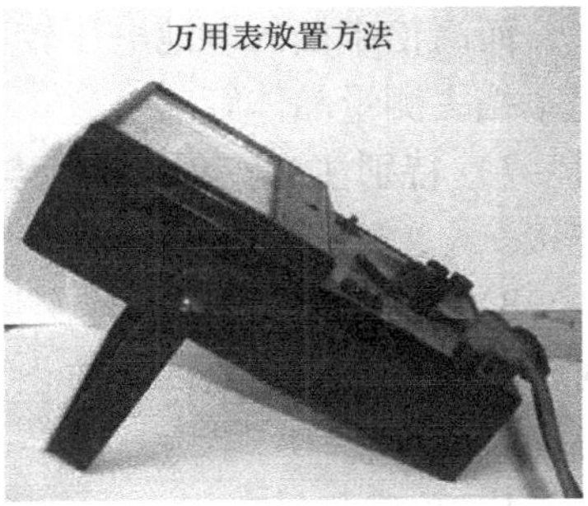

图 2-31　模拟式万用表放置方法

4) 测电阻前应进行欧姆调零（电气调零）。即将档位开关置于欧姆档，两只表笔短接调整欧姆调零旋钮，以检查万用表内的电池电压。若调整时指针不能指在欧姆刻度尺右边的 0 位线，则说明万用表内电池不足，需更换电池。若“ ×1 ”档不能进行调零，则需更换 1.5V 电池；“ ×10k ”档不能调零，则需更换 9V 电池。

5) 检查表笔插接是否正确。黑色表笔应接负极，即“ - ”或公用端（ * ）的插孔内，红色表笔应接正极，即“ + ”的插孔内。

3. 正确测量电阻

1）首先应断开被测电阻的电源及连接导线，否则，将损坏仪表或者影响测量结果。

2）应根据被测电阻估测值选择量程合适的档位，指针应指在刻度尺中心两侧，不宜偏向两端。

3）测量过程中每变换一次量程档位，应重新进行欧姆调零，如图 2-32 所示。

4）测量过程中表笔应与被测电阻接触良好，以减少接触电阻的影响。手不得触及表笔的金属部分，以防止将人体电阻与被测电阻并联，引起不必要的测量误差，如图 2-33 所示。

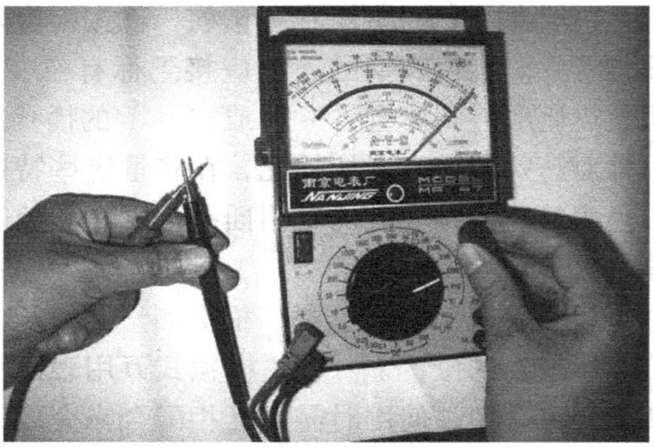

图 2-32　模拟式万用表欧姆档调零

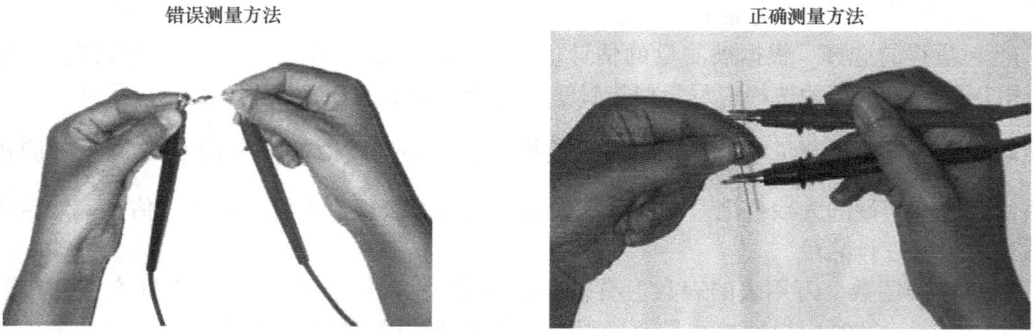

图 2-33　用万用表欧姆档测量时的注意事项

5）被测电阻不能有并联支路，否则其测量结果是被测电阻与并联支路的等效电阻，而不是被测电阻的实际阻值。

6）欧姆档测量晶体管参数时，考虑到晶体管所能承受的电压比较小和允许通过的电流较小，一般应选择“×100”或“×1k”倍率档。这是因为低倍率档的内阻较小，电流较大，而高倍率档的电池电压较高，为避免损坏晶体管，因此，一般不适宜用低倍率档或者高倍率档去测量晶体管的参数。

7）特别注意红色表笔应与表内电池的负极相连接，而黑色表笔应与表内电池的正极相连接。

8）测量完毕，应将转换开关旋至空档或者交流电压最大档，防止在欧姆档上表笔短接时消耗电池，更重要的是防止下次使用时，忘记换档即用欧姆档去测量电压或电流从而损坏万用表。

4. 正确测量电压

1）测量电压时，表笔应与被测电路并联连接。

2）在测量直流电压时，应分清被测电压的极性，即红色表笔接正极，黑色表笔接负极。如无法区分正负极时应先将一支表笔触牢，另一支表笔轻轻碰触，若指针反向偏转，则应调换表笔进行测量。

3）应根据被测电压值选择合适的电压量程档位，被测电压值无法估计时，应选用最大电压量程档进行粗测，再变换量程进行测量。

4）测量中应与带电体保持安全距离，手不得触及表笔的金属部分，防止触电。同时还要防止短路和表笔脱落。测量高电压时（500~2500V）应带绝缘手套，站在绝缘垫上进行，并使用高压测试表笔。

5）测量电压时，指针应指在刻度尺满刻度的2/3处左右为宜，即指示值越接近满刻度，测量结果越准确。

6）测量直流电压时，一定要注意表的内阻对被测电路的影响，否则将可能产生较大的测量误差。

7）测试完毕应将转换开关置于空档、OFF位或者电压最高档位。

5. 正确测量电流

1）测量电流时，仪表必须与被测电路串联连接。严禁并联连接，防止仪表损坏。

2）测量直流电流时，应分清正负极性，即红色表笔接正极，黑色表笔接负极。如无法区分正负极时应先将一支表笔触牢，另一支表笔轻轻碰触，若指针反向偏转，则应调换表笔。

3）应根据被测电流值，选择合适的电流量程档位，被测电流值无法估计时，应选择最大电流量程档进行粗测，再变换量程进行测量。

4）测量中不许带电换档，测量较大电流时应断开电源后再撤表笔。

5）测量电流时，指针应指在刻度尺满刻度的2/3处左右，即指示数越接近满刻度，测量结果越准确。

6）测试完毕应将转换开关置于空档、OFF位或者电压最高档位。

（二）MY—61型数字式万用表的使用说明

1. 熟悉面板

MY—61型数字式万用表外形如图2-34所示。

图2-34 MY—61型数字式万用表外形

1）显示器采用大字号LCD显示屏。仪表具有自动调零和自动显示极性的功能。如果被测电压或者电流的极性为负，就在显示值前面出现“-”。当电池的电压低于7V时，显示屏的左上方显示低电压指示符号，提示需要更换电池。超量程时显示“1”或“-1”，视被测量的极性而定。小数点由量程开关进行同步控制，使小数点左移或者右移。

2）电源开关。在POWER下边标注有符号“OFF（关）”和“ON（开）”。把电源开关拨至“ON”位置，接通电源，即可使用仪表。使用完毕后应将开关拨至“OFF”位置，以免空耗电池。

3）量程开关可完成测试功能和量程的选择。

4）h_{FE}插口采用四孔插座，上面标有B、C、E。E孔共有两个，在内部连通。测量晶体管h_{FE}值时，应将三个管脚分别插入B、C、E孔。

5）输入插孔共有四个，分别标有“10A”、“mA”、“COM”和“VΩ”。在“VΩ”与“COM”之间标有“MAX 750V ~ 1000V -”的字样，表示从这两个孔输入的交流电压不得超过750V，直流电压不得超过1000V。另外在“mA”与“COM”之间标有“MAX200 mA”，在“10A”与“COM”之间还标有“MAX10A”字样，分别表示输入的交、直流电流的最大允许值。

2. 直流电压的测量

1）直流电压有五档，分别为200mV、2V、20V、200V和1000V。

2）将电源开关拨至“ON”位置，量程开关拨至“DCV”范围内的合适档位。

3）红色表笔接“VΩ”插孔，黑色表笔接“COM”插孔，表笔与被测电路并联。

4）最大允许输入电压：DC1000V（200mV、2V、20V量程）、DC1100V（200V、1000V量程）。

3. 交流电压的测量

1）交流电压有五档，分别为200mV、2V、20V、200V和750V。

2）将量程开关拨至“ACV”范围内的合适档位，表笔接法同直流电压的测量一样。

3）要求被测电压频率为45~500Hz。最大允许输入电压为750V（有效值）。

4. 直流电流的测量

1）直流电流有四档，分别为200μA、2mA、0mA和200mA。

2）将量程开关拨至“DCA”范围内的合适档位（被测电流超过200mA时应拨至20mA/10A档）。

3）红色表笔接“mA”插孔（<200mA）或“10A”插孔（>200mA），黑色表笔接“COM”插孔，表笔与被测电路串联。

5. 交流电流的测量

1）交流电流有四档，分别为200μA、2mA、20mA和200mA。

2）把量程开关拨至“ACA”范围内的合适档位，表笔接法同直流电流的测量一样。

6. 电阻的测量

1）电阻有六档，分别为200Ω、2kΩ、20kΩ、200kΩ、2MΩ和20MΩ。

2）将量程开关拨至“Ω”范围内的合适档。红色表笔接“VΩ”插孔。

3）200Ω档的最大开路电压约为1.5V，其余电阻档约为0.75V。

4）电阻档的最大允许输入电压为250V（DC或AC），是指误用电阻档测量电压时仪表的安全值，决不表示可以带电测量电阻。

7. 二极管的测量

1）将量程开关拨至二极管档。

2）红色表笔插入“VΩ”插孔，接二极管正极，黑色表笔插入“COM”插孔，接二极管负极。此时为正向测量，若管子正常，则测锗管时应显示为0.150~0.300V，测硅管时，显示为0.550~0.700V。

3）进行反向测试时，二极管的接法与上述相反，若管子正常，则将显示“1”；若管子不正常，则将显示“000”。

8. 检查线路通断

1）检查线路通断，将量程开关旋至蜂鸣器档，红、黑色表笔分别接“VΩ”和“COM”。

2）若被测线路电阻低于规定值（20Ω±10Ω），则蜂鸣器可发出声音，表示线路是连通的。利用蜂鸣器来检查线路通断既迅速又方便，因为使用者不需读出电阻值，仅凭听觉即可作出判断。

二、万用表使用实例

（一）模拟式万用表

下面以 MF—47 型模拟式万用表为例进行介绍。

1. 准备工作

1）熟悉转换开关、旋钮、插孔等的作用。

2）了解刻度盘上每条刻度线所对应的被测量。

3）将红色表笔插入“+”插孔，黑色表笔插入“-”插孔。

4）机械调零。旋动万用表面板上的机械零位调整螺钉，使指针对准刻度盘左端的“0”位置，如图 2-35 所示。

图 2-35　模拟式万用表的机械调零

2. 测量电压

（1）正确选择量程　量程的选择应尽量使指针偏转到满刻度的 2/3 左右位置。当事先不清楚被测电压的大小时，应先选择最高量程档，然后逐渐减小到合适的量程。

（2）交流电压的测量　把转换开关拨到交流电压档，选择合适的量程。将万用表两根表笔并接在被测电路的两端，不分正负极，如图 2-36 所示。**注意：其读数为交流电压的有效值。**

（3）直流电压的测量　把转换开关拨到直流电压档并选择合适的量程。把万用表并接到被测电路上，红色表笔接到被测电压的正极，黑色表笔接到被测电压的负极，即让电流从红色表笔流入，从黑色表笔流出，如图 2-37 所示。

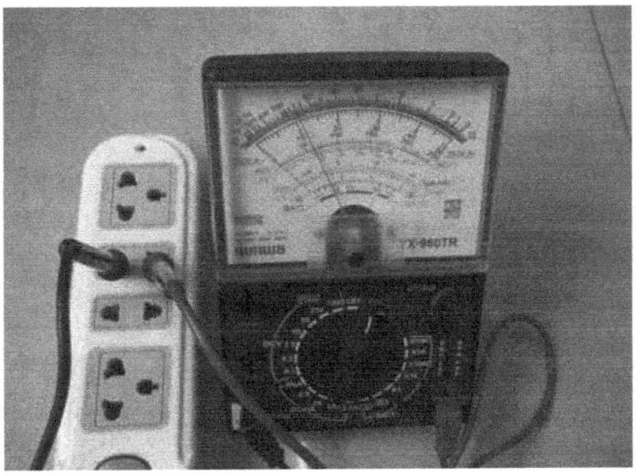

图 2-36　模拟式万用表测交流电压

图 2-37　模拟式万用表测直流电压

3. 测量电阻

（1）选择合适的倍率档　万用表欧姆档的刻度线是不均匀的，所以倍率档的选择应使指针停留在刻度线较稀的部分为宜，且指针越接近刻度尺的中间，读数越准确。一般情况下，应使指针指在刻度尺的 1/3 ~2/3 间。

（2）欧姆调零　测量电阻之前，应将两个表笔短接，同时调节欧姆调零旋钮，使指针刚好指在欧姆刻度线右边的零位。并且每换一次倍率档，都要再次进行欧姆调零，以保证测量准确。

（3）读数　表头的读数乘以倍率，就是所测电阻的电阻值，如图 2-38 所示。

图 2-38　模拟式万用表测电阻

4．测量直流电流

1）测量直流电流时，将万用表的转换开关置于直流电流档 50μA 到 500mA 的合适量程上。

2）测量时必须先断开电路，然后按照电流从“＋”到“－”的方向，将万用表串联到被测电路中，即电流从红色表笔流入，从黑色表笔流出。若误将万用表与负载并联，则因表头的内阻很小，会造成短路烧毁仪表。读数方法：实际值＝指示值×量程/满偏。

（二）数字式万用表

下面以 UT39A 型数字式万用表为例进行介绍。

1．直流（交流）电压的测量

1）将红色表笔插入“VΩ”插孔，黑色表笔插入“COM”插孔。

2）正确选择量程，将转换开关置于直流或交流电压量程档，若事先不清楚被测电压的大小，则应先选择最高量程档，根据读数需要逐步调低测量量程档。

3）将测试笔并联到待测电源或负载上，从显示屏上读取测量结果，如图 2-39 和图 2-40 所示。

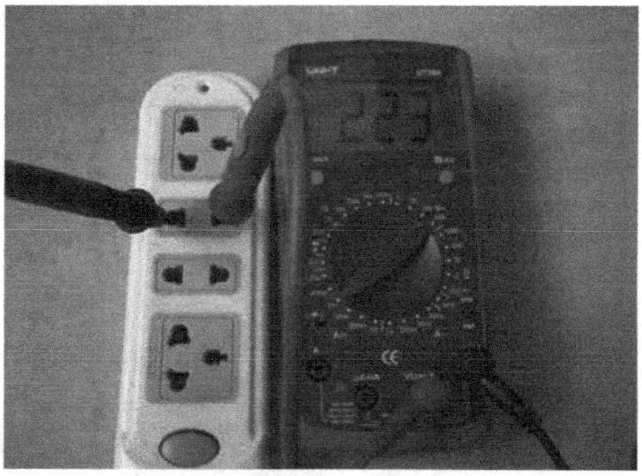

图 2-39　数字式万用表测交流电压

图 2-40　数字式万用表测直流电压

2．电阻的测量

1）将红色表笔插入“VΩ”插孔，黑色表笔插入“COM”插孔。

2）将转换开关置于欧姆量程，将测试表笔并接到待测电阻上。

3）从显示屏上读取测量结果，如图 2-41 所示，电阻为 2. 34kΩ。

注意：测在线电阻时，须确认被测电路已关掉电源，同时电容已放完电，方能进行测量。

3. 直流（交流）电流的测量

1）将红色表笔插入“mA”或“10 ~ 20A”插孔（当测量 200mA 以下的电流时，插入“mA”插孔；当测量 200mA 及以上的电流时，插入“10 ~ 20A”插孔），黑色表笔插入“COM”插孔。

2）将转换开关置“A -”或“A ~”量程，并将测试表笔串联接入到待测负载回路里。

3）从显示屏上读取测量结果。

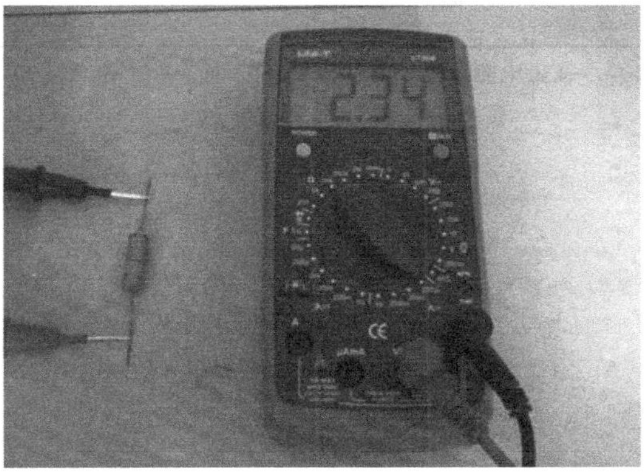

图 2-41　数字式万用表测电阻

注意：用万用表测量的交流电压和电流是有效值。

三、任务小结

1. 任务工作单的填写

【填写要求】回顾本任务所介绍的主要内容，检查对万用表的学习效果，请认真完成下面“万用表的使用技能训练任务工作单”中各项内容的填写。其中，学生自评分为优、良、中和差四个等级，填写完毕后交指导老师评定签字，作为期末成绩评定参考的依据。

万用表的使用技能训练任务工作单

任务名称					
学生姓名		所在班级		学 号	
实施场所		实施时间		指导老师	

1. 用万用表测量直流电流和交、直流电压时各应注意哪些问题？

2. 模拟式万用表在使用“×10 k”档进行零位调节时，发现不能将指针调节到零位，而在欧姆档的其他倍率档时，指针可以调节到零位。试述产生上述现象的原因。

3. 测量电阻时，为什么不能带电测量？为什么不能用万用表电阻档直接测电源内阻？

（续）

4. 在带电测量中，为什么不宜拨动转换开关？

5. 为什么测量直流电流时万用表要串入被测电路？若误将它与电路并联，转换开关又置于电流档，则会有什么危害？

6. 万用表的欧姆中心值的意义是什么？在表盘上的欧姆调零旋钮起什么作用？如何使用？

7. 万用表电池消耗过度，会出现哪些现象？

8. 万用表中的模拟式（指针式）万用表和数字式万用表有何区别？

9. 读取模拟式万用表的电阻测量值的方法是：实际电阻测量值＝刻度×量程，数据记入下表。

测量次数	万用表读取刻度值/Ω	万用表量程	实际电阻测量值/Ω	测量有没有误差
1	5	×10		
2	10	×100		
3	50	×100		
4	100	×1k		
5	1000	×10k		

（续）

10. 测量直流电压（已知待测量直流电压约 9V）： 1）用模拟式万用表读取电压值时，测量前选择适当量程，量程选____________了，表针激烈冲击，易损坏万用表；量程选的太大，指针摆动过____________，会增大测量误差。 2）测量直流电压时应将红色表笔接触____________________，黑色表笔接触__________________。 3）模拟式万用表选择 AC □或者 DC □______ V 量程档，数字式万用表选择 DC __________________ V 量程档时，测量直流电压值误差较小。					
学生自评		指导老师评价		指导老师签字	

2. 巩固提高

1）请简述万用表的基本功能。

2）购买一块万用表，你打算从哪几个方面进行选择？

3）万用表使用中应注意哪些问题？

4）万用表电池消耗过度，会出现哪些现象？

5）查阅有关资料，了解更多的不同类型万用表的使用方法和注意事项。

任务二　元器件的分类与检测

在电子产品装配之前，必须对电子套件的各类元器件进行分类、清点，用万用表检测元器件的好坏和测量其数据。在确定各元器件都是好的情况下，才能进行焊接，这是电子产品质量把关的第一步。

一、元器件的分类

常见电子元器件如图 2-42 所示。

1. 熟悉各种电子元器件

对常用电子元器件进行仔细观察，分辨出电阻、电位器、电容、电解电容、二极管、发光二极管、发光二极管、红外接收二极管、晶体管、集成块、扬声器和按钮等元器件。

2. 对各种电子元器件进行分类

将各种元器件进行归类，分为电阻、电容、电感、二极管、晶体管、集成块和按钮等几类。

二、主要元器件的检测

1. 电阻的标注及检测

常用的电阻都是 1/4W 的碳膜电阻和金属膜电阻，其大小规格都一样，但阻值种类较多。

（1）电阻的标注　一般电阻上都标有其阻值大小，称为标称值。在选用电阻时，可以通过直接读取它的标称值来选用所需要阻值的电阻。每个电阻的实际阻值和标称值之间都有一定的误差，只要误差在允许误差范围内，该电阻属于完好电阻，可以使用。

阻值和允许误差在电阻上常用的标注方法有以下三种：

1）直接标注法。将电阻的阻值和误差等级直接用数字印在电阻上。对小于 1000Ω 的阻值只标出数值，不标单位。对“kΩ”、“MΩ”只标注“k”、“M”。准确度等级标Ⅰ或Ⅱ级，

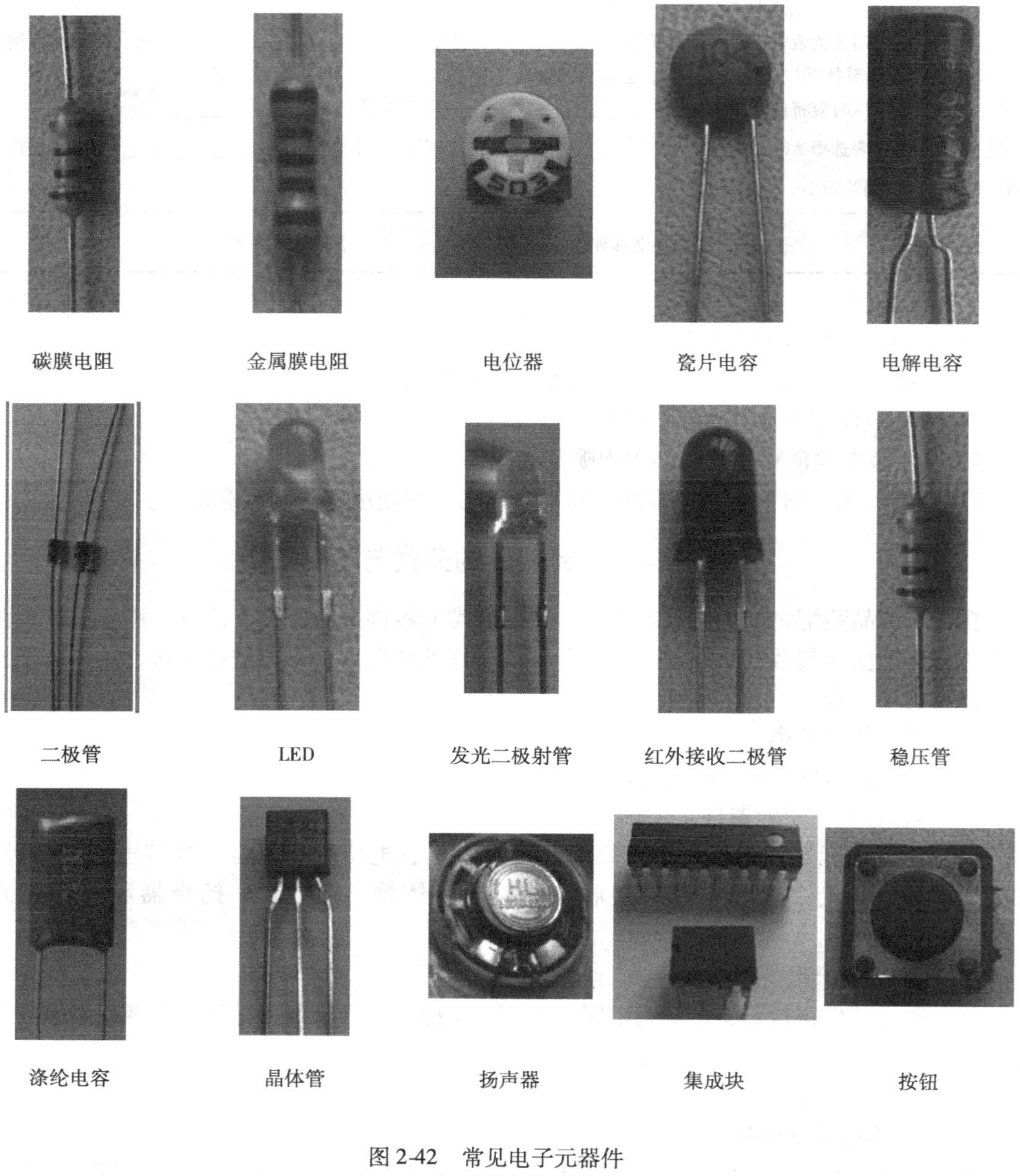

图 2-42　常见电子元器件

Ⅲ级不标明。

2）文字符号法。将需要标注的主要参数与技术指标用文字和数字符号有规律地标注在产品表面上，如欧姆用“Ω”标注，千欧用“k”标注，兆欧用“M”标注。

3）色环标注法。对体积很小的电阻和一些合成电阻，其阻值和误差常用色环来标注，如图 2-43 所示。色环标注法有 4 环和 5 环两种。4 环电阻的第 1 道色环和第 2 道色环分别表示电阻的第 1 位和第 2 位有效数字，第 3 道色环表示 10 的乘方数（10^n，n 为颜色所表示的数字），第 4 道环表示允许误差（若无第 4 道色环，则误差为 ±20%）。色环电阻的单位一律为“Ω”。

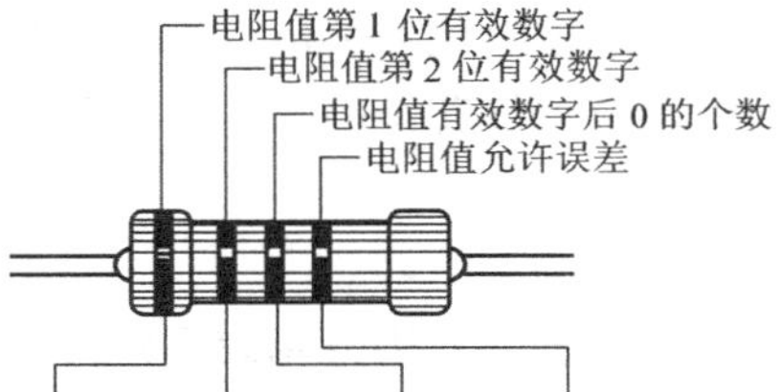

颜色	第 1 位有效数字	第 2 位有效数字	倍数	允许误差
黑	0	0	10^0	
棕	1	1	10^1	
红	2	2	10^2	
橙	3	3	10^3	
黄	4	4	10^4	
绿	5	5	10^5	
蓝	6	6	10^6	
紫	7	7	10^7	
灰	8	8	10^8	
白	9	9	10^9	
金			10^{-1}	±5%
银			10^{-2}	±10%
无色				±20%

a）普通型

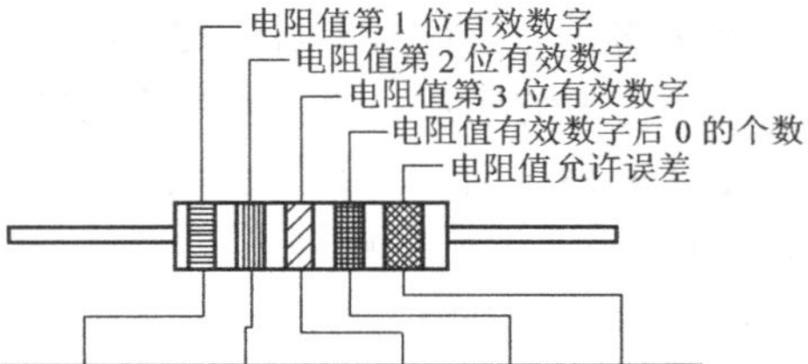

颜色	第 1 位有效数字	第 2 位有效数字	第 3 位有效数字	倍数	允许误差
黑	0	0	0	10^0	
棕	1	1	1	10^1	±1%
红	2	2	2	10^2	±2%
橙	3	3	3	10^3	
黄	4	4	4	10^4	
绿	5	5	5	10^5	±0.5%
蓝	6	6	6	10^6	±0.25%
紫	7	7	7	10^7	±0.1%
灰	8	8	8	10^8	
白	9	9	9	10^9	
金				10^{-1}	
银				10^{-2}	

b）精密型

图 2-43　电阻的色环标注法

现在普遍使用的是精密电阻，精密电阻一般用 5 道色环标注，用前 3 道色环表示 3 位有效数字，第 4 道色环表示 10^n（n 为颜色所代表的数字），第 5 道色环表示阻值的允许误差。

采用色环标注的电阻，颜色醒目，标注清晰，不易褪色，从不同的角度都能看清阻值和允许误差。目前，在国际上广泛采用色环标注法。

（2）电阻的检测　电阻的测量可用万用表的电阻档对其进行测量。用模拟式万用表进行测量前，先对被测电阻进行读数，估算其电阻值，然后选择好合适的量程，使被测电阻的指示值尽可能位于刻度线的 0 刻度到全程 2/3 的这一段位置上。接着要对万用表进行调零，将红、黑两根表笔短接，调节调零旋钮使表头指针指示阻值为零。此时便可以用表笔接被测电阻的两个引脚，表头指针偏转的指示值，即为被测电阻的阻值。若指针不摆动，则可将万用表换到阻值较大档位，并重新调零后再次测量。若指针仍不摆动，则可能是该电阻内部断路，应进行故障检查。若指针摆动到指示为零，则可将万用表置于阻值较小档位再进行测量（每次换档均须调零后才能检测）。**注意：在测量时，人体手指不要同时碰到万用表的两支表笔，也不要碰到被测固定电阻的两根引脚，以免影响测量结果。**

在进行检测前，应先观察各电阻上的色环，并进行读数，然后再测量该电阻的阻值。若测量结果与其标称值相同，则表明该电阻是好的，否则不能使用。最后将检测完好的电阻按照其阻值大小进行分类放好，以便于装配时进行选取。

2．电位器的检测

这里介绍的电位器是微调电位器，这种电位器采用数字标注法，若在其正面上印有数字 503，则表示该电位器的总阻值为 $50\times10^3\Omega$，即 50kΩ。

在对电位器进行测量时，先测量电位器的总阻值，即两端片之间的阻值应为标称值，然后再检查它的活动端片与电阻体的接触情况。将一只表笔接电位器的活动端片，另一只表笔接其余两端片中的任意一个，慢慢将其转柄从一个极端位置旋转至另一个极端位置，其阻值则应从零（或标称值）连续变化到标称值（或零）。

3. 电容的标注及检测

电容有两种：电解电容和小容量无极性电容。一般情况下，用万用表很难准确地测量电容的容量，只能对其进行定性分析检测，因此在检测的同时要学会对电容进行正确地读数。

（1）电容的标注　电容的主要参数有两个：容量和额定耐压。一般电容的容量和误差的标注方法有如下四种：

1）直接标注法。直接标注法是在产品的表面上直接标注出产品的主要参数和技术指标，如在电容上标注：

$$33\mu F \pm 5\% \ 32V$$

2）文字符号法。将需要标注的主要参数与技术性能用文字、数学符号有规律地组合标注在产品的表面上。采用文字符号法时，将容量的整数部分写在容量单位符号前面，小数部分写在单位符号后面，如3.3pF标注为3p3，1000pF标注为1n，6800pF标注为6n8，2.2μF标注为2μ2。

3）数字标注法。体积较小的电容常用数字标注法。一般用3位整数，第1位、第2位为有效数字，第3位表示有效数字后面零的个数，单位为皮法（pF），但是第3位数是9时表示10^{-1}，如“243”表示容量为24000 pF，而“339”表示容量为33×10^{-1}pF（3.3 pF）。

4）色环标注法。电容容量的色环标注法原则上与电阻类似，其单位为皮法（pF）。

电容的额定耐压是指在规定的温度范围内，电容正常工作时能承受的最大直流电压。固定式电容的耐压系列值有1.6V、6.3V、10V、16V、25V、32V*、40V、50V、63V、100V、125V*、160V、250V、300V*、400V、450V*、500V和1000V等（带*者只限于电解电容使用）。耐压值一般直接标注在电容上，但是有些电解电容在正极根部用色点来表示耐压等级，如6.3V用棕色，10V用红色，16V用灰色。电容在使用时不允许超过这个耐压值，如果超过此值，电容就可能损坏或被击穿，甚至爆裂。

（2）电容的检测　对电容进行性能检查和测试，应视电容型号和容量的不同而采取不同方法。

1）电解电容的检测。对电解电容的检测，最主要的是容量和漏电流的测量。对正、负极标注脱落的电容，还应进行极性判别。

用万用表测量电解电容的漏电流时，可用万用表电阻档测电阻的方法来估测。万用表的黑色表笔应接电容的“+”极，红色表笔接电容的“-”极，此时表针迅速向右摆动，然后慢慢退回，待指针不动时其指示的电阻值越大表示电容的漏电流越小。若指针根本不向右摆，则说明电容内部已断路或电解质已干涸而失去容量。

用上述方法还可以鉴别电容的正、负极。对失掉正、负极标注的电解电容，先假定某极为正，让其与万用表的黑色表笔相接，另一个电极与万用表的红色表笔相接，同时观察并记住表针向右摆动的幅度。将电容放电后，把两只表笔对调重新进行上述测量。哪一次测量中，表针最后停留的摆动幅度最小，说明该次对正、负极的假设是对的。

2）小容量无极性电容的检测。这类电容的特点是无正、负极之分，绝缘电阻很大，因而其漏电流很小。若用万用表的电阻档直接测量其绝缘电阻，则表针摆动范围极小不易观察，用此法主要是检查电容的短路情况。对于 0.01μF 以上的电容，必须根据容量的大小，分别选用万用表的合适量程，才能正确加以判断。例如，检测 300μF 以上的电容可选用“×100”或“×1k”档，检测 0.47～10μF 的电容可选用“×1k”档，检测 0.01～0.47μF 的电容可选用“×10k”档等。具体方法是：用两表笔分别接触电容的两根引线（注意双手不能同时接触电容的两极），若表针不动，将表针对调再测，仍不动，则说明电容短路。

对于 0.01μF 以下的电容不能用万用表的欧姆档判断其是否短路，只能用其他仪表（如 Q 表）进行鉴别。

4. 二极管的检测

常用的二极管有普通整流二极管、开关二极管、稳压管三种类型。其中普通二极管和开关二极管的检测比较简单，可以利用万用表的二极管检测档或电阻档进行测量，若该二极管具有单向导通性，则表明该二极管是完好的，否则不能使用。对于稳压管的测量，除了要判断其单向导通性之外，还要测量其反向稳压值是否与其标称值相符合。若超出其稳压范围，则不能使用。

5. 发光二极管的检测

发光二极管是有极性的器件，两个管脚分正、负极，如图 2-44 所示，可用万用表的电阻档对其进行测量。当万用表的黑色表笔（表示正）接发光二极管的正极，红色表笔（表示负）接发光二极管的负极，测出来的电阻值为发光二极管的正向电阻，一般该阻值小于 50kΩ；当反过来接时，其反向电阻很大，接近无穷大。因此可以用这种方法来判断发光二极管的好坏，测量时将万用表置于“×1k”档或“×10k”档，用“×10k”档时，可见发光二极管微量发光。

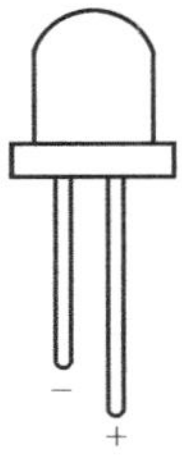

图 2-44　发光二极管的管脚

红外发射管也属于发光二极管，所以可用上述办法进行检测。

6. 红外接收二极管的检测

常见的红外接收二极管外观颜色呈黑色，其管脚也有正、负极之分，通常情况下，管脚较长的为负极，管脚较短的为正极。可用万用表的电阻档对其好坏进行检测。用万用表电阻档测量红外接收二极管正、反向电阻，根据正、反向电阻值的大小，即可初步判断红外接收二极管的好坏。若正向电阻较小（3～4kΩ），反向电阻较大（500kΩ 以上），则该红外接收二极管是好的；若被测管子的正、反向电阻值均为零或无穷大，则表明被测红外接收二极管已被击穿或开路，不能使用。

7. 晶体管的检测

（1）晶体管类型与电极判断　在不知道晶体管封装的情况下，用模拟式万用表一般都可以测出 E、B 和 C 极。从晶体管构造来说，无论 PNP 型还是 NPN 型，B 极总是在两个 PN 结的中间，所以可以利用这个特点来判断 B 极。

万用表设定在“×1k”电阻档，黑色表笔接触任意一个管脚，然后用红色表笔分别接触另外两个管脚，比较两次测量的电阻，若测得两个电阻值相差很大，则黑色表笔换接另外一个管脚，重复上述动作。直到两次测量的电阻相差不多，此时，黑色表笔所接的管脚是 B 极，而且两次测得电阻都很大时为 PNP 型管，都很小时为 NPN 型管，如图 2-45 所示。

（2）发射极和集电极的判别　判别发射极和集电极的依据是发射区的杂质浓度比集电

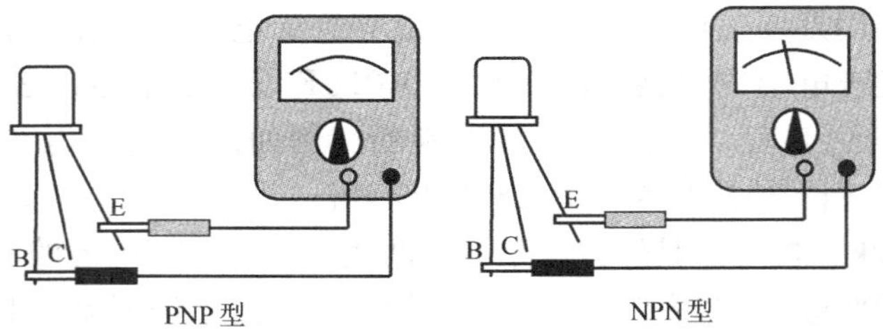

图 2-45 晶体管类型和电极判断

区的杂质浓度高，因而晶体管正常运用时 β 值比倒置运用时要大的多。仍以 NPN 型管为例说明测试方法。用模拟式万用表，将黑色表笔接假设的集电极，红色表笔接假设的发射极，在假设的集电极与基极之间接一个 100kΩ 左右的电阻（可用两手指将 C、B 极捏在一块，但不接触），观察万用表指示的电阻值，如图 2-46a 所示。然后将假设的发射极与集电极对调，仍在黑色表笔与基极之间接一个 100kΩ 左右的电阻，观察万用表指示的电阻值（可用两手指将 E、B 极捏在一块，但不接触），如图 2-46b 所示。若万用表指示电阻值小，表示流过晶体管的电流大，即晶体管处于正常运用的放大状态，则此时黑色表笔所接为集电极，红色表笔所接为发射极。

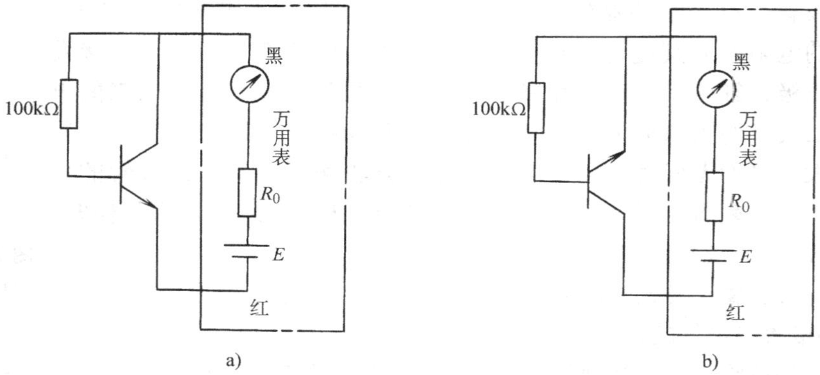

图 2-46 用万用表判断晶体管的发射极和集电极

（3）晶体管质量好坏的简易判断　用万用表测量晶体管的极间电阻可以判断管子质量的好坏。在正常情况下，质量良好的晶体管基极与集电极、发射极之间的反向电阻较高（一般为几百千欧），而正向电阻比较低（一般为几百欧至几千欧）；集电极与发射极之间的反向电阻较高，正向电阻在基极有输入的情况下较低，没输入的情况下较高。可由此判断晶体管的好坏。

也可以通过万用表的 h_{FE} 档来进行判别。当类型确定后，将晶体管插入“NPN”或“PNP”插孔，将万用表置于 h_{FE} 档，若读数不正常（为 0 或大于 300），则说明管子已坏。

（4）晶体管放大倍数的测量　可用万用表的 h_{FE} 档来测量晶体管的放大倍数。常用的 9014 晶体管放大倍数在 150～250 之间为正常值。

8. 变压器绕组极性的判定

当两只变压器串联或者并联使用时，要搞清楚其同极性端，不能接错极性，否则会造成无输出电压，甚至烧坏变压器。极性判定方法如图 2-47 所示，T 为被测变压器，E 为 1.5V，N_1 为一次绕组，S 为开关。将万用表置于直流电压 1V 或者 2.5V 档，接到 N_2 两端。观察开关 S 合上的一瞬间表针的摆动方向，若表针迅速向右摆动一下又回来到零点，则说明 a 与 c 为同名端；反之，表针向左摆动，则 a 与 c 是异名端。

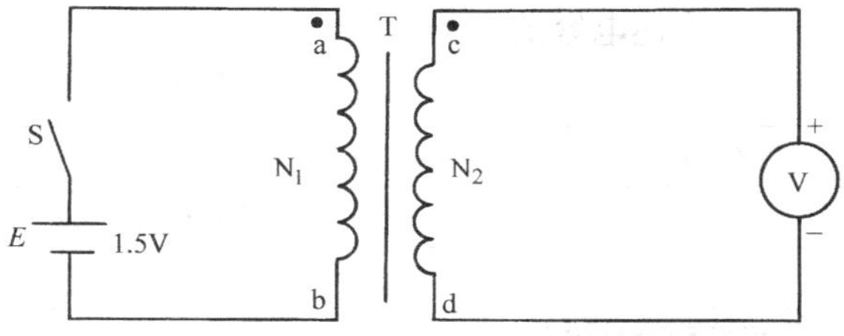

图 2-47　变压器绕组极性的判定

9．集成电路的识别

循环彩灯控制器使用的集成电路属于双列直插式封装，有 8 引脚和 16 引脚两种，这种封装形式的集成电路相邻两个引脚之间的间距为 0.1in（2.54mm）。集成电路的引脚排列次序有一定的规律，一般是从外壳顶部向下看，从左下脚按逆时针方向读数，其中第一脚附近一般有识别标记，如凹槽、色点等。常见集成电路的外形和封装形式如图 2-48 所示。

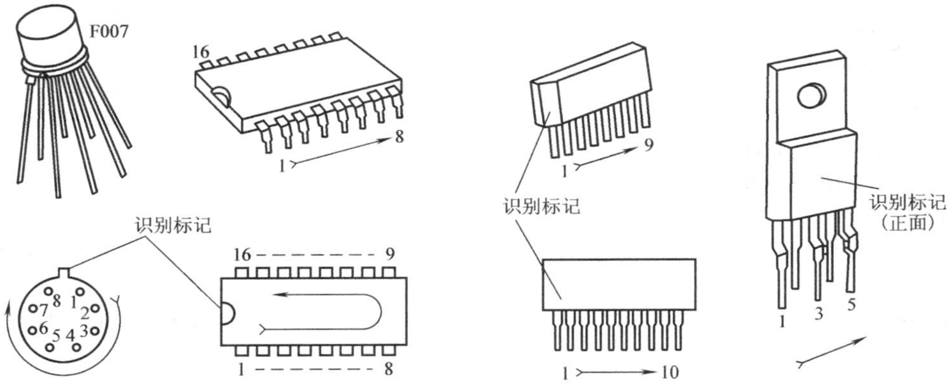

图 2-48　常见集成电路的外形和封装形式

对集成电路的检测，一般要用专用的集成电路测试仪，本任务略去对集成电路的检测。

10．按钮的检测

检测按钮的好坏可以用万用表的电阻档进行。若按下按钮，两端引脚之间的电阻为 0，松开按钮，电阻为无穷大，则说明该按钮是好的。若按钮不能断开和接通，则该按钮的触点有问题，不能使用。

三、任务小结

1．任务工作单的填写

【填写要求】回顾本任务所介绍的主要内容，检查对元器件的分类与检测的学习效果，请认真完成下面“元器件的检测技能训练任务工作单”中各项内容的填写。其中，学生自评分为优、良、中和差四个等级，填写完毕后交指导老师评定签字，作为期末成绩评定参考的依据。

2．巩固提高

1）写出下列标有色环的电阻的标称值和误差，并指出其标注方法：

红黄绿金棕　棕绿黑棕棕　橙蓝黑黑棕　黄紫绿金棕

2）用色环标注法标注出以下电阻：

5.1kΩ ±5%　82Ω ±5%　2.0kΩ ±1%　47.0kΩ ±1%，

3）如何用万用表判断晶体管的好坏和电极极性？

4）简述电容的检测方法。

元器件的检测技能训练任务工作单

任务名称					
学生姓名		所在班级		学 号	
实施场所		实施时间		指导老师	

1. 填写下面碳膜电阻检测结果：

由色环写出具体阻值				由具体阻值写出色环			
色环	阻值/Ω	色环	阻值/Ω	阻值/Ω	色环	阻值/kΩ	色环
棕黑黑		棕黑红		0.5		2.7	
红黄黑		绿棕棕		1		3	
橙橙黑		棕黑绿		36		5.6	
白棕黄		红紫黄		750		24	
黄紫棕		紫绿棕		1000		47	

2. 经过检测，电位器（503）的总电阻为________，旋转活动端时，活动端片与两固定端片之间的电阻变化是否线性？是□、否□。由此可判断该电位器是：好□、坏□。

3. 经过检测，电解电容（104）充放电是否正常？正常□、不正常□，其漏电电阻为________，由此判断该电容是：好□、坏□。

4. 经过检测，普通电容（223）充放电是否正常？正常□、不正常□，其漏电电阻为________，由此判断该电容是：好□、坏□。

5. 经过检测，发光二极管 VL_1 的正向电阻为________，反向电阻为________，由此判断发光二极管 VL_1 是：好□、坏□。

二极管 VD_2 的正向电阻为________，反向电阻为________，由此判断二极管 VD_2 是：好□、坏□。

稳压管 VS_3 的正向电阻为________，反向电阻为________，由此判断稳压管 VS_3 是：好□、坏□。

发光二极管 VL_4 的正向电阻为________，反向电阻为________，由此判断发光二极管 VL_4 是：好□、坏□。

红外接收二极管 VD_5 的正向电阻为________，反向电阻为________，由此判断红外接收二极管 VD_5 是：好□、坏□。

6. 按钮 SB 的好坏可以用万用表的电阻档进行判断，若按下按钮，按钮两端的引脚之间的电阻为________，松开按钮，电阻为________，则由此判断按钮 SB 是：好□、坏□。

学生自评		指导老师评价		指导老师签字	

本章小结

1. 万用表由表头、测量线路、转换开关以及表笔等组成。

2. 模拟式万用表的主要功能有直流电流、电压的测量，交流电流、电压的测量，电阻的测量，晶体管直流放大倍数的测量和电平的测量。

3. 数字式万用表的面板主要包括液晶显示器、电源开关、量程选择开关、h_{FE}插口和输入插孔。

4. 数字式万用表的主要功能有直流电流、电压的测量，交流电流、电压的测量，电阻的测量，二极管结电压的测量，晶体管 h_{FE}的测量和线路通断的测量。

习　题

1. 阐述模拟式万用电表的基本结构。

2. 模拟式万用电表的测量功能有哪些?

3. 模拟式万用表的直流电流档为什么多采用闭路抽头连接式多量限分流器，而不采用独立分档式?

4. 整流式电压表由哪两部分组成? 若误用万用表的交流电压档测量直流电压，则将会产生什么结果?

5. 整流式电压表采用半波整流电路时，为什么要用两只而不是一只二极管?

6. 万用表的交、直流电压档要共用一根刻度尺，在测量线路上需要采取哪些措施?

7. 一般万用表的交流电压 10V 档为什么单独具有一条刻度尺? 它能否与直流档共用?

8. 万用表的欧姆中心值的意义是什么? 在表盘上的欧姆调零旋钮起什么作用? 如何使用?

9. 某万用表在使用“×1”档进行零位调节时，发现不能将指针调到零位，而在欧姆档的其他倍率档时，指针可以调到零位。试述产生上述现象的原因。

10. 当用万用表的交流电压 10V 档去测量 300Ω 负载上的电平时，测得其电平值为 10dB。试计算该负载上的电压值和它消耗的功率为多少?

11. 阐述数字式万用电表的基本结构。

12. 数字式万用电表的测量功能有哪些?

13. 阐述数字式万用表的基本原理。

14. 如何使用万用表检测电解电容的极性和质量?

15. 如何使用万用表判断二极管和晶体管的极性?

第三章　直流稳压电源

直流稳压电源是电子信息类专业学生做电子实验的必备仪器。电子电路要能完成所具备的功能，都必须有直流电源为其提供能量。理论上，电子电路相当于一个换能器，它将直流的能量转换成其他能量。例如，放大器放大信号，它将直流的能量转换成被放大的信号能量；信号发生器将直流的能量转换成各种方波、正弦波或三角波等。

第一节　概　　述

电力网供给用户的是交流电，而各种无线电装置需要用直流电。直流稳压电源由电网提供的交流电源供电，当接上交流电时，接通面板上的电源开关，可以输出所需的稳定的直流电压，如图 3-1 所示。

图 3-1　直流稳压电源作用

一、工作原理

直流稳压电源的工作原理大致上可以用图 3-2 所示的框图说明。

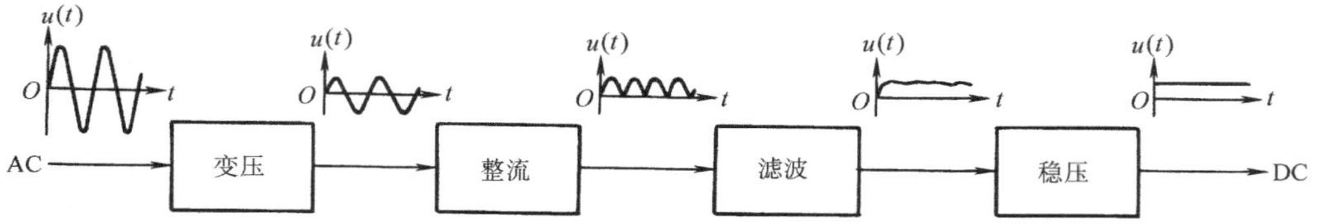

图 3-2　直流稳压电源组成

（1）变压　由输入变压器完成，输入变压器也称电源变压器。变压器的作用是将 220V、50Hz 的交流电转换成所需的一般幅度较小的交流电。

（2）整流　将经过变压器变换后的交流电转换成单相的脉动直流。这种直流电幅度变化很大,不能直接提供给电子电路使用。整流电路通常是利用二极管的单向导电性来实现的。

（3）滤波　滤波的目的是将整流电路输出的脉动大的直流电处理成平滑的、脉动小的直流电。滤波电路通常由电容或电感等电抗元件组成，可将脉动大的直流电中的交流成分滤掉，保留其中的直流成分。

（4）稳压　一般来说，经整流滤波后就得到了较为平滑的直流电，已可以作为某些电子电路的电源。然而，由于受到电网电压的波动和负载电流变化的影响，输出的直流电是不稳定的。稳压电路的作用就是将不稳定的直流电压输出变成为基本上不受外界影响的稳定的直流电压输出。稳压电路一般由硅稳压管及其他有关的晶体管调整电路组成。

二、面板结构

直流稳压电源的面板结构通常有两种，分别是指针显示式和数字显示式。指针显示式如图 3-3 所示，用指针的读数表示输出电压、输出电流的大小；数字显示式则直接用七段译码显示数码管显示出输出电压的大小，如图 3-4 所示。

图 3-3　指针显示式直流稳压电源面板图

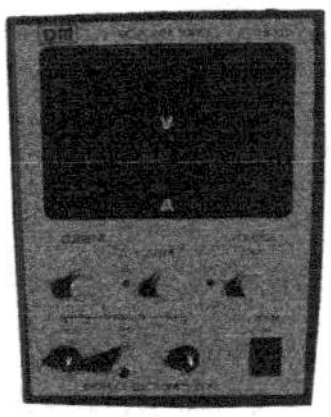

图 3-4　数字显示式直流稳压电源面板图

输出有多种方式。一种是固定输出，不可调整，比如有些电源直接输出 5V 的直流电压，提供给 TTL 门电路工作。另一种是只有一档，可连续调整输出。再有就是当输出电压范围较大时，可分档调节输出，每一档通过调整电位器可得到连续的输出电压。

直流稳压电源亦有单路和多路输出，最多的有四路电压输出，较多情况是双路电压输出。

下面简单介绍 JWY302 型晶体管组合稳压电源的面板使用。

该仪器可分为左右两边，分别是两组独立的电源，使用方法一样。

（1）电源开关　当接通外插头，合上电源开关时，表明该电源可以开始输出所需的电压。一般在要求严格的场合，稳压电源最好先预热一段时间，待其稳定后再用。

（2）电源指示灯　接通外插头，合上电源开关时，该灯会亮，指明该仪器的工作状态。

（3）输出端　“+”端表示电压输出正极性端，“-”端表示电压输出负极性端，“地”端表示该端一般和仪器的面板相接。当需要输出正电压时，“地”端与“-”端相接，由“+”端与“地”端输出正电压；当需要输出负电压时，“地”端与“+”端相接，由“-”端与“地”端输出负电压。

（4）电压粗调　输出电压时，先要搞清楚所需电压的大小，然后将稳压电源的电压粗调旋钮放在相应的档位。

（5）电压细调　由该旋钮得到所需的具体电压。使用时，先将该旋钮调到电压最小的位置，之后改变电压粗调旋钮到相应档位，再调整电压细调旋钮到所需的电压大小位置。

（6）电压表　用来指明具体电压的读数，由于准确度不高，所以电压的读数一般以万用表测试的结果为准。

（7）电流表　当稳压电源接上具体的电路时，由于负载的不同，会有不同的电流指示。注意输出不可短路，短路会导致输出电流过大而烧坏熔丝或导致保护电路工作。

三、技术指标

稳压电源的技术指标可以分为两大类：一类是特性指标，另一类是质量指标，反映稳压电源的优劣。

1. 特性指标

（1）单路或多路电压输出　有一路、两路、三路和四路等。

（2）输出电压　指输出电压在什么范围内变动。规格有0～15V、0～20V、0～30V和0～120V等。输出电压范围越大越好。

（3）输出电流　输出电流的大小决定该电源可以带多大的负载，输出电流越大，带负载能力越强。主要规格有1A、5A、10A、15A和80A等。

2. 质量指标

（1）输出电压稳定度　当输入电压U_I（整流、滤波的输出电压）在规定范围内变动时，输出电压U_O的变化应该很小，一般要求$\frac{\Delta U_O}{U_O} \leqslant 1\%$。输出电压的稳定度直接影响到被测电路的工作状态和测量误差的大小，由于电源电压的不稳定可能导致电路无法正常工作，电子系统故障和硬件损坏常常是由于电源电压的不稳定引起的。

（2）稳压系数S　由于输入电压变化而引起输出电压变化的程度，称为稳压系数S。

$$S = \frac{\frac{\Delta U_O}{U_O}}{\frac{\Delta U_I}{U_I}} = \frac{\Delta U_O}{\Delta U_I} \times \frac{U_I}{U_O}$$

S的大小，反映一个稳压电源克服输入电压变化的能力。在同样的输入电压变化条件下，S越小，输出电压的变化越小，电源的稳定度越高。通常S为$10^{-2} \sim 10^{-4}$。

（3）纹波电压　纹波电压是指在额定负载时，输出电压中存在的50Hz或100Hz交流分量的有效值或峰-峰值。纹波电压越小，说明输出直流中所含有的交流成分越少。

（4）输出电阻　输出电阻又称为等效内阻，用r_O表示，如图3-5所示，它等于输出电压变化量和负载电流变化量之比。

$$r_O = \frac{\Delta U_O}{\Delta I_O}$$

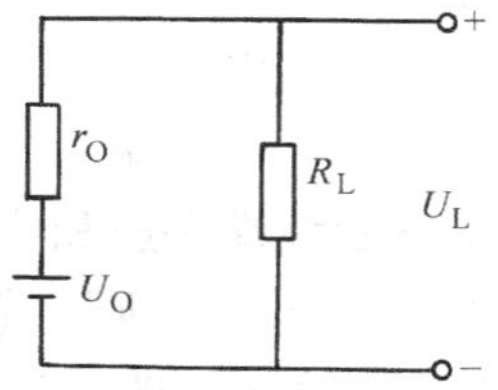

图3-5　输出电阻含义

r_O反映负载变动时，输出电压维持恒定的能力。r_O越小，则负载变化时输出电压的变化也越小。性能优良的稳压电源，输出电阻可小到1Ω，甚至0.01Ω。

（5）电压温度系数　当环境温度变化时，会引起输出电压的漂移。一般这种温度漂移是指输入电压和负载电流都不变时，由于电路元器件的工作温度变化引起的输出电压缓慢而无规则的变化。良好的稳压电源，应在环境温度变化时，有效地抑制输出电压的漂移，保持输出电压稳定。

输出电压的漂移用温度系数K_T来表示。

$$K_T = \left.\frac{\Delta U_O}{\Delta T}\right|_{\substack{\Delta U_I = 0 \\ \Delta I_O = 0}}$$

（6）转换效率　指交流电转换成直流电的多少。效率越高越好。

此外，直流稳压电源常常还带有过电流（短路）或过电压保护。

第二节　直流稳压电源应用实例

一、输出直流电压步骤

设要求输出直流电压大小为 ±12V，此时步骤如下：

1）插上外电源插头。

2）打开电源开关。

3）粗调量程。

4）微调使指针指示大致为 12V。

5）用万用表（模拟式或数字式均可）的红色表笔接电源的“＋”端，黑色表笔接电源的“－”端，再测试具体读数，应为 12V。若读数不对，则再微调直流稳压电源，使万用表读数为 12V。

6）若要输出 12V 电压，则“地”与电源“－”极相连，此时“＋”与“地”间电压为 12V。

7）若要输出－12V 电压，则“地”与电源“＋”极相连，此时“－”与“地”间电压为－12V。

二、直流稳压电源输出指示准确度的测量

输出指示准确度是直流稳压电源的一个技术指标，一般用百分数表示，即

$$A = \frac{|U_2 - U_1|}{U_1} \times 100\%$$

式中，U_1 为实验电压值，在这里为数字式万用表的读数；U_2 是直流稳压电源的输出刻度指示值。

1）按图 3-6 所示电路连接电路。

2）将直流稳压电源的输出置于第一档，万用表的量程也置于相应的档位。

3）接通直流稳压电源的电源，调节直流稳压电源输出，直至满量程输出。

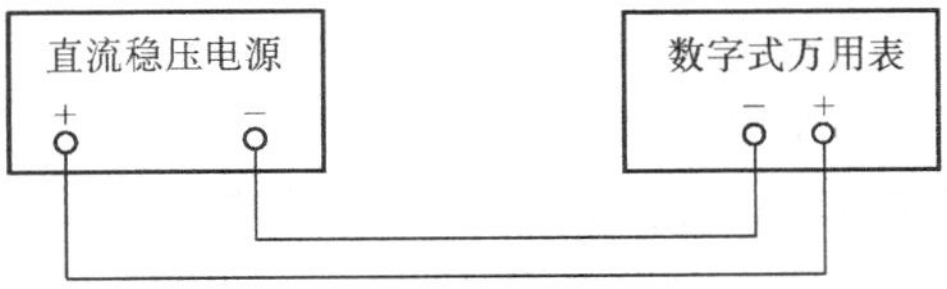

图 3-6　直流稳压电源输出指示准确度测量接线图

4）打开万用表开关，读取其读数。

5）断开电路，更换直流稳压电源输出档及万用表量程，重复步骤 3）、4）。

6）重复步骤 5），计算各量程的输出指示准确度。

项目二　直流稳压电源的测量技能和训练

项目要求

本项目通过直流稳压电源的测量技能和训练，要求学生掌握直流稳压电源输出直流电压的使用方法，熟练掌握用万用表检测直流稳压电源输出电压和电流是电子测量的基本技能。

【知识要求】

1）了解直流稳压电源的基本功能。

2）掌握直流稳压电源输出直流电压的使用方法。

3）掌握直流电流和直流电压的检测方法。

4）了解直流稳压电源的简易故障和排除。

【能力要求】

1）能用万用表检测直流稳压电源输出直流电压的数值是否有误差。

2）使用万用表测量直流电流和直流电压。

3）能判断和排除直流稳压电源没有输出电压的简易故障。

4）掌握连接直流稳压电源输出双电源（±电压）到电路板上的要求。

【学习方法】

1）练习前认真阅读实践流程，了解相关无线电仪表基本知识。

2）通过实践的技能训练，掌握电子测量仪表使用方法。

3）勤于思考，拓展对直流稳压电源知识的学习和使用技巧。

任务　直流稳压电源使用方法认知

通过本任务的学习，了解直流稳压电源的基本使用方法，为后面的电子测量和调试奠定基础。熟练掌握直流稳压电源的使用和连接方法是从事电子产品装配与调试工作的基本技能之一。

一、直流稳压电源使用方法介绍

直流稳压电源是能为负载提供稳定直流电源的电子装置。直流稳压电源的供电电源大都是交流电源，当交流供电电源的电压或负载变化时，稳压器的直流输出电压都会保持稳定。随着电子设备向高准确度、高稳定性和高可靠性的方向发展，对电子设备的供电电源提出了更高的要求。

由于电子技术的特性，电子设备对电源电路的要求就是能够提供持续稳定、满足负载要求的电能，而且通常情况下都要求提供稳定的直流电能。提供这种稳定的直流电能的电源就是直流稳压电源。直流稳压电源在电源技术中占有十分重要的地位。另外，很多电子爱好者初学阶段首先遇到的就是要解决电源问题，否则电路无法工作，电子制作无法进行，学习就无从谈起。

直流稳压电源的基本功能和要求如下：

1）输出电压能够在额定输出电压值以下任意设定和正常工作。

2）输出电流的稳流值能在额定输出电流值以下任意设定和正常工作。

3）直流稳压电源的稳压与稳流状态能够自动转换并有相应的状态指示。

4）对于输出的电压值和电流值要求有精确的显示和识别。

5）对于输出电压值和电流值有精准要求的直流稳压电源，一般要用多圈电位器和电压、电流微调电位器。

6）要有完善的保护电路。直流稳压电源在输出端发生短路及处于异常工作状态时不应损坏，在异常情况消除后能立即正常工作。

二、WJT—3010IID型双路直流稳压电源使用方法

WJT—3010IID型双路直流稳压电源外形如图3-7所示。

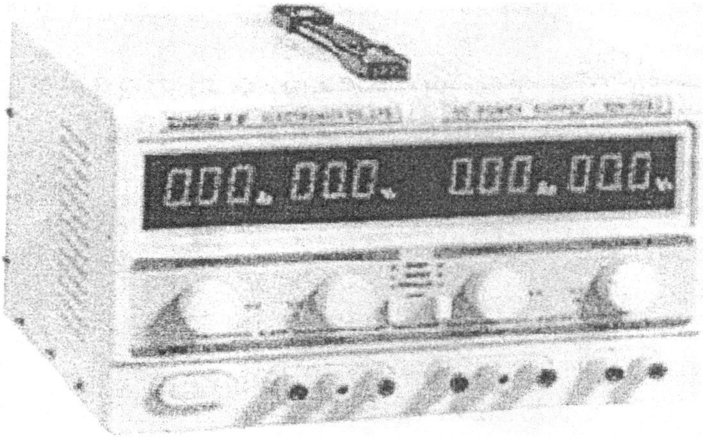

图 3-7　WJT—3010IID 型双路直流稳压电源外形

1. 面板结构

WJT—3010IID 型双路直流稳压电源面板结构如图 3-8 所示。

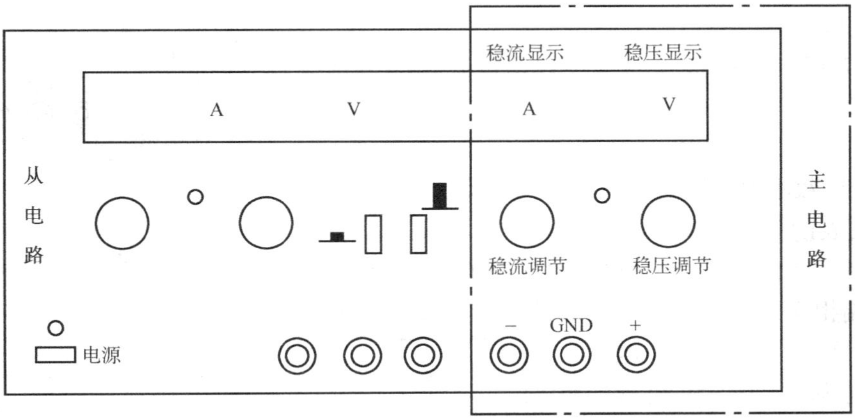

图 3-8　WJT—3010IID 型双路直流稳压电源面板结构

2. 面板中各部分的作用

1）稳压显示部分：指示输出电压。

2）稳流显示部分：指示输出电流。

3）稳压调节旋钮：输出电压值。

4）稳流调节旋钮：调节限流保护点。

5）电源开关：当此开关置于“ON”时，机器处于“开”状态，稳流指示灯亮。反之，机器处于“关”状态。

6）稳压指示灯：当机器处于稳压状态时，此指示灯亮。

7）稳流指示灯：当机器处于稳流状态时，此指示灯亮。

8）输出正端：接负载正端。

9）机壳接地端：机壳接大地。

10）输出负端：接负载负端。

11）除了可调双路稳压输出外，还有一路作稳流源使用，输出5V电压。

3. 接地端的作用

1）两个接地端（GND）在电源的内部是相连的，并连接在电源机壳上。

2）接地的目的是进一步减小输出纹波和其他有害杂波的干扰。

3）若对测量要求不是很高，则可不接地。

三、直流稳压电源使用技能训练

1. 串联跟踪使用方法

操作目标如下：

1）得到可调平衡输出的双极性电源。

2）将电源的输出电压范围扩大一倍。

设要求输出直流电压大小为±12V，此时步骤如下：

1）插上外电源插头。

2）打开电源开关。

3）按下从电路按键▮，如图3-9所示。

4）转动稳压调节旋钮，使稳压显示为12V输出电压。

5）用万用表（模拟式或数字式均可）的红色表笔接电源的“+”端，黑色表笔接电源的“-”端，再测试具体读数，应为12V。若读数不对，则再微调稳压调节旋钮，使万用表读数为12V。

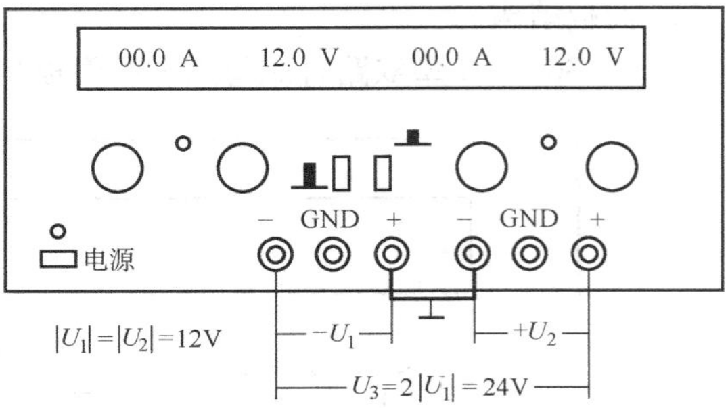

图3-9　直流稳压电源输出±12V直流电压

6）若要输出12V电压，则“地”与电源“-”端相连，此时“+”与“地”间电压为12V。

7）若要输出-12V电压，则“地”与电源“+”端相连，此时“-”与“地”间电压为-12V。

2. 多路电源使用方法

操作目标如下：

1）将电源的输出电压范围扩大一倍。

2）输出多路电压。假设输出电压$U_1=-12V$，$U_2=25V$，则$U_3=|U_1|+|U_2|=37V$。

设要求输出直流电压大小为37V，此时步骤如下：

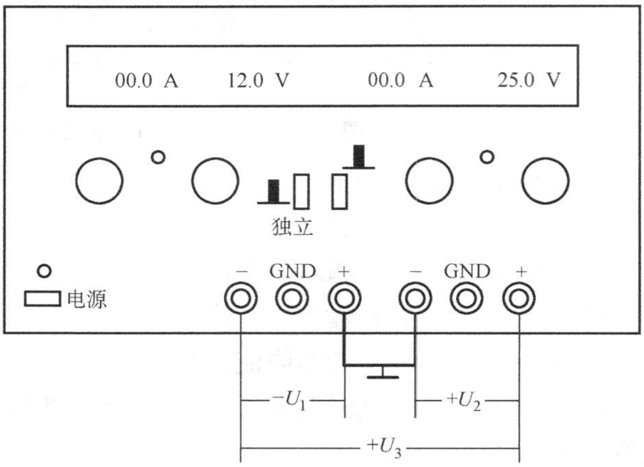

图3-10　直流稳压电源输出37V直流电压

1）插上外电源插头

2）打开电源开关。

3）两按键开关均处于▮，如图3-10所示。

4）转动主电路稳压调节旋钮，使稳压显示为25V输出电压。调节从电路稳压调节旋钮至从电路稳压显示为12V输出电压。

5）用万用表（模拟式或数字式均可）的红色表笔接主电路电源的“+”端，黑色表笔接电源的“-”端，再测试具体读数，应为25V。若读数不对，则再微调稳压调节旋钮，使万用表读数为25V。

6）再测量从电路输出12V电压是否正确。

7）要输出37V电压时，则输出线红色线与电源主电路“+”端相连，输出线黑色线与从电路“-”端相连。

3. 双路电源独立工作使用方法

操作目标：使双路电源输出不同电压，独立工作。

设要求输出两组不同的直流电压12V和25V，此时步骤如下：

1）插上外电源插头。

2）打开电源开关。

3）两按键开关均处于▮，如图3-11所示。

4）转动主电路稳压调节旋钮，使稳压显示为25V输出电压。调节从电路稳压调节旋钮至从电路稳压显示为12V输出电压。

5）用万用表（模拟式或数字式均可）的红色表笔接主电路电源的“+”端，黑色表笔接电源的“-”端，再测试具体读数，应为25V。若读数不对，则再微调稳压调节旋钮，使万用表读数为25V。

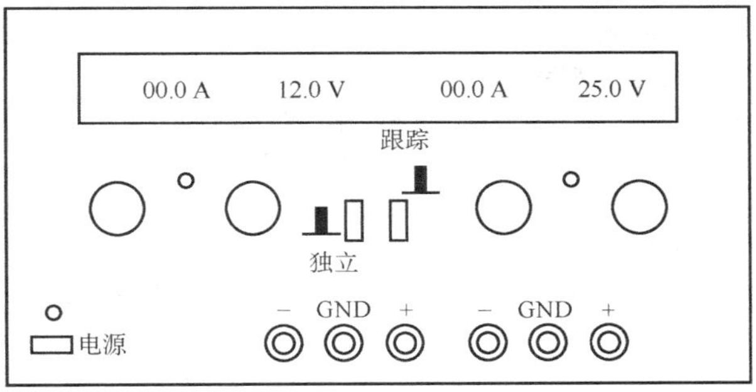

图3-11　双路电源独立工作

6）再测量从电路输出12V电压是否正确。

双路电源主电路输出为25V电压时，则从电路输出为12V电压。

4. 作稳流源使用方法

1）电源输出5V。

2）用连线将输出短路。

3）工作指示灯由绿色转为红色。

4）调节稳流调节旋钮，使输出电流为所需值，稳流值设置完毕。

5）去掉短路线，接上负载，调输出电压为适当值，使工作指示灯为红色，此时电流保持恒定。

5. 操作注意事项

1）在使用直流稳压电源时，要明确输出电压，分清“+”、“-”输出线。

2）直流稳压电源设有完善的限流保护，当输出发生短路时，电源输出电流将限流在已设置的最大限流点而不再增加，但电源仍有功率损耗，并且此时大功率晶体管上的功率损耗最大，因此一旦发现有短路现象，工作指示灯由绿色转为红色，为避免不必要的损耗和损坏，应关掉电源将故障排除，使机器工作在正常状态。

3）使用完毕后，请放在干燥、通风的地方，并保持清洁。若长期不用，则应将电源插头拨下后再存放。

4）对稳压电源进行维修时，必须将输入电压断开。

四、任务小结

1. 任务工作单的填写

【填写要求】回顾本任务所介绍的主要内容，检查学习效果，请认真完成下面“直流稳压电源的测量技能训练任务工作单”中各项内容的填写。其中，学生自评分为优、良、中和差四个等级，填写完毕后交指导老师评定签字，作为期末成绩评定参考的依据。

直流稳压电源的测量技能训练任务工作单

任务名称					
学生姓名		所在班级		学 号	
实施场所		实施时间		指导老师	
1. 判断题，下面哪些实验操作不符合国家安全用电的规定？ 1）用电仪表、设备不用留有足够的安全通道和工作空间。(　　) 2）保护装置动作后，先查明原因，确认正常后恢复工作，更换熔体注意规格。(　　) 3）用电设备暂停或停止使用，没有及时切断电源。(　　) 4）发生触电事故或仪表、设备故障，没有立即切断电源。(　　) 5）对稳压电源进行维修时，必须将输入电压断开。(　　) 6）当直流稳压电源输出发生短路时，工作指示灯由绿色转为红色，为避免不必要的损耗和损坏，应关掉电源将故障排除，使机器工作在正常状态。(　　) 2. 要求 WJT—3010IID 型双路直流稳压电源输出 45V 直流电压，此时步骤如下： 3. 在正常使用直流稳压电源时，电源电压显示为 5V，但电流显示为 0，电源输出线连到测量电路板上，用万用表测量电路板上没有电压，试分析一下故障原因。 4. 在直流稳压电源操作练习中，应注意的事项有哪些？					
学生自评		指导老师评价		指导老师签字	

2. 巩固提高

1）请简述直流稳压电源的使用方法。

2）哪些情况下对测量要求不是很高，可不接地？

3）查阅有关资料，了解更多的不同类型的直流稳压电源使用方法和注意事项。

本 章 小 结

1. 直流稳压电源是一种将交流电转变成电子设备所需直流电的仪器，分为模拟式和数字式两种，依用途的不同，直流稳压电源有单路和多路输出。

2. 直流稳压电源通常由变压、整流、滤波和稳压电路组成，质量较好的电源通常还设有过电压或过电流保护电路。

3. 在使用中应注意避免发生短路。在使用一些不加保护电路的直流稳压电源时，这点要更加注意，否则可能导致熔丝烧断或内部电路烧坏的故障。

习 题

1. 简述直流稳压电源的基本工作原理。
2. 对于 JWY302 型晶体管组合稳压电源，如何同时得到 8V 和 -8V 两组电压输出？
3. 比较模拟式和数字式直流稳压电源的优缺点。
4. 说明直流稳压电源输出大小不同电压的原理，并解释是通过调整哪一个元器件实现电压调整的。
5. 哪些情况下对直流稳压电源输出电压要求很高，必须要求电源接地？

第四章　毫　伏　表

毫伏表是一种测量交流电压的仪表。电子设备的许多工作特性和多种控制信号都能由电压参数显示出来，电压测量是其他参数测量的基础，因此电压的测量是十分重要的。

第一节　概　　述

一、工作原理

毫伏表属于模拟式电压表。模拟式电压表根据测量性能不同可分为放大-检波式（主要用于测量低频电压）、检波-放大式（主要用于测量高频电压）和外差式电压表（测量甚高频微波电压）三种类型。图 4-1 为三种模拟式电压表的原理框图，其工作原理如下所述：

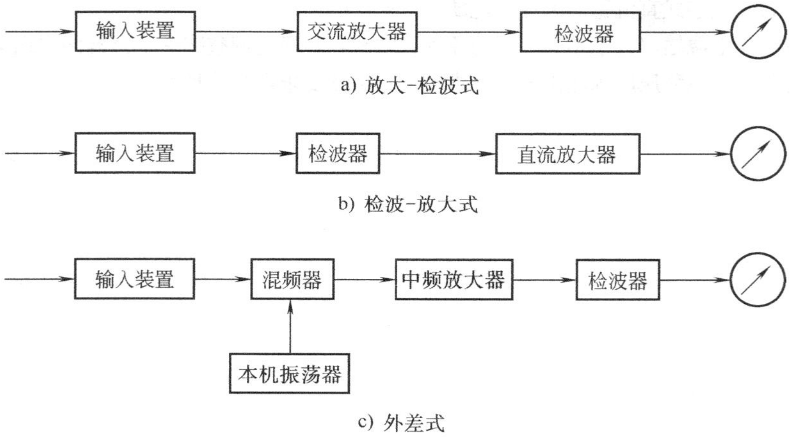

图 4-1　三种模拟式电压表的原理框图

1. 放大-检波式电压表

放大-检波式电压表工作时，被测电压先由交流放大器放大，再经检波器将交流信号转换为直流电压信号，最后由直流表头指示被测交流电压值。

2. 检波-放大式电压表

检波-放大式电压表工作时，被测（交流）电压先经检波器转换成直流电压，为提高电压表的灵敏度，再经直流放大器放大，最后通过直流表头指示所测交流电压值。

3. 外差式电压表

外差式电压表工作时，被测电压经输入装置在混频器中与本机振荡器产生的信号混频，输出的中频信号再经中频放大器放大，经检波器检波后成为直流信号，最后由直流表头指示所测交流电压值。

二、面板结构

实验室常用的 DA—16 型晶体管毫伏表如图 4-2 所示，有关 DA—16 型晶体管毫伏表的说明如下：

（1）电源开关　当插好外插头（接交流220V），将电源开关拨向上时，预热后可以准备进行测量。

（2）电源指示灯　当电源开关拨向上时，该红色指示灯亮，表示已接通电源。

（3）输入端　被测电压信号的输入端。

（4）刻度盘　指示具体被测电压的数值。注意，有三种电压刻度，其中上面两行是直接的电压刻度，分别为0～10和0～3，具体的读数数值应结合相应的电压量程判定。最下面一行是分贝读数，也应结合相应量程才能得到具体的分贝数值。

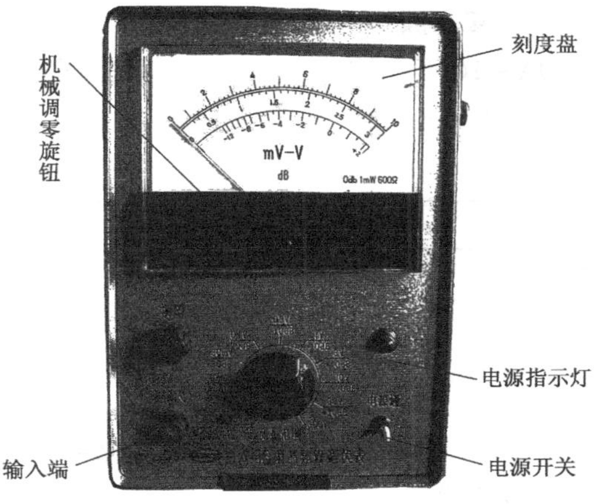

图4-2　DA—16型晶体管毫伏表面板

（5）测量范围　从0到300V，共有11档。一般，用1mV、10mV、100mV、1V和10V量程档测量时，读第一排的数值。用3mV、30mV、300mV、3V、30V和300V量程档测量时，读第二排的数值。

（6）机械调零旋钮　毫伏表未接上电源时，可利用螺钉旋具调整该旋钮使指针指向零点。

（7）调零旋钮　此处调零指在正式测量之前的电气调零。在正式测量之前，将输入端的信号短接，此时被测电压应是零。若仪表显示不是零，则可利用此旋钮将指针调到零点。

三、技术指标

衡量一个电压表通常用下列指标说明：

（1）测量范围　被测电压可从纳伏级（10^{-9}V）直至吉伏级（10^{9}V），范围很宽。一般实验室的仪表测量范围从几毫伏到几百伏。

（2）频率范围　信号可分为直流、低频、高频和超高频，被测电压信号频率变化可从10^{-5}Hz到10^{9}Hz甚至更高。

（3）被测电压参数　信号电压的波形多种多样，可以是正弦波、方波和三角波等，对不同波形的电压，要选用不同的测量仪表，采用不同的测量方法。对非正弦波电压的测量，参数可以是最大值（峰值）、有效值和平均值。

（4）输入阻抗　由于测量电压时，电压表并联在被测电路的两端，对被测电路而言，相当于负载加重了，对被测电路是有影响的，所以在测量时，希望电压表的输入阻抗应尽可能高，分布电容应尽可能小。

（5）测量准确度　由于对交流量的测量最后都是转换成直流量来进行的，所以测量的准确度要受到仪表电路的通频带、表头灵敏度的影响。一般仪表相对误差的数量级为10^{-2}～10^{-4}。

第二节　DA—16型晶体管毫伏表

DA—16型晶体管毫伏表是根据放大-检波原理制成的，表头指示值为正弦波有效值。电压测量范围为100μV～300V，被测信号频率为20Hz～1MHz，测量准确度较高。

一、基本原理

DA—16 型晶体管毫伏表主要由分压器、射极跟随器、放大器和检波器等组成，如图 4-3 所示。

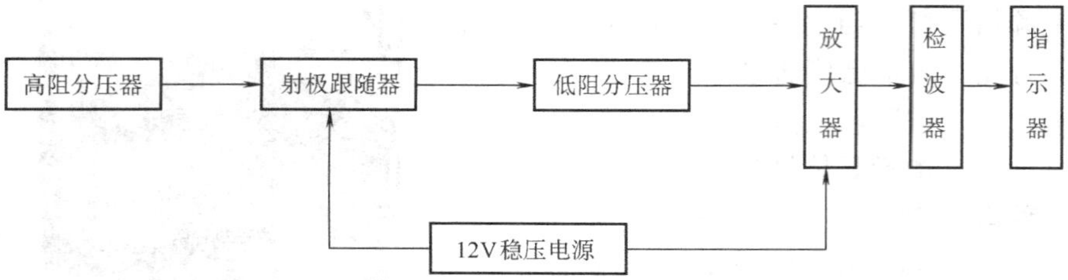

图 4-3　DA—16 型晶体管毫伏表组成框图

1. 分压器

分压器是用来扩展电压表的量程的。在音频范围内一般使用电阻式分压器，在视频范围内一般使用电容补偿式电阻分压器，在高频范围内一般使用电容式分压器，如图 4-4 所示。

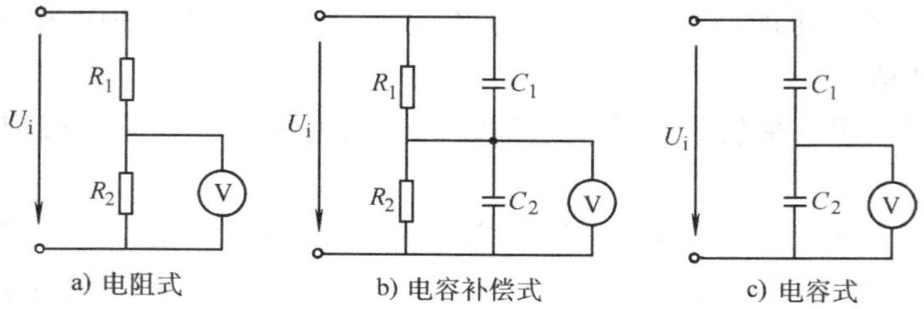

图 4-4　各种分压器

DA—16 型晶体管毫伏表采用的是电阻式分压器，高阻分压器是指参与分压的电阻数值较大，低阻分压器是指参与分压的电阻数值较小。这里为保证有较高的输入电阻，在输入端采用了高阻分压器，而经过射极跟随器后，因为射极跟随器的输出电阻较小，故采用低阻分压器。

2. 射极跟随器

射极跟随器的主要作用是提高仪表的输入阻抗。一般仪表采用源极跟随器或阴极跟随器作为阻抗变换。本电路使用两个低噪声晶体管串联，使输入阻抗更高。由于高阻分压器频率响应难以满足要求，故对 0.3V 以下信号变换为低阻抗电压进行分压，对于大于 0.3V 的信号，为避免其输出过大烧坏晶体管，需衰减后再进入跟随器。

3. 放大器

放大器起着功率放大的作用。电压表的直流放大器应该具有高的增益和小的零点漂移。常用的是带有负反馈的桥式电路。

交流电压放大器要有高灵敏度、高增益、高稳定性，且有较小的非线性失真和较宽的通频带。一般采用具有深度负反馈的放大器来满足这些要求。放大器一般采用多级放大方式，本仪表的放大器由五只晶体管组成，电压增益约为 60dB，其第一级采用射极跟随器以减少对前级低阻分压器的影响。放大器还具有反馈式线性补偿和频响补偿，有效地克服了检波二极管的非线性和温度等的影响，并改善了仪表的频率响应特性。

4. 检波器

检波器是电压表中最重要的部件。在电压测量仪表中常用的有平均值检波器、有效值检波器和峰值检波器等。DA—16 型晶体管毫伏表采用的是桥式全波整流。检波器工作时，首先对输入的交流被测信号进行全波整流，整流后的单向电流流过微安表，微安表两端的电容用来滤去整流后的交流成分，如图 4-5 所示。

5. 稳压电源

稳压电源由调整管和放大管组成。其输入为交流电压，输出为 +12V 直流电压。

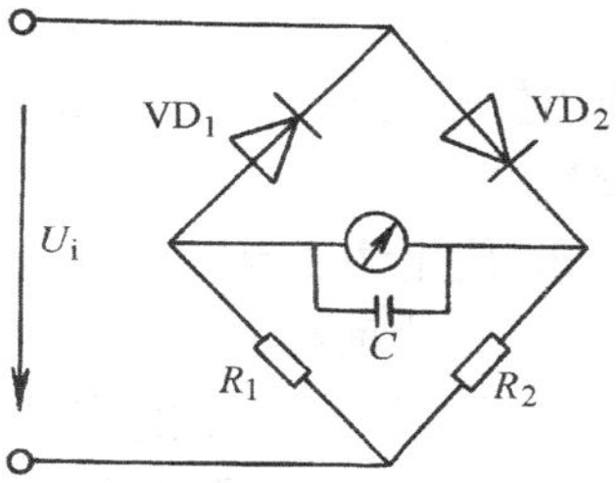

图 4-5　桥式全波整流检波器

二、技术指标

1）测量电压范围：100μV ~ 300V。电压量程共有 11 档：1mV、3mV、10mV、100mV、300mV、1V、3V、10V、30V 和 300V。

2）测量电平范围：−72 ~ 30dB（600Ω）。

3）被测电压频率范围：20Hz ~ 1MHz。

4）固有误差：≤ ±3%（基准频率 1kHz）。

5）频率影响误差：20Hz ~ 100kHz 时为 −3% ~ 3%；100kHz ~ 1MHz 时为 −5% ~ 5%（以上误差均为满刻度之百分比）。

6）输入阻抗：在 1kHz 时输入电阻大于 1MΩ，输入电容：1mV ~ 0.3V 各档约为 70pF，1 ~ 300V 各档约为 50pF（包括接地线电容在内）。

7）供电电源：(1 ±4%) 220V，50Hz。

8）功率消耗：3W。

三、测量技能

1. 使用方法

1）将毫伏表水平放在桌面上，通电前，先检查表头指针是否指示零点。若不指零，则可用螺钉旋具调整表头上的机械调零螺钉使指示为零。

2）接通电源（电子管仪表需要预热一段时间）进行短路调零。即将两个输入接线柱短路，将量程开关选在需要的档位上，调节前面板上的调零旋钮，使表针指向零点，然后将量程开关置于高量程档，拆除输入端的短路线。

需要指出的是，在不同的量程，可能会发生零点漂移现象，因此，当改变量程测量时，为保证测量的准确性，还要重新进行短路调零。

另外，DA—16 型晶体管毫伏表在小量程档时，由于噪声的干扰，表针会出现微微抖动的现象，这是正常的。

3）连接测量线路。DA—16 型晶体管毫伏表灵敏度较高，为了保护它以避免表针被撞击损坏，在接线时一定要先接地线（低电位线端），再接另一条线（高电位线端），接地线要选择良好的接地点。测量完毕拆线时，应先拆高电位线，然后再拆低电位线。DA—16 型晶体管毫伏表的输入端采用的是同轴电缆，电缆的外层为接地线，为了安全起见，在测量毫伏级电压时，接线前最好将量程开关置于低灵敏度档（即高电压档），接线完毕后再将量程开关置于所需的量程。另外，在测量毫伏级电压时，为避免外部环境的干扰，测量导线应尽可能短，且最好选用屏蔽线。

4）测量。当所测的未知电压难以估计其大小时，就需要从大量程开始试测，逐渐降低量程直至合适为止。当使用较高的灵敏度档（毫伏级档）时，应先接上地端，然后再接另一输入端子，将量程开关由高到低依次轻轻旋转，直至表针指示在三分之二以上刻度时，即可读出被测电压值。

5）读数。量程开关置 10mV、100mV 和 1V 等档时，从满刻度为 10 的上刻度盘读数；量程开关置 30mV、300mV 和 3V 等档时，从满刻度为 30 的下刻度盘读数。刻度盘的最大值（即满量程值）为量程开关所处档的指示值。如量程开关置 3V，则下刻度盘的满量程值就是 3V。

2. 使用注意事项

1）仪表面板必须与地垂直放置，以免增加读数误差。

2）测量时，应注意仪表之间“共地”及仪表与被测电路之间的“共地”问题，尤其对于小信号测量时，更应严格注意。

3）测量中，暂时不用时，不必关掉电源开关，可将输入端短接。

4）非正弦脉冲电压不能用该表测量，因为仪表表盘刻度是按正弦电压有效值进行刻度的。

5）仪表用完后，应将电源断开，并把量程开关选择到较高档。测量时，量程开关应由高到低进行选择。

项目三　毫伏表的测量技能和训练

项目要求

本项目通过毫伏表的测量技能和训练，要求学生掌握毫伏表使用方法，熟练掌握毫伏表的使用和测量方法是电子测量基本技能。

【知识要求】

1）了解毫伏表的基本功能。

2）掌握毫伏表使用方法。

3）掌握毫伏表的测量方法。

4）了解毫伏表测量值与正弦波的有效值、平均值和幅值的关系。

【能力要求】

1）掌握毫伏表使用方法。

2）能使用毫伏表直接观察和测试信号的大小。

3）能判断毫伏表的检测数值是否有误差。

【学习方法】

1）练习前认真阅读实践流程，了解相关无线电和仪表基本知识。

2）通过实践的技能训练，掌握电子测量仪表的使用方法。

3）勤于思考，拓展对毫伏表工作原理、产品性能、种类和使用技巧的了解。

任务　毫伏表使用方法认知

通过本任务的学习，了解毫伏表的基本使用方法，为后面的电子测量和调试奠定基础。熟练掌握毫伏表的使用和连接方法是从事电子产品装配与调试工作的基本技能之一。

一、毫伏表使用方法介绍

1. 毫伏表认知

毫伏表是一种用来测量正弦电压的交流电压表，主要用于测量毫伏级以下的毫伏、微伏交流电压，例如电视机和收音机天线的输入电压、中放级的电压等。若测量的最小电压是10mV，则测量电压的频率可以由50Hz到100kHz。一般万用表的交流电压档只能测量1V以上的交流电压，而且所测交流电压的频率一般不超过1 kHz。

毫伏表可以测量正弦电压信号有效值，它具有测量准确度高、频率特性好、外形美观和操作方便等优点，而且具有隔直流功能，特别适合在电子电路中使用。

以SH1911型数字显示单路毫伏表作为例子，其面板如图4-6所示。产品特点：4位大LED数字显示，超量程时LED闪烁，高阻抗，超高分辨率，高准确度，宽频带，具有输入保护和自动校准功能。

基本技术指标如下：

1）电压测量范围：100μV～400V。

2）量程分为5级（40μV、400μV 、4V、40V和400V）。

3）被测电压频率：10Hz～2MHz。

4）电压测量误差：±0.5%。

5）输入阻抗：1MΩ。

2. 使用时的注意事项

1）测量准确度以毫伏表表面垂直放置为准，使用时应将仪表垂直放置。

2）由于晶体管毫伏表输入端过载能力较弱，所以使用时要防止毫伏表过载。

3）在未通电使用前或暂不测试时，将仪表输入端短路或将量程选择开关旋到4V以上档级。

4）仪表与被测线路必须“共地”，即接线时应把仪表的地线（黑端）接被测线路公共地线，把信号端（红端）接被测端。测量时，先接地线，后接信号线，测量结束后，先拆信号线，后拆地线。

图4-6　SH1911型数字显示单路毫伏表的面板

5）由于仪表的灵敏度较高，凡测量毫伏级的低电压时，应尽量避免输入端开路。必须在输入端接线连好后，再把量程选择开关置于相应的毫伏档级。测量结束后需改变接线时，必须首先把量程选择开关旋到5V以上量程档级，然后再把输入端接线与被测电路断开，以免仪表在低量程档，由于外界干扰过载造成仪表损坏。

6）当被测电压本身数值较大时，应在接线前先把量程选择开关调到相应的档级或高一些的档级，测量时再调到相应的档级，以免超量程损坏仪表。

7）注意选择合适的量程。选择合适的量程可以减少测量误差。

8）使用前应先检查量程选择开关与量程标记是否一致，错位会产生读数错误。

二、毫伏表检测技能训练

1. 观测正弦波的有效值、平均值和幅值

1）将信号源的波形选择开关置正弦波信号位置上。

2）将信号源的信号输出端与毫伏表输入端连接，此时信号源与毫伏表已“共地”。

3）接通信号源电源，调节信号源的频率旋钮（包括频段选择开关、频率粗调旋钮和频率细调旋钮），使输出信号的频率为1kHz，调节幅值调节旋钮，使输出为1V，固定信号源的频率和幅值不变。

4）将信号源的信号输出端分别与测量有效值和平均值的毫伏表输入端连接，记录输出值。

2. 观测矩形波的有效值、平均值和幅值

将信号源的波形选择开关置方波信号位置上，重复上述步骤。

3. 观测三角波的有效值、平均值和幅值

将信号源的波形选择开关置三角波信号位置上，重复上述步骤。

毫伏表是专门用来测量正弦波信号电压有效值的。对于矩形波信号和三角波信号，表头指针指示的值为平均值，但可通过间接方式求得它们的有效值。若用毫伏表测得正弦波信号电压为1V，则矩形波信号有效值为0.9V，三角波信号有效值为1.036V。

在实际电路中，周期性信号的有效值用交流仪表测量，平均值用直流仪表测量，幅值用示波器测量。

三、任务小结

1. 任务工作单的填写

【填写要求】回顾本任务所介绍的主要内容，检查学习效果，请认真完成下面“毫伏表的测量技能训练任务工作单”中各项内容的填写。其中，学生自评分为优、良、中和差四个等级，填写完毕后交指导老师评定签字，作为期末成绩评定参考的依据。

毫伏表的测量技能训练任务工作单

任务名称					
学生姓名		所在班级		学 号	
实施场所		实施时间		指导老师	
1. 判断题 1）仪表在通电之前，一定要将输入电缆的红、黑鳄鱼夹相互短接。防止仪表在通电时因外界干扰信号通过输入电缆进入电路放大后，再进入表头将表针打弯。（ ） 2）当不知被测电路中电压值大小时，必须首先将毫伏表的量程开关置最高量程，然后根据表针所指的范围，采用递减法合理选档。（ ） 3）若要测量高电压，则输入端黑色鳄鱼夹必须接在“地”端。（ ） 4）毫伏表用来测量正弦波信号和非正弦波信号。（ ） 5）可用万用表的交流电压档代替毫伏表测量交流电压。（ ） 2. 在实际电路中，周期性信号的有效值、平均值和幅值各用什么类型的仪表测量？					

（续）

3. 如何利用毫伏表测量正弦波、矩形波和三角波有效值？ 4. 毫伏表操作练习中，应注意的事项有哪些？					
学生自评		指导老师评价		指导老师签字	

2. 巩固提高

1）请简述毫伏表的使用方法。

2）了解周期性信号有效值、平均值和幅值的概念。

3）哪些情况下对毫伏表测量要求不是很高，可不接地？

4）查阅有关资料，了解更多不同类型的毫伏表的使用方法和注意事项。

本 章 小 结

1. 晶体管毫伏表是用来测量交流电压大小的仪表，交流电压可以用峰值、有效值和平均值来度量，这些数值的大小会因波形的不同而不同。

2. 特别注意两个问题：被测电压的波形是怎样的？测量仪表是以什么量来刻度的？

3. DA—16 型晶体管毫伏表是以测正弦波时的有效值来刻度的。

习　　题

1. 测量直流电源输出电压时，能否用毫伏表测量？
2. 测量电压大约为 2V 的 1kHz 正弦波信号，DA—16 型晶体管毫伏表的量程应打到哪一档？
3. 测量 100MHz 的 VHF 电压信号，可以使用 DA—16 型晶体管毫伏表吗？
4. 在使用毫伏表进行测量时，要注意哪些问题？

第五章　信号发生器

第一节　概　　述

一、信号发生器的用途

在研制、生产、使用、测试和维修各种电子元器件、部件以及整机设备时，都需要能产生不同频率、不同波形、不同幅度的电压、电流信号来激励各种模拟系统和数字系统。这种能提供测试用电信号的装置，统称为信号发生器，或者称为信号源，如图5-1所示。信号发生器是电子测量领域中最基本、应用最广泛的一类电子仪器。除了在电子测量中，信号发生器在其他领域也有广泛应用，例如，机械部门的超声波探伤，医疗部门的超声波诊断、频谱治疗仪等。

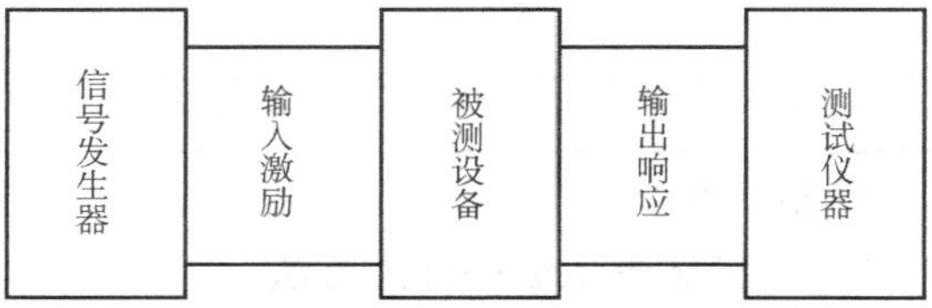

图5-1　信号发生器

二、信号发生器的分类

1. 按频率范围分类

按照输出信号的频率范围划分，信号发生器的分类见表5-1。

表5-1　信号发生器按频率范围分类

名　　称	频率范围	主要应用领域
超低频信号发生器	30kHz以下	电声学
低频信号发生器	30～300kHz	电报通信
视频信号发生器	300kHz～6MHz	无线电广播
高频信号发生器	6～30MHz	广播、电报
甚高频信号发生器	30～300MHz	电视、调频广播、导航
超高频信号发生器	300～3000MHz	雷达、导航、气象

2. 按输出波形分类

根据使用要求，信号发生器可以输出不同波形的信号，图5-2所示为几种典型信号波形。按照输出信号的波形特性，信号发生器可分为正弦波信号发生器和非正弦波信号发生器。非正弦波发生器又包括脉冲信号发生器、函数信号发生器、扫频信号发生器、数字序列信号发生器、图形信号发生器和噪声信号发生器等。

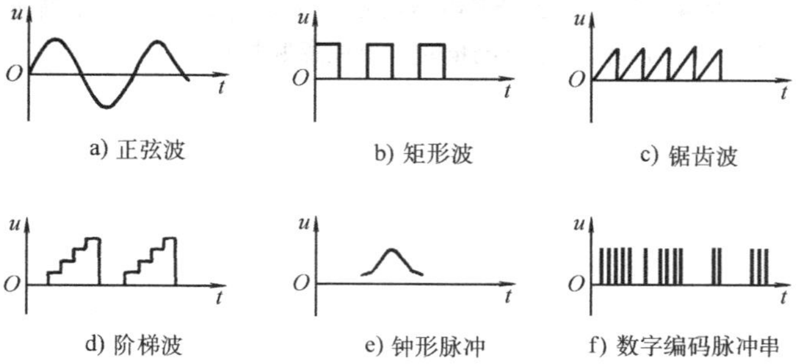

图5-2　几种典型信号波形

3. 按信号发生器的工作原理分类

按信号发生器的工作原理，可分为简易信号发生器、标准信号发生器、调幅信号发生器、调频信号发生器、合成信号发生器和专用信号发生器。

4. 其他的分类方法

按照使用范围，可分为通用和专用信号发生器；按照调节方式，可分为普通信号发生器、扫频信号发生器和程控信号发生器；按照频率产生方法又可分为谐振信号发生器、锁相信号发生器和合成信号发生器。

三、信号发生器的基本组成

信号发生器的基本构成一般都可用图 5-3 所用的原理框图描述，下面简要介绍各个部分的作用。

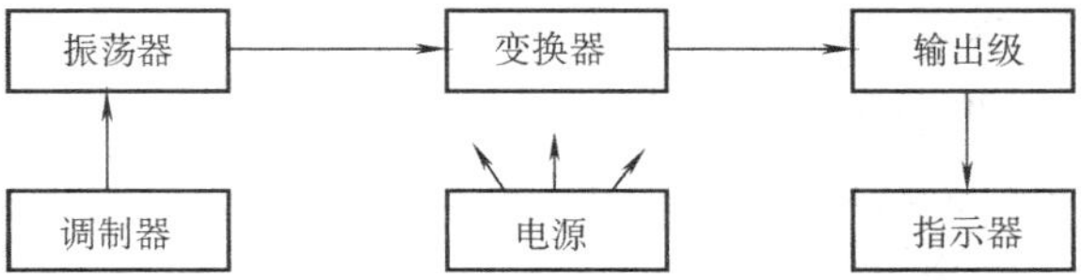

图 5-3 信号发生器原理框图

（1）振荡器 振荡器是信号发生器的核心部分，由它产生不同频率、不同波形的信号。产生不同频段、不同波形信号的振荡器原理、结构差别很大。

（2）变换器 一般情况下，振荡器输出的信号都很弱，需对此信号加以放大。变换器可以是电压放大器、功率放大器、调制器和整形器。

（3）输出级 基本功能是调节输出信号的电平和输出阻抗，可以是衰减器、匹配变压器和射极跟随器等。

（4）指示器 基本功能是用来监视和显示输出信号，可以是电压表、功率计、频率计和调制表等。使用时可通过指示器来调整输出信号的频率、幅度和其他特性。

（5）电源 提供信号发生器各部分的工作电源电压。通常是将交流电整流成直流并有良好的稳压措施。

第二节 低频信号发生器

低频信号发生器的频率范围通常为 20Hz ~ 20kHz，或更宽一些为 2Hz ~ 200kHz，它能输出正弦波音频电压或功率。低频信号发生器可用于测试、调整低频放大器，传输网络和声电器件等，也可用它调制高频信号发生器或校准电压表。

一、对低频信号发生器的一般要求

1. 频率

频率能在规定范围内连续调节或分波段连续调节（点频信号源除外），频率稳定度在 ±1% 左右。

2. 非线形失真

输出信号波形的非线性失真系数应尽可能小，一般不超过 1%，低失真的低频信号发生器应在 0.01% 以下。

3. 输出电压

输出电压应能连续或步进调节，其输出电压频率响应的不均匀性为 -1 ~ 1dB，否则将给测试工作带来麻烦。

4. 输出阻抗

输出阻抗要低，一般为600Ω。对于输出功率较大的信号发生器，要求其输出阻抗可变，以便与负载匹配。有的还需要提供不平衡和平衡两种输出方式。

二、低频信号发生器的基本组成与原理

低频信号发生器的基本组成框图如图5-4所示。

1. 振荡器

振荡器是低频信号发生器的核心，其电路有*RC*振荡电路和差频式低频振荡电路等。

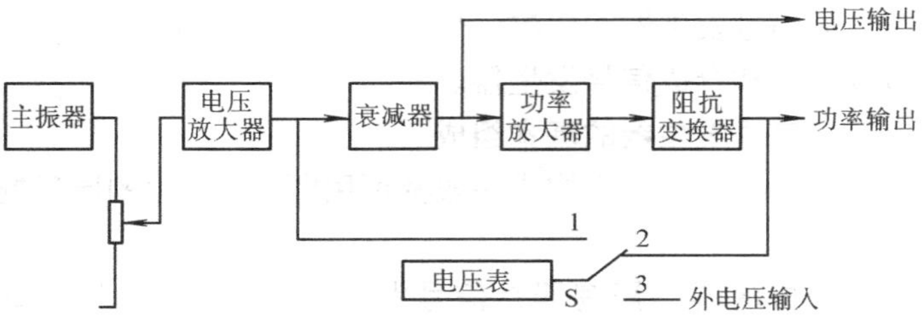

图5-4 低频信号发生器框图

（1）*RC*振荡电路 *RC*振荡电路有*RC*移相振荡电路、*RC*双T选频振荡电路和*RC*文氏电桥振荡电路三种。*RC*移相振荡电路结构简单、成本低，但振荡幅度和频率都不够稳定，而且频率调节也不便。*RC*双T选频振荡电路选频特性较好，但不便调节，它产生单一振荡频率可用作点频信号源。*RC*文氏电桥振荡电路频率调节方便，波形好，幅度也稳定，低频信号发生器一般都采用这种电路，其原理框图如图5-5所示。

图5-5为电压反馈式*RC*文氏电桥振荡电路，它是在二级放大器的输出端到输入端通过由R_1、C_1、R_2、C_2组成的文氏桥接入反馈而产生振荡。R_t和R_f组成的分压器为负反馈，起自动稳定振荡幅度的作用。改变桥路电阻或电容即可调节振荡频率，一般用波段开关换接R_1、R_2进行粗调，C_1和C_2是采用同轴变化的双联电容器，在某一波段内用它进行频率细调。国产的XD1型、XD7型和XFD—7A型低频信号发生器均采用了此种振荡电路。

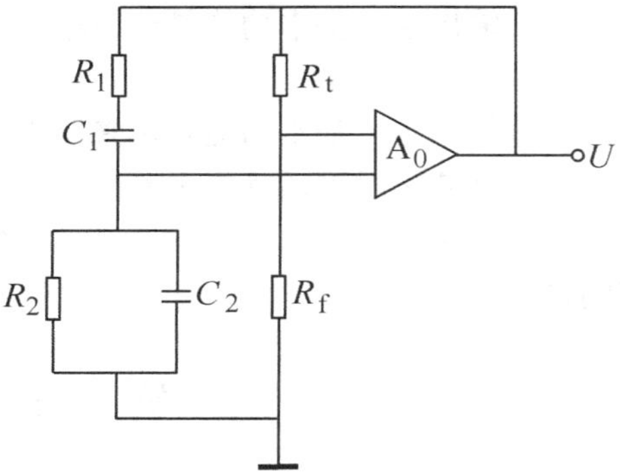

图5-5 电压反馈式 *RC*文氏电桥振荡电路

（2）差频式低频振荡电路 差频式低频振荡电路原理框图如图5-6所示。

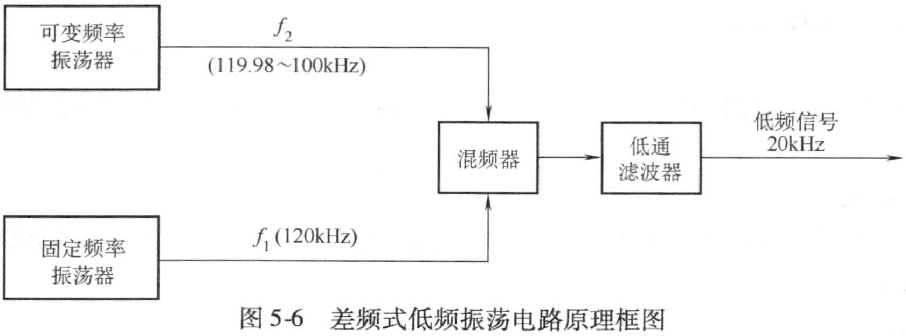

图5-6 差频式低频振荡电路原理框图

固定频率振荡器产生固定频率信号f_1（如f_1为120kHz），可变频率振荡器产生可变频率（如f_2为119.98～100kHz，连续可调），二者送到混频器，混频后经低通滤波器得到差频信

号 f_2-f_1（f_2-f_1 为 20Hz～20kHz）。

2. 放大器

低频信号发生器的放大器一般包括电压放大器和功率放大器。电压放大器的作用是放大振荡器产生的振荡信号，并将振荡器与功率放大器、输出电压调节器以及负载等进行隔离，防止后者的变化影响振荡器频率的稳定。因此，电压放大器亦称为缓冲放大器。一般要求电压放大器的输入阻抗高、输出阻抗低、频率范围宽及非线形失真小。功率放大器的作用是保证信号发生器具有足够的输出功率。功率放大器亦称输出放大器，它通常采用射极（阴极）输出器或者强负反馈的变压器输出级以及 DTL 电路。

3. 输出级

输出级主要包括衰减器和电压表。低频信号发生器的输出电压常需要步进调节和连续调节，步进调节由步进衰减器完成，并以分贝来刻度，而连续调节则常用电位器。电位器一般接于功率放大器的输入端，其连续调节的电压值用电压表监测，电压表一般为简单的检波式电压表，它接在衰减器之前。

三、低频信号发生器的技术指标（以 XD1 型为例）

1. 频率

1）频率范围：1Hz～1MHz

2）频段：第一频段　1～10Hz

第二频段　10～100Hz

第三频段　100Hz～1kHz

第四频段　1～10kHz

第五频段　10～100kHz

第六频段　100kHz～1MHz

3）频率的基本误差：

第一频段至第五频段档　±（1% ×f+0.3Hz）

第六频段档　±1.5% ×f

4）频率漂移（预热 30min 后）。0.4% ×f（第一频段）、0.2% ×f（第二频段至第六频段）；其后 7h 内不超过：0.8% ×f（第一频段）、0.4% ×f（第六频段）和 0.2% ×f（第二频段至第五频段）。

2. 频率特性

1）电压输出：－1～1dB。

2）功率输出：10Hz～100kHz（50Ω、75Ω、150Ω、600Ω 和 5kΩ）时为－2～2 dB；100～700kHz（50Ω、75Ω、150Ω 和 600Ω）为－3～3 dB；100～200kHz（5kΩ）为－3～3 dB

3. 输出

1）电压输出：1Hz～1MHz　大于 5V

2）功率输出：10Hz～700kHz　（50Ω、75Ω、150Ω、600Ω）　最大功率输出大于 4W

10Hz～200kHz　（5kΩ）　最大功率输出大于 4W

4. 非线性失真

1）电压输出：20Hz～20kHz　小于 0.1%

2）功率输出：20Hz～20kHz　小于 0.5%

5. 衰减器

1）电压输出：1Hz～1MHz 范围内，衰减不超过 80dB 时误差为 -1.5～1.5dB，衰减到 90dB 时误差为 -3～3dB。

2）功率输出：10Hz～100kHz 范围内，衰减不超过 80dB 时误差为 -2～2dB，衰减到 90dB 时误差为 -3～3dB；100kHz～700kHz 范围内，衰减不超过 80dB 时误差为 -3～3dB，衰减到 90dB 时误差为 -5～5dB。

6. 交流电压表

1）量程：5V、15V、50V 和 150V 四档。

2）误差：2Hz～1MHz 时为 -5%～5%。

3）输入电阻：大于 100kΩ。

4）输入电容：小于 50pF。

5）功能：可内测、外测，可测对地电压及与地无关的两端钮上的平衡电压。

7. 电源

220V、50Hz。

8. 功率消耗

小于 50VA。

四、测量技能

1. 准备工作

1）仪器从包装箱内取出后，应在正常气候条件下放置 24h。若仪器长期存放于潮湿环境，则必须在 40°C 的烘箱中烘 4h 后，并在正常条件下恢复 4h 后，方能通电使用。

2）将电源线接到 220V、50Hz 的交流电源上，应注意将三芯电源插头的地线脚与大地妥善接好，以避免干扰。

3）开机前应将输出电压细调电位器旋至最小，在过载指示灯熄灭后，再逐渐加大输出电压幅度。

4）若想达到足够的频率稳定度，则须预热 30min 后再使用。

2. 使用方法

（1）频率选择　面板上的六档按键开关用于频率的选择。根据所需要的频率，按下相应的按键，然后再用按键开关上方的三个频率旋钮，按十进制原则细调至所需频率。

（2）输出调整　该仪器有电压输出和功率输出两组端子。这两种输出共用一个输出衰减开关，每档为 10dB 的衰减。使用时应注意：在同一衰减位置上，电压与功率的衰减分贝数是不同的，面板上已用不同的颜色区别表示。输出细调是由同一电位器连续调节的，这两个旋钮适当配合，便可在输出端得到所需要的输出幅度。

（3）电压放大器的使用　从电压放大器可以得到较好的非线性失真系数（<0.1%）、较小的输出电压（220μV）和小电压下比较好的信噪比。电压放大器最大可输出 5V，其输出阻抗是随输出衰减的分贝数变化而变化的。为了保持衰减的准确性及输出波形不失真（主要是在电压衰减 0dB 时），电压输出端上的负载应大于 5kΩ。

（4）功率放大器的使用　使用功率放大器时应先将功率开关按下，以将功率放大器输入端的信号接通。

（5）阻抗匹配：功率放大器共设有 50Ω、75Ω、150Ω、600Ω 及 5kΩ 五种负载值。若想得到最大输出功率，则应使用负载选择以上五种数值之一，以求匹配。若做不到，则一般也应使实际使用的负载值大于所选用的数值，否则将会增大失真。当负载为高阻抗，并要求工作在频段两端，即接近 10Hz 或者几百千赫兹频率时，为输出足够的幅度，应将功率部分内负载键按下，接通内负载，否则输出幅度会减小。当负载值与面板上负载匹配旋钮所指数值不相符时，步进衰减器指示将产生误差，尤其在 0 ~ 10dB 这一档。当功率输出衰减放在 0dB 时，信号源内阻比负载值要小。但 10dB 以后的各档，内阻与面板上负载匹配旋钮指示值就相符，可做到负载与信号源内阻匹配。

(6) 保护电路　在开机时，过载保护指示灯亮，5 ~ 6s 内熄灭，表示功率放大器进入工作状态。当输出旋钮开的过大或者负载阻抗值太小时，过载保护指示灯点亮，表示过载。保护电路过几秒后会自动恢复，若此时仍过载，则灯一闪后仍继续亮。在第六档高端的高频下，有时因输入幅度过大，过载保护指示灯甚至会一直亮，此时应减小输入幅度或者减轻负载，使其恢复。

(7) 对称输出　功率放大器输出可以不接地，当需要这样使用时，只要将功率输出旋钮与地的连接片取下即可。

(8) 工作频段　功率放大器在 10 ~ 700Hz（或 5kΩ 负载档为 10 ~ 200kHz）范围内的输出符合技术条件的规定。但在 5 ~ 10Hz、700kHz ~ 1MHz（或 5kΩ 负载档为 200kHz ~ 1MHz）范围内仍有输出，但功率减小。功率放大器在 5Hz 以下，输入被切断，没有输出。

(9) 电压表　电压表可用于“内测量”与“外测量”。当用于“外测量”时，需将测量开关转向“外测量”，此时，根据被测电压选择电压量程，测量信号从输入电缆上输入。当测量开关转向“内测量”时，电压表接在电压放大器，当分贝衰减旋钮改变时，表头指示应不变，而实际输出电压却在改变。这时的实际输出电压可根据表头指示与衰减分贝数计算。此电压表没有接地端，因此可测量不接地的输出电压。

3. 应用举例

以低频放大器增益的测量为例。

按图 5-7 所示连接测试仪器和被测低频放大器。首先调节低频信号发生器的输出幅度，使放大器正常工作，开关 S 置于“1”，用毫伏表测得信号发生器的输出电压，即被测低频放大器的输入电压 u_i，然后再将开关置于“2”，测得被测低频放大器的输出电压 u_o，则该放大器的电压增益 $A_u = u_o/u_i$。

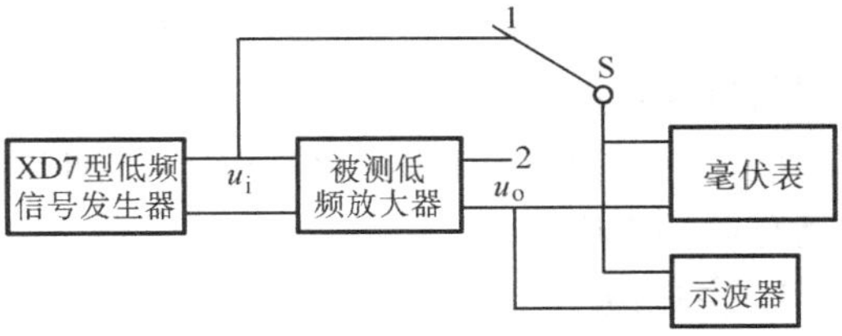

图 5-7　低频放大器增益测量接线图

测量时，低频信号发生器的频率可选为 1kHz，输入信号幅度必须控制适当，使被测低频放大器工作在动态范围的线性区域内，即输入电压 u_i 不能太大，也不能太小。u_i 太大，会产生失真；u_i 太小，噪声或干扰的影响增大。通常调节输入电压 u_i 的大小，以便输出电压 u_o 大致为最大不失真输出（可用示波器监测）的一半为宜。

第三节　高频信号发生器

高频信号发生器用来产生高频正弦波信号，其频率通常在几百千赫兹至几百兆赫兹范围内。对于高频信号发生器，一般要求具有等幅、调幅和调频几种输出，并可改变调幅度和频偏。高频信号发生器主要用于无线电接收设备（如广播接收机、雷达接收机）及相应频段的中频放大器、鉴频器和滤波器等的调试与检测。

一、对高频信号发生器的一般要求

1. 输出幅度

输出幅度调节范围要大，特别是要有微弱信号的输出（小到1μV或者更小）以适应接收机测试的要求。同时，它必须有特别严密的屏蔽，以免信号不经输出插孔而由其他途径漏出。

2. 频率稳定度

频率稳定度应比低频信号发生器高，一般为$10^{-3} \sim 10^{-4}$，其频率指示也应比较精细。

3. 调制特性

应提供调幅或者调频信号，一般载波为30MHz以下的高频信号发生器多提供调幅信号，而高于30MHz的高频信号发生器多提供调频信号。

二、高频信号发生器的基本组成与原理

高频信号发生器的基本框图如图5-8所示。当S_1置“等幅”位置时，主振级产生高频正弦波信号，经缓冲放大级和调幅级，最后由输出级输出。输出级主要用于实现输出电压的调节和输出阻抗的变换，检测级检测输出信号的载波幅度和调制度。内调制振荡级产生调幅与调频所需的调制信号，当S_2置“内”、S_1置“调频”位置时，该调制信号加到主振级的调频电路上，使主振级产生的高频频率（载频）随调制信号变化而变化，产生调制高频信号；当S_1置“调幅”位置时，该调制信号加到调幅级，使主振级产生的高频信号的振幅随调制信号变化而变化，产生调幅高频信号。缓冲放大级用来隔离、放大调幅级对主振级的影响。放大及调幅级具有两种作用：当不加调制信号时只具有放大作用，当加上调制信号以后才具有调幅作用。

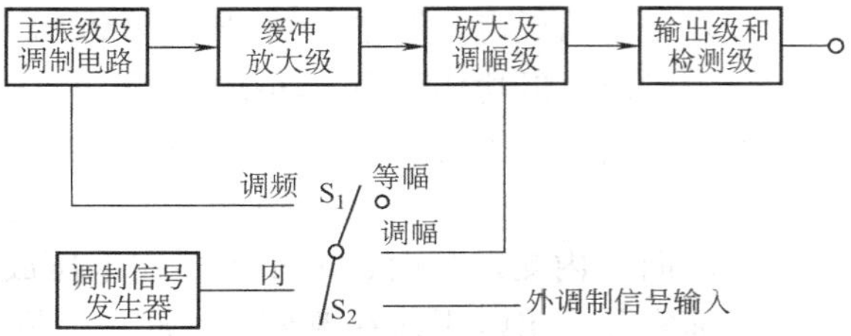

图5-8　高频信号发生器的基本框图

1. 主振级

高频信号发生器的主振级，通常采用*LC*振荡器，电路有变压器耦合式、电感三点式和电容三点式等。

2. 调制电路

（1）调频　调频一般直接在主振级进行，即直接用调制信号控制高频振荡器回路的某个电抗器件（如变容二极管），使振荡频率随调制信号的振幅变化。

（2）调幅　调幅一般在单独的调幅级中完成。在调幅过程中，主振级产生的载波频率（载频）可能受调幅信号的影响而随之变化，产生载频偏移和寄生调频。为了减小调幅时的载频偏移和寄生调频，高频信号发生器一般用缓冲放大级将主振级与调幅级隔开。调幅电路有平衡调制器和环行调制器等。

3. 输出级和检测级

为了连续调节输出信号的大小,在输出级中常使用电位器调节和差动电容分压器调节等。

步进衰减器一般为电阻衰减器，用来完成输出信号的大范围步进衰减。高频信号发生器的输出阻抗有 50Ω、60Ω 和 75Ω 等，50Ω 为优选值。检测级一般由简单的调制度计和电压表组成。

三、高频信号发生器的技术指标

1. 频率范围

100～30000kHz 共分 8 个波段：

第一波段：100～180kHz。

第二波段：180～350kHz。

第三波段：350～700kHz。

第四波段：700～1400kHz。

第五波段：1400～3000kHz。

第六波段：3000～6500kHz。

第七波段：6500～14000kHz。

第八波段：14000～30000kHz。

2. 频率刻度误差

1）固有误差为 -1%～1%。

2）工作误差为 -2%～2%。

3）仪器预热 1h 后，连续工作 8h 内频率漂移为 -5%～5%，但频率刻度的绝对误差，仍应保持 ±1%。

3. 输出电压、阻抗

1）在“0～1V”插孔输出，可得 0～1V 电压，最大输出阻抗为 40Ω。

2）在“0～0.1V”插孔输出，并使用带有分压器的电缆时，在电缆接线柱“0.1”端可得 0.1～10000μV 电压，输出电阻为 8Ω；在电缆接线柱“1”端可得 0.1～100000μV 电压，输出电阻为 40Ω。

4. 载波电压刻度

载波电压表指在 1V 时，误差为 ±5%，输出微调刻度误差为 ±3% ±0.1。

输出倍乘在各个不同位置时的误差：“1”位置为 ±5%；“10”位置为 ±4%；“100”位置为 ±3%；“10000”位置为 ±2%；输出电缆端分压器误差为 ±2%

5. 调幅度范围

0～100%。

6. 调幅度误差

载波频率为 1MHz、调制度 $M<60\%$ 时，误差为满刻度的 ±5%；调制度 $M>60\%$ 时，误差为满刻度的 ±10%。

7. 调制频率

内调制时音频信号频率为 400kHz 和 100kHz；外调制时音频调幅信号频率为 50～400Hz（载波频率为 100～400kHz 时）或者 50～8000Hz（载波频率大于 400kHz 时）。

8. 输出端剩余电压

不大于 0.3μV。

四、测量技能

（一）高频信号发生器的使用方法

图 5-9 为 XFG—7 型高频信号发生器的面板图，各控制装置的作用如下：

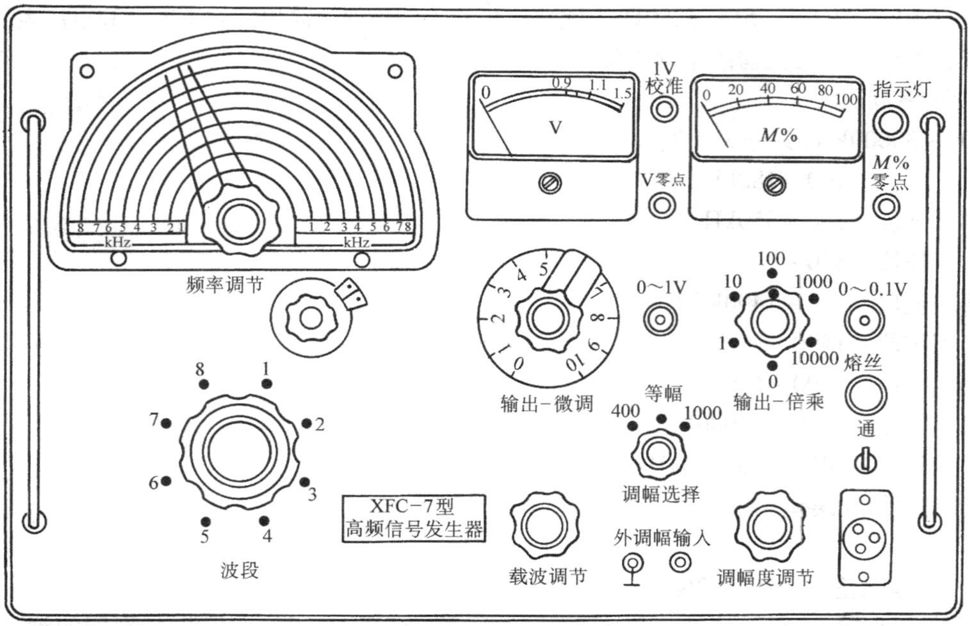

图 5-9　XFG—7 型高频信号发生器的面板图

1. 控制装置

（1）“波段”旋钮　用来变换振荡电路工作频段。共分 8 个频段，与频率刻度盘上的 8 条刻度对应。

（2）“频率调节”旋钮　用来改变振荡回路的可变电容，以便在每个波段中连续地改变振荡频率。使用时先调节粗调旋钮到需要的频率附近，再利用微调旋钮调到准确的频率上。

（3）“载波调节”旋钮　用来改变载波信号的幅度，一般情况下调节它使电压表指在 1V 上。

（4）“输出-微调”旋钮　用以改变输出信号（载波或者调幅波）的幅度。共分为 10 大格，每大格又分 10 小格，这样便构成了 1：100 的可变分压器。

（5）“输出-倍乘”旋钮　是用来改变输出电压的步进衰减器。共分为 5 档：1、10、100、1000 和 10000。当电压表准确地指在 1V 红线上时，从“0～0.1V”插孔输出的信号电压幅度，就是微调旋钮上的读数与这个旋钮上倍乘数的乘积，单位为 μV。

（6）“调幅选择”旋钮　用以选择输出信号为等幅信号或者调幅信号。共分三档：“1000”档时，输出 1000Hz 音频信号，仪器输出 1000Hz 的调幅波；当在“400”档时，输出 400Hz 音频信号，仪器输出 400Hz 的调幅波；当在“等幅”档时，无音频信号输出，仪器输出等幅高频信号。

（7）“外调幅输入”接线柱　当需要 1000Hz 和 400Hz 以外的调幅波时，可由此输入音频调制信号（此时“调幅度调节”旋钮应置于“等幅”档），也可将内调制信号发生器输出的 400Hz 或者 1000Hz 音频信号由此引出。当连接不平衡式信号源时，应注意标有接地符号的等幅高频信号。

（8）“调幅度调节”旋钮　用以改变调制信号发生器音频信号的幅度。当载波频率的电压表指示在1V时，改变音频信号的幅度就是改变输出调幅波的调幅度。

(9)“0～1V”输出插孔　它是从步进衰减器前引出的。一般使电压表指示值保持在1V红线上时，调节“输出-微调”旋钮可改变输出电压，实际输出电压值为微调旋钮所指读数的1/10，单位为V。

(10)“0～0.1V”输出插孔　它是从步进衰减器后引出的。从这个插孔输出的信号幅度为“输出-微调”旋钮和“输出-倍乘”旋钮指示值的乘积，单位为μV。

(11)电压表（“V”表）　指示输出载波信号的电压值。只有在1V时（即红线处）才能保证指示值的准确度，其他刻度仅供参考。

(12)调幅度表（“*M*%”表）　指示输出调幅波信号的调幅度，不论对内调制还是外调制均可指示，在30%调幅度处标有红线，此为常用的调幅度值。

(13)“V零点”旋钮　调节电压表零点。

(14)“1V校准”旋钮　用以校准电压表的1V档读数（刻度）。平常盖住，不得随意旋动。

(15)“*M*%零点”旋钮　在“调幅度调节”旋钮置于起始位置（即逆时针旋转到底）时，将“*M*%”表调整到零这一过程须在电压表指示在1V时进行，否则“*M*%”表的指示是不正确的。

2. 准备工作

1）首先检查交流电压是220V还是110V，并将仪器的电源变换插头放在相应的电压位置上。若交流电电压变化超过额定值的±10%，则应采用交流稳压器或者外加调压器，这样才能使仪器正常工作。

2）由于电源变压器进线中有高频滤波电容器，使机壳带有一定电位，若仪器机壳没有接地线，则必须在使用者的脚下垫绝缘垫。

3）仪器接通电源前必须将各旋钮放在起始位置：“载波调节”和“调幅度调节”旋钮逆时针旋到最小；“输出-微调”旋钮逆时针旋到最小；“输出-倍乘”旋钮放在“1”处；将“V”表和“*M*%”表机械零点调好。

4）开机预热5min以上，进行精密测量使用时，必须预热1h。将“波段”旋钮置于两档的中间，若此时电压表有指示，则应调节“V零点”旋钮，使指针指在零点。

3. 等幅振荡输出

1）将“调幅选择”旋钮放在“等幅”位置。

2）根据所需的频率，将“波段”旋钮置于相应的位置，调节“频率调节”粗调旋钮到需要的频率附近，然后再调节微调旋钮以获得准确的频率。

3）调节“载波调节”旋钮，使“V”表指示在1V红线处。这时在“0～0.1V”插孔输出的信号幅度等于“输出-微调”旋钮指示的读数乘上“输出-倍数”旋钮的指示数。上述操作可能会使“V”表的红线“1”变动，必须反复调几次才行。

4）为了得到1μV以下的输出电压，必须使用带有分压器的输出电缆。若是在电缆的“0～0.1”插孔上引出信号电压值，还应将按上述方法计算而得的数值乘上0.1。例如要得到0.45μV的电压，应将“输出-微调”旋钮置于4.5格，“输出-倍乘”旋钮置于“1”档，而电压从电缆的“0～0.1”端上引出，此时电压值为

$$4.5\times1\times0.1\mu V=0.45\mu V$$

5）当需要0～1V信号电压时，应从“0～1V”插孔输出。这时仍应调节“载波调节”旋钮，使电压表指在1V上。如果“输出-微调”旋钮放在“8”处，就表示输出电压为0.8V。

6）由于仪器的输出电压值在不同频率时不一样，因此，每换一个频率都必须按上述方法重新校准一次。

4. 内调幅

1）将“调幅选择”旋钮放在相应的调幅信号位置上（400～100kHz）。

2）用选择等幅振荡频率的方法选择载波频率。

3）调节“载波调节”旋钮，使电压表指示为1V。

4）调节“调幅度调节”旋钮，从调幅度指示表上的读数确定输出调幅波的调幅度。

5）利用“输出-微调”旋钮和“输出-倍乘”旋钮来控制调幅波输出，计算方法与等幅振荡相同。

5. 外调幅

1）将“调幅选择”旋钮置于“等幅”位置。

2）按选择等幅振荡频率的方法选择载波频率。

3）选择合适的音频信号发生器作为音频调幅信号源，音频信号发生器应具有相适应的工作频段，而且它的输出应能提供0.5W以上的功率。

4）接通音频信号发生器的电源，预热后投入使用。将输出调到最小，然后将它接到“外调幅输入”接线柱上，逐渐增大输出，直到调幅度表上的读数满足需要为止，这时调幅度表上的读数就是输出调幅波的调幅度。

5）利用“输出-微调”旋钮和“输出-倍乘”旋钮控制载波的输出幅度，计算方法与等幅振荡相同。

6. 接收机测试

（1）接线方法

1）将被测接收机放在仪器的一侧，两者用不长于30cm的导线连通，并接地线。

2）用带有分压器的输出电缆。电缆一端接“0～0.1V”，另一端接被测接收机的信号输入端。在测试接收机自动音量控制时，用一根没有分压器的电缆，从“0～1V”插孔输出。为了避免误接直流高电位，可以在电缆输出端串联一个0.01～0.1μF的电容器。“0～1V”插孔应用插孔盖盖住。

3）输出电缆不应靠近仪器的电源线，两者更不能绞在一起。

4）为了使接收机的工作状态更接近于实际工作情况，可以使用等效天线把信号源与被测接收机连接起来。等效天线一端接有分压器的输出电缆，另一端接被测接收机的天线。输出电缆应接在信号源的“0～0.1V”插孔上。等效天线可采用典型等效天线电路，如图5-10所示，它适用于540kHz到几十兆赫兹的接收机中。

（2）校准接收机

1）调整仪器输出信号的载波频率，使它与被校的接收机调谐频率一致，这时仪器输出信号应是调幅度为30%的400Hz调幅波，它的电压幅度应使接收机的输出不过大或者过小。

2）调整接收机中的调谐变压器，使输出最大，可利用扬声器、万用表或者示波器来监测。

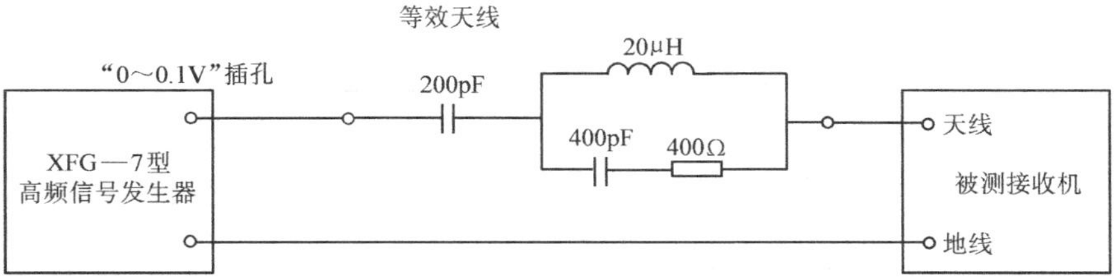

图 5-10　等效天线接法

3）按上述方法，由末级逐级向前调整。

（3）选择性的测试

1）将信号源的载波频率调至所需测试的频率上，输出信号仍采用 30% 调幅度的 400Hz 调幅波。

2）调谐接收机使输出最大，再调节"输出-微调"旋钮使接收机输出维持标准输出功率值。记下第一次信号源输出的电压值。

3）改变仪器输出频率（每 5kHz 变一次），这时维持接收机不动，再调节"输出-微调"旋钮，使接收机输出仍为标准输出功率值，记下信号源输出的电压值。

4）依次用同样的方法测试各频率，将各个频率时的电压值与第一次电压值的比值作为纵坐标，频率作为横坐标绘成曲线，就得到接收机的选择性曲线。

（4）灵敏度的测试

1）保持信号源输出信号是调幅度为 30% 的 400Hz 调幅波，调整信号源的载波频率分别为 600kHz、1000kHz 和 1400kHz 三点广播段。

2）调节信号源的输出电压，使接收机达到标准的输出功率值（按各种接收机的技术条件规定）。

3）将上述三个频率时信号源的输出电压作为纵坐标，频率作为横坐标绘成曲线，此曲线即为接收机的灵敏度曲线。

（5）保真度测量

1）采用低频信号源作为外调幅，外调幅频率为 50～8000Hz，具体频段按接收机的技术条件规定。

2）以 30% 调幅度的 400Hz 调幅波为标准调谐接收机，使输出最大，再调节"输出-微调"旋钮，使接收机维持在标准输出功率值上。

3）维持载波频率和调幅度不变，改变调幅频率，调谐接收机使输出最大，记下接收机的输出电压，将其他频率时的输出电压与 400Hz 时的输出电压值的比值作为纵向坐标，将频率作为横坐标（一般用对数刻度），即可绘得接收机的保真度曲线。

（二）应用举例

以调整调幅广播收音机的中频频率为例介绍 XFG—7 型高频信号发生器的使用，调幅广播接收机以下简称收音机。按图 5-11 所示连接调试电路。

将被测收音机的双联电容器全部旋进，并将振荡电路中的可变电容器短路，使之停止振荡，再将音量控制电位器旋到音量最大位置。

1）将高频信号发生器的输出频率调在 465kHz 上（波段开关第 3 档），并调节频率至 465kHz，调幅度调节在 30%（用"调幅度"旋钮调整，并用"*M*"表监测）。

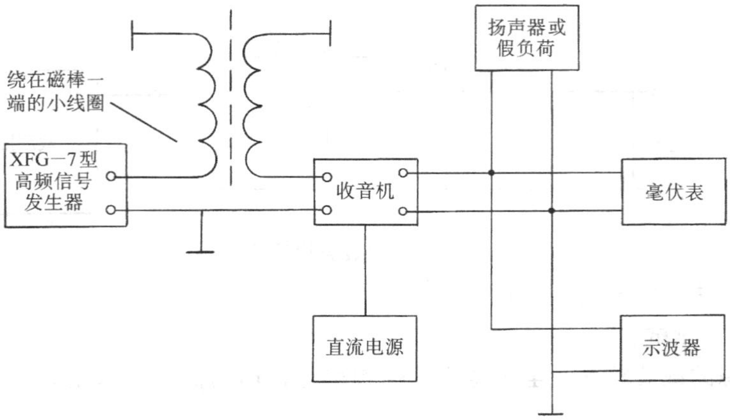

图 5-11　调幅广播收音机的中频频率调整接线图

2）调节高频信号发生器的“输出-微调”和“输出-倍乘”旋钮以输出适当的电压，使被测收音机有适当的输出，但不要使输出过大以免过载，一般控制在 300mV 内。用无感螺钉旋具依次由后向前反复旋动三个中频变压器的磁帽，使被测收音机的输出信号达到最大为止。在调整过程中，输出信号会逐渐增大，这时应不断减小 XFG—7 的输出幅度，并可适当调节被测收音机的音量控制电位器，使收音机的输出在 300mV 内。

3）最后将高频信号发生器的频率偏调 10kHz，看收音机的输出电压是否基本对称，若不对称的情况比较严重，则应重新调整。

需要说明的是，收音机中频频率的调整，在工厂中一般使用中频特性测试仪进行更加便捷。

第四节　其他信号发生器

一、脉冲信号发生器

脉冲信号发生器所产生的各种不同频率、不同宽度和幅度的脉冲信号，可以对各种无线电设备进行调整和测试。

脉冲信号发生器有射频脉冲信号发生器和视频脉冲信号发生器两种。射频脉冲信号发生器是先由高频或者超高频信号发生器产生连续的高频振荡，再经脉冲调制而得，而一般脉冲信号发生器都是指以产生矩形脉冲为主的视频脉冲信号发生器。

1. 脉冲信号发生器的一般要求

1）脉冲重复频率应可调，低端可达到 1Hz，高端可达到 200MHz。

2）脉冲宽度也应可调，窄为 2.5ns，宽为 1s。

3）脉冲极性和幅度应可变，一般输出幅度为几百毫伏，最高可达一百多伏。

4）脉冲波形应尽可能接近矩形，要求脉冲前后沿要陡，上下过冲量要小。

5）一般要求除了主脉冲外，还要有同步脉冲。同步脉冲又称为前置脉冲，主脉冲相对同步脉冲要有一定延时，其延时时间可步进也可以均匀调节。

6）脉冲信号发生器应能接收外触发，以便在使用过程中实现外同步。

2. 脉冲信号发生器的工作原理

产生矩形脉冲的方法是很多的，不过要获得脉冲宽度、重复频率及脉冲幅度在一定范围内可以调节的矩形脉冲，仪器的结构就比较复杂。根据上述提出的对脉冲信号发生器的要求，脉冲信号发生器的框图如图 5-12 所示。

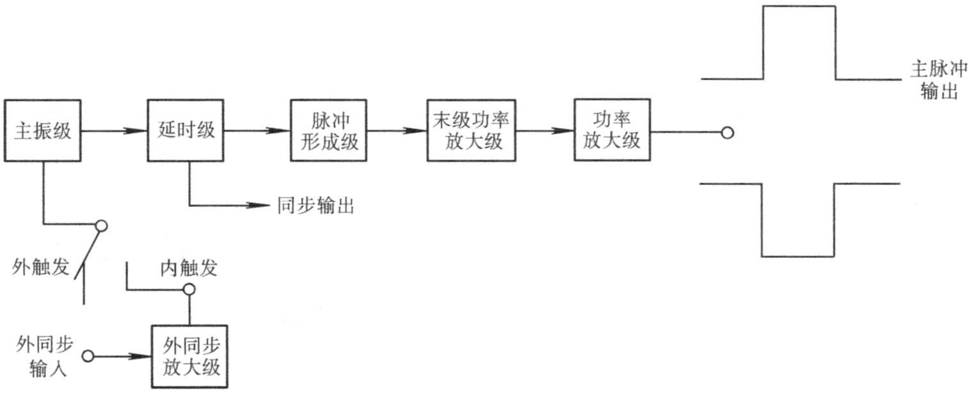

图 5-12　脉冲信号发生器的框图

（1）主振级　要获得独立可调的重复频率，任何脉冲信号发生器都必须有主振级，要求能给出一定重复频率的触发脉冲，作为下一级电路的触发信号。因此要求主振级有较高的频率稳定度和好的频率调节性能。对脉冲波形，前后沿及幅度等参数要求不很高，只要求有较好的波段一致性（即在较宽的波段内变化不大）。这样对下一级，其触发特性就不会有很大变化，从而保证稳定工作。

（2）延时级　在很多场合下，要求脉冲发生器能输出同步脉冲。而同步脉冲相对主脉冲，可超前一段时间。这段超前时间可以是固定的，但在更多的情况下希望它是可变的。因此在主振级后加一延时电路，将主振级送出的触发脉冲经过一定的延时后，再去触发下一级，然后利用没有延时的脉冲作为同步脉冲。这样就得到了超前于下一级的同步脉冲。

（3）脉冲形成级　为了满足对脉冲宽度独立可变的要求，在延时级后必须设有脉冲形成级，以获得和主振级具有同一重复频率而脉冲宽度可独立变化的输出脉冲，因此本级电路应具有良好的脉冲宽度调节性能和较高的脉冲宽度稳定性。至于脉冲的前后沿、幅度等参数只要求满足下级要求，不必按照仪器对输出脉冲参数的要求来考虑。

（4）末级功率放大级　末级功率放大在脉冲信号发生器中占有很重要的地位，这一级除了要求能保证输出脉冲的前后沿外，还要求能完成脉冲的可变极性及可变幅度的任务。

（5）外同步放大级　外同步信号的幅度、极性和脉宽等参数可能各不相同，波形也可能有较大差异，所以有时采用正弦波信号来做同步信号。为了保证各类同步信号都正常地使脉冲信号发生器同步，在同步信号输入下级之前，应先加以处理，要能提供具有一定形状、一定极性、一定宽度及幅度的触发脉冲给不同的同步信号，以使脉冲信号发生器能正常同步。外同步放大器主要由一些限幅放大器组成，只要适当选择电路形式、放大倍数及频带宽度等参数，就能满足上述要求。

二、函数信号发生器

1. 函数信号发生器的工作原理

函数信号发生器能输出正弦波、三角波及锯齿波等多种波形，它的基本框图如图 5-13 所示。由图可以看出，函数信号发生器的工作过程是：产生方波信号，用积分器将方波信号变为三角波信号，再用函数变换网络（如二极管整形网络）将三角波信号变成正弦波信号。各种信号可通过各自独立的输出电路同时输出，也可通过同一个输出电路，用开关进行转换。

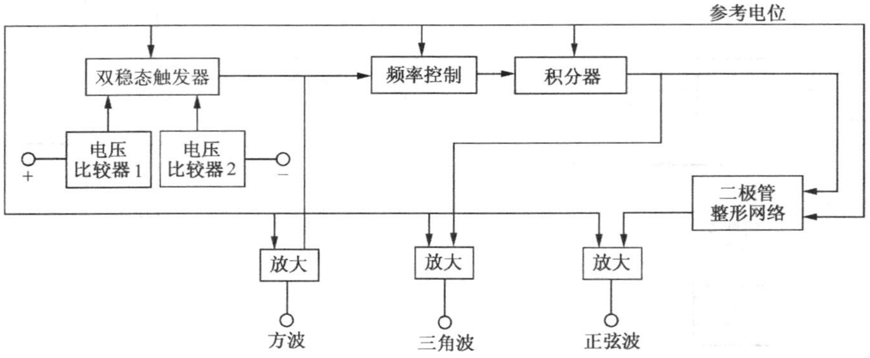

图 5-13　函数信号发生器基本框图

2. 方波-三角波发生器

函数信号发生器中常用的方波-三角波发生器如图 5-14 所示。它主要由双稳态触发器、密勒积分器和两个电压比较器组成。当双稳态触发器工作在第一稳态时，它的输出电压 U_1 为正，因此积分器的输出电压 U_2 将线性下降。当 U_2 下降到等于参考电位 U_{E2} 时，电压比较器 2 使双稳态触发器翻转到第二稳态。因此，U_1 由正变负，积分器的输出电压 U_2 将线性上升。当 U_2 上升到等于参考电位 U_{E1} 时，电压比较器 1 使双稳态出发器翻转回第一稳态，从而开始了下一个振荡周期。因此，从双稳态触发器输出端可得到方波信号，从积分器输出端可得到三角波信号。振荡波形如图 5-15 所示。

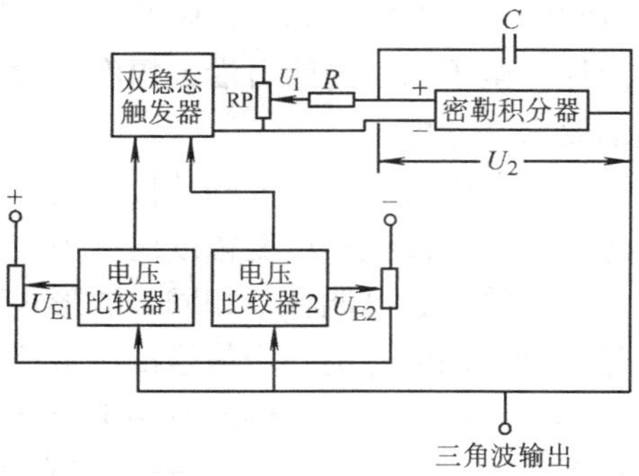

图 5-14　方波-三角波发生器

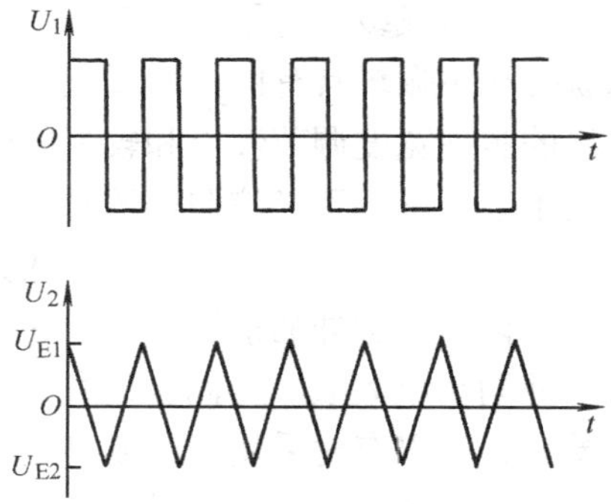

图 5-15　方波-三角波发生器的振荡波形

3. 函数变换网络

输入和输出信号之间有确定函数关系的网络，称为函数变换网络。函数变换网络可以完全由线性元件组成。例如，密勒积分器就是一种线性函数变换网络。它也可以包含非线性元件，此时称为非线性函数变换网络。函数变换网络能够变换信号波形。例如，积分器能把方波变成三角波。

函数变换网络也能把三角波变成正弦波，可以利用低通滤波器滤除三角波中的高次谐波，把三角波变成正弦波。因此，可以说低通滤波器是一种线性函数变换网络，这种方法虽然比较简单，但不适用于宽的频率范围。函数信号发生器中常用图 5-16 所示的非线性函数变换网络来变三角波为正弦波。它实际上是一个由输入三角波电压控制的可变分压器。当由 A 点输入的三角波的电压瞬时值很小时，所有二极管都被偏置电压所截止，输入三角波直接送到输出端 B。当三角波的电压瞬时值上升到 $ER_1/(R_1+R_2+\cdots+R_7)$（$E$ 是直流偏压源的电压）时，二极管 VD_1 导通，这使得由电阻 R 与 R_A、R_1 组成的分压器被接通。因此输入三角波将通过该分压器分压，再传送到输出端 B。随着输入三角波电压瞬时值的不断上升，二极管 $VD_2 \sim VD_6$ 将依次导通，这使得分压器的分压比逐渐减小，从而使三角波趋向于正弦波。在三角波的正峰值以后随着输入三角波电压瞬时值的降低，二极管 $VD_6 \sim VD_1$ 又相继截止。在三角波的负半周，二极管 $VD_7 \sim VD_{12}$ 也按同样方式相继导通和截止，从而在 B 点得到图 5-17 所示的正弦波。

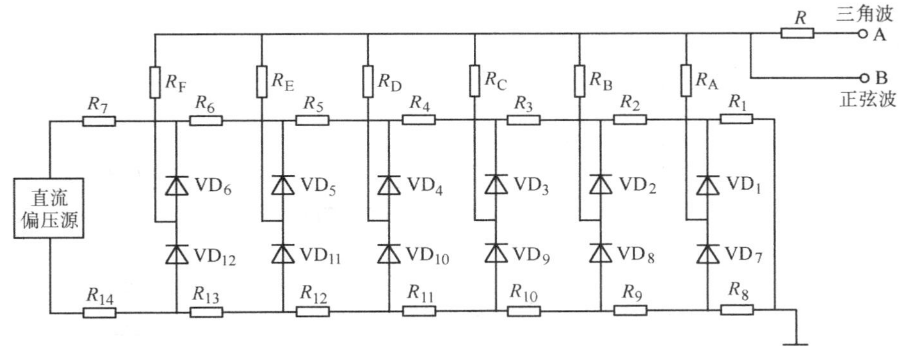

图 5-16　三角波-正弦波函数变换网络

由上述工作过程可知，用图 5-16 所示的函数变换网络得到的正弦波，实际上是由 26 条线段组成的。实践证明，用 26 条线段来逼近正弦波，非线性失真可以小于 0.25%。

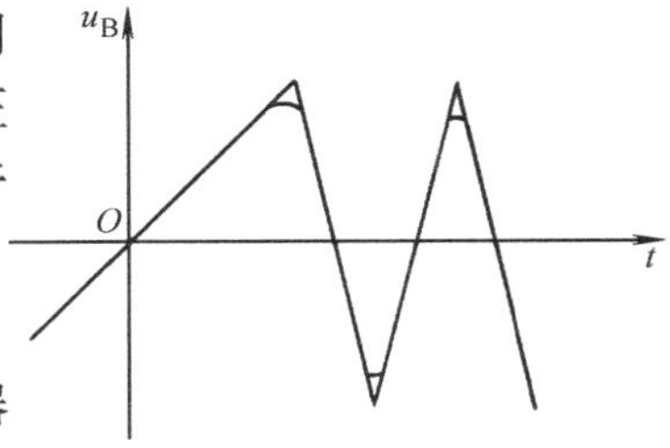

图 5-17　三角波变换成正弦波

三、频率合成信号发生器

随着电子测量水平的提高，要求正弦波信号发生器能够在足够宽的频率范围内具有尽可能高的频率稳定度和读数准确度。前几节所述的低频和高频信号发生器的主振级都是由可调谐的 *RC* 振荡器或 *LC* 振荡器组成，因其可调元件的稳定性较差，即使采用了一些措施，其输出信号的频率稳定度还是很难优于 10^{-4}量级，而频率刻度误差大多在 ±1% 左右，这是不能满足要求的。因此，产生了采用频率合成技术的信号发生器，称之为频率合成信号发生器。

1. 直接合成

直接合成是将基准振荡器（一般是晶体振荡器）产生的标准频率信号，利用倍频器、分频器、混频器和滤波器等进行一系列运算以获得所需的频率输出。例如，为了得到 4.628MHz 信号，可以采用图 5-18 所示的方法。

首先将晶体振荡器产生的标准频率1MHz通过谐波发生器或倍频器，产生谐波信号，用开关选取8MHz信号经过滤波器再经十进制分频器，变为0.8MHz信号；然后用谐波发生器输出的2MHz信号与0.8MHz信号混频，得（2 ±0.8）MHz信号；用滤波器取出其中的2.8MHz和频信号，经分频器除10得0.28MHz信号；再将它与谐波发生器产生的6MHz信号混频的（6 ±0.28）MHz信号，通过滤波器取其中的6.28MHz和频，进行10分频得0.628MHz信号；最后将它与谐波发生器产生的4MHz信号混频，用滤波器取出和频，即所需的4.628MHz信号。由上述可知，只要用开关选取各次谐波就可以很方便地得到任意所需频率的高稳定信号，频率间隔做到0.1Hz以下并不困难，调节频率只要拨动开关或者按钮，在1ms内就可稳定在新的频率，不会发生错误。此外，谐波分量及其他寄生频率分量很小（可达 -80～-90dB），相位噪声也很低。但是从图5-18中可看出，它需要大量的混频器、滤波器，不仅体积大，重量重，而且难于全部采用集成电路，因而造价昂贵，只适合于实验室、固定通信以及要求转换时间及相位噪声小的地方使用。

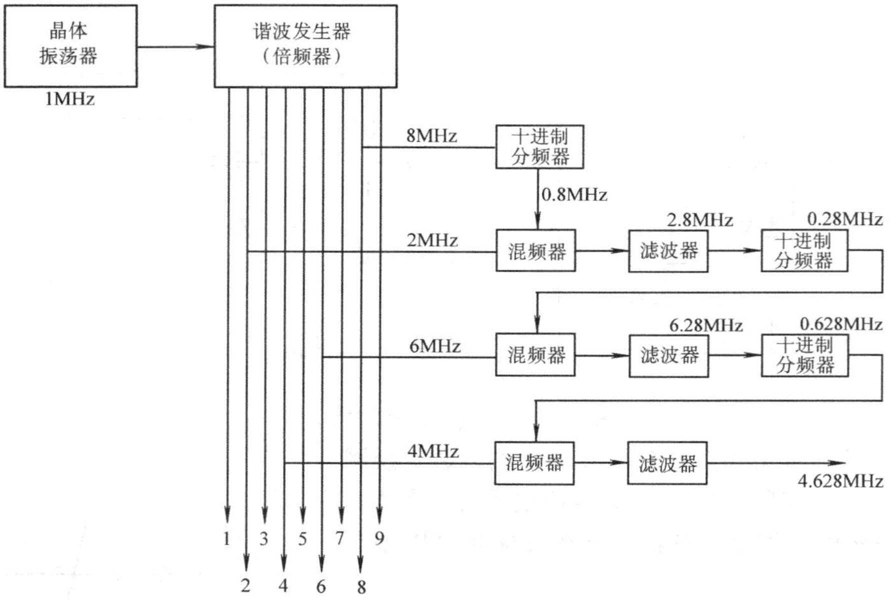

图5-18　直接式频率合成的原理框图

2. 间接合成

间接式频率合成是利用对来自标准频率信号的谐波进行锁相，从而得到所需频率的信号。由于输出信号是从锁相环路控制的电压控制振荡器得到的，高次寄生谐波很小，滤波器可以做的很简单，甚至不用。间接式频率合成原理框图如图5-19所示。

从原理框图可知，电压控制振荡器的输出经分频器 N_1 分频后，得到频率为 f/N_1 的信号并送入鉴相器。在鉴相器内，它与晶体振荡器产生的标准频率 f_0 经 N_2 分频后的 f_0/N_2 信号进行相位比较：如果两个信号的相位不同，那么鉴相器输出一个正比于两信号相位偏差的误差电压，经低通滤波器，滤去高频分量及噪声之后，送到电压控制振荡器（例如加到它的变容管上）以控制它的振荡频率，使 f/N_1 接近于 f_0/N_2。当系统稳定时，f/N_1 等于 f_0/N_2，即

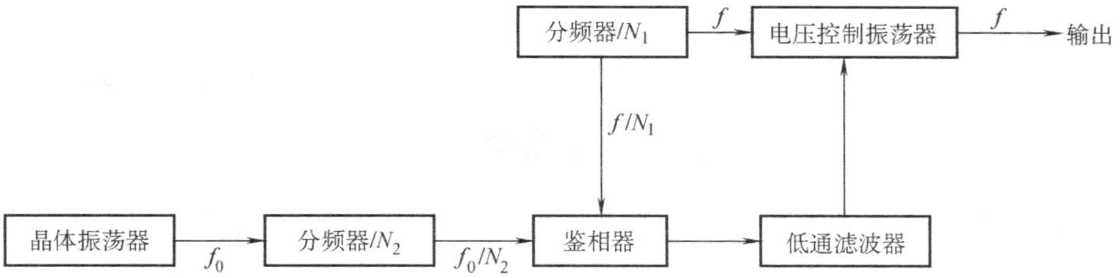

图 5-19　间接式频率合成原理框图

$$f/N_1 = f_0/N_2$$

此时仅存在一个固定的相位差，称为系统被锁定，电压控制振荡器的输出信号频率为

$$f = f_0N_1/N_2$$

由此可见，只要选取合适的分频比 N_1/N_2，就可以获得一定的频率信号。

由上述可知，间接式频率合成器输出信号是从电压控制振荡器直接输出的，但频率准确度和稳定度则由晶体振荡器控制，因而非常准确和稳定。输出频率值则由开关选取不同分频系数来控制。与直接合成法相比，间接合成法仅仅使用了分频器，避免了大量的滤波器和混频器，因而电路比较简单，成本较低，而且容易全部集成化，从而使体积小、重量轻。间接式频率合成的缺点是相位锁定过程需要时间，因而频率转换速度较慢，特别是频率跳步很小时，速度就更慢。

项目四　信号发生器的测量技能和训练

项目要求

本项目通过信号发生器的测量技能和训练，要求学生掌握信号发生器使用方法，熟练掌握信号发生器的使用和测量方法是电子测量基本技能。

【知识要求】

1）了解信号发生器的基本功能。

2）掌握信号发生器使用方法。

3）掌握信号发生器的检测方法。

4）了解信号发生器输出的函数信号、调频信号、调幅信号、FSK 信号、PSK 信号和频率扫描信号等的特点。

【能力要求】

1）掌握信号发生器使用方法。

2）能操作和使用信号发生器输出函数信号、调频信号、调幅信号、FSK 信号、PSK 信号和频率扫描信号等，以及设定相关参数，如电压、频率、相位和波形等。

3）能用示波器观察和检测信号发生器输出的各种不同信号的幅度随时间变化的波形曲线，波形和数值是否有失真和误差。

【学习方法】

1）练习前认真阅读实践流程，了解相关无线电和仪表基本知识。

2）通过实践的技能训练，掌握电子测量仪表使用方法。

3）勤于思考，拓展对信号发生器工作原理、产品性能、种类和使用技巧的了解。

任务　信号发生器使用方法认知

通过本任务的学习，了解信号发生器基本使用方法，为后面的电子测量和调试奠定基础。熟练掌握信号发生器的使用和连接方法是从事电子产品装配与调试工作的基本技能之一。

一、信号发生器使用方法介绍

1. 信号发生器认知

凡是产生测试信号的仪器，统称为信号源，也称为信号发生器，它用于产生被测电路所需的具有特定参数的电测试信号。在测试、研究和调整电子电路及设备时，为测量电路的一些电参数，如频率响应、噪声系数等，都要求提供符合技术条件的电信号，以模拟实际工作中使用的待测设备的激励信号。当进行系统的稳态特性测量时，需使用振幅、频率已知的正弦波信号源。当测试系统的瞬态特性时，又需使用前沿时间、脉冲宽度和周期已知的矩形脉冲源，并且要求信号源输出信号的参数，如频率、波形、输出电压或功率等，能在一定范围内进行精确调整，有很好的稳定性，有输出指示。

信号发生器按其信号波形分为四大类：①正弦波信号发生器，主要用于测量电路和系统的频率特性、非线性失真、增益及灵敏度等。按其不同性能和用途还可细分为低频（20Hz ~10MHz）信号发生器、高频（100Hz ~300MHz）信号发生器、微波信号发生器、扫频和程控信号发生器、频率合成信号发生器等。②函数（波形）信号发生器，能产生某些特定的周期性时间函数波形（正弦波、矩形波、三角波、锯齿波和脉冲波等）信号，频率范围可从几微赫到几十兆赫。该信号发生器除供通信、仪表和自动控制系统测试用外，还广泛用于其他非电测量领域。③脉冲信号发生器，能产生宽度、幅度和频率可调的矩形脉冲，可用于测试线性系统的瞬态响应，或作为模拟信号来测试雷达、多路通信和其他脉冲数字系统的性能。④随机信号发生器，通常又分为噪声信号发生器和伪随机信号发生器两类。信号发生器主要用途包括：在待测系统中引入一个随机信号，以模拟实际工作条件中的噪声来测定系统性能；外加一个已知噪声信号与系统内部噪声比较以测定噪声系数；用随机信号代替正弦波或脉冲信号，以测定系统动态特性等。

下面以 F20 型数字合成函数信号发生器为例进行介绍。它是一种精密的测试仪器，具有输出函数信号、调频信号、调幅信号、FSK 信号、PSK 信号、猝发信号和频率扫描信号等功能。此外，该仪器还具有测量频率和计数的功能，其面板如图 5-20 所示。

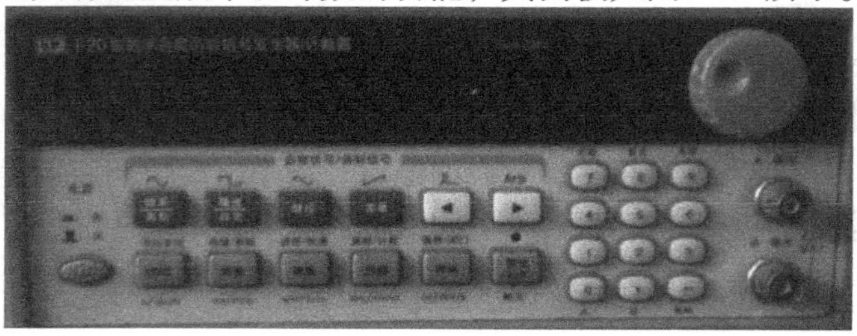

图 5-20　F20 型数字合成函数信号发生器面板

2. 基本技术性能

1）波形特性如下：

主波：正弦波、矩形波和 TTL 波。

储存波形：正弦波、矩形波、脉冲波、三角波、锯齿波和阶梯波等 27 种波形。

频率范围：1μHz ~ 20MHz（主波形）。

幅度范围：峰 - 峰值为 2mV ~ 20V（高阻）、1mV ~ 10V（50Ω）。

幅度误差：（1 ±1%）0.2mV（频率为 1kHz 的正弦波）。

输出阻抗：50Ω。

2）调幅特性如下：

载波信号：波形为正弦波和矩形波，频率范围同主波。

调制方式：内或外。

调制信号：内部 5 种波形（正弦波、矩形波、三角波、升锯齿波和降锯齿波）或外输入信号。

调制信号频率：100μHz ~ 20kHz。

失真度：≤2%。

调制深度：1% ~ 120%。

外输入信号幅度：峰 - 峰值为 3V（ -1.5V ~ 1.5V）。

3）调频特性如下：

载波信号：波形为正弦波和矩形波，频率范围同主波。

调制方式：内或外。

调制信号：内部 5 种波形（正弦波、矩形波、三角波、升锯齿波和降锯齿波）。

调制信号频率：100μHz ~ 10kHz。

频偏：内调频最大频偏为载波频率的 50%；外调频最大频偏为载波频率的 10%，输入信号电压为 3V（ -1.5V ~ 1.5V）。

FSK：频率 1 和频率 2 任意设定。

4）频率扫描特性如下：

信号波形：正弦波和矩形波。

扫描范围：扫描起始点和终止点任意设定。

扫描时间：1ms ~ 800s（线性）、100ms ~ 800s（对数）。

扫描方式：线性扫描和对数扫描。

控制方式：内（自动）/外（单次手动按键触发、外输入 TTL 脉冲上升沿触发）。

5）调制信号输出特性如下：

输出频率：100μHz ~ 20kHz。

输出波形：正弦波、矩形波、三角波、升锯齿波和降锯齿波。

输出幅度：峰 - 峰值为（1 ±2%）5V。

输出阻抗：620Ω。

6）存储特性如下：

存储参数：信号的频率值、幅度值、波形、直流偏移值和功能状态。

存储容量：10 个信号。

重现方式：全部存储信号用相应序号调出。

7）计算特性如下：

在数据输入和显示时，既可以使用频率值也可以使用周期值，既可以使用幅度有效值也可以使用幅度峰-峰值和“dBm”值。

8）操作特性如下：

除了数字键直接输入以外，还可以使用调节旋钮连续调整数据，操作方法可灵活选择。

9）计数器特性如下：

频率测量范围：1Hz～100MHz。

最小输入电压：50mV（“ATT”打开时，f为10Hz～50MHz）、100mV（“ATT”打开时，f为1Hz～100MHz）、0.5V（“ATT”合上时，f为10Hz～50MHz）和1V（“ATT”合上时，f为1Hz～100MHz）。

3. 面板说明

F20型数字合成函数信号发生器面板显示部分由波形显示区、主字符显示区、测量频率和计数显示区、状态显示区组成，如图5-20所示。

1）波形显示区说明如下：

～：主波和载波为正弦波。

⊓⊔：主波和载波为矩形波或脉冲波。

⋀：三角波。

⩘：升锯齿波。

Arb：其他波。

2）测量频率和计数显示区说明如下：

Filter：测量频率时处于低通状态。

ATT：测量频率时处于衰减状态。

GATE：测量频率计数时闸门开启。

3）状态显示区说明如下：

Adrs：设置接口地址。

Trig：等待单次触发或外部触发。

FM：调频功能模式。

AM：调幅功能模式。

Sweep：扫描功能模式。

Ext：外信号输入状态。

Freq：（Ext同时按下）测量频率功能模式。

Count：（Ext同时按下）计数功能模式。

Ref：（Ext同时按下）外基准输入状态。

FSK：频移功能模式。

Burst：猝发功能模式。

Offset：输出信号直流偏移不为0。

Shift：作为其他键的第二功能键。

Rmt：仪器处于远程状态。

Z：频率单位转换。

键盘各键功能见表5-2。

表5-2　键盘各键功能

键名	主功能	第二功能	键名	主功能	第二功能
0	输入数字0	无	7	输入数字7	进入点频状态
1	输入数字1	无	8	输入数字8	进入程控状态
2	输入数字2	无	9	输入数字9	进入系统
3	输入数字3	无	●	输入小数点	无
4	输入数字4	无	—	输入负号	无
5	输入数字5	无	◀	闪烁数字左移①	选择脉冲波
6	输入数字6	无	▶	闪烁数字右移②	选择任意波

①　外计数时，按下此键，计数停止，并显示当前计数值，再按动一次，继续计数。

②　外计数时，按下此键，计数清零，重新开始计数。

信号选择键功能见表5-3。

表5-3　信号选择键功能

键名	主功能	第二功能
频率/周期	频率选择	正弦波选择
幅度/脉宽	幅度选择	矩形波选择
键控	键控功能	三角波选择
菜单	菜单选择	升锯齿波选择
调频	调频功能选择	存储功能选择
调幅	调幅功能选择	调用功能选择
扫描	扫描功能选择	测量频率功能选择
猝发	猝发功能选择	直流偏移选择

按键功能说明：前面板共有24个按键，按键按下后，会用响声“嘀”来提示。

大多数按键是多功能键。每个按键的基本功能标在该按键上。要实现某按键基本功能，只须按下该按键即可。

大多数按键有第二功能，第二功能用蓝色标在这些按键的上方。要实现按键第二功能，只须先按下“Shift”键再按下该按键即可。

少部分按键还可作为单位键，单位标在这些按键的下方。要实现按键的单位功能，只要先按下数字键，接着再按下该按键即可。

“Shift”键功能说明：基本功能是作为其他键的第二功能复用键，按下该键，“Shift”指示灯亮，此时按其他键则实现第二功能；再按一次该键则该指示灯灭，此时按其他键则实现基本功能。

4. 信号发生器使用注意事项

输入数值超出范围的错误提示与处理：若输入数值超出范围，则响“嘀、嘀”两声提示出错。若输入数值小于当前可以输入数值的下限，则仪器自动把输入数值设置为当前可以输入数值的下限。若输入数值大于当前可以输入数值的上限，则仪器自动把输入数值设置为当前可以输入数值的上限。

例如，输入 30MHz，则响“嘀、嘀”两声提示出错，并自动把输入数值设置为 20MHz。

当前功能键无意义的错误提示与处理：响“嘀、嘀”两声提示出错，仪器不响应错误输入。

例如，输入频率值时，按“-”键，响“嘀、嘀”两声提示出错，不进行其他处理。

二、信号发生器使用技能训练

1. 实验操作练习 1

1）熟悉本机各个功能键的使用。

2）了解信号发生器各个功能键的作用。

2. 实验操作练习 2

设定频率值为 5.8kHz，峰-峰值为 4.6V 的正弦波，设定频率的按键顺序如下：

“频率”—“1”—“●”—“8”—“kHz”（可以用调节旋钮输入）

或“频率”—“5”—“8”—“0”—“0”—“Hz”（可以用调节旋钮输入）

此时，显示区都显示 5.80000000 kHz。

设定电压的按键顺序如下：

“幅度”—“4”—“●”—“6”—“V（p-p）”（可以用调节旋钮输入）

按“shift”键就可以输出峰-峰值为 4.6V、频率为 5.8kHz 的正弦波。

对于正弦波、矩形波、三角波、升锯齿波和降锯齿波，其幅度值的输入和显示有三种格式：峰-峰值“V（p-p）”、有效值“V（rms）”和“dBm”值，可以用不同的单位区分输入。对于其他波形只能输入和显示峰-峰值“V（p-p）”或直流数值。

若当前显示为周期，再按“频率/周期”键，则可以显示出当前频率值；若当前显示的既不是频率也不是周期，按“频率/周期”键，则显示出当前点频频率值。

三、任务小结

1. 任务工作单的填写

【填写要求】回顾本任务所介绍的主要内容，检查学习效果，请认真完成下面“信号发生器的测量技能训练任务工作单”中各项内容的填写。其中，学生自评分为优、良、中和差四个等级，填写完毕后交指导老师评定签字，作为期末成绩评定参考的依据。

信号发生器的测量技能训练任务工作单

任务名称					
学生姓名		所在班级		学　　号	
实施场所		实施时间		指导老师	
1. 使用信号发生器要注意哪些事项？					

（续）

<table>
<tr><td colspan="6">2. 如何检测信号发生器是否正常（测量输出信号是否有误差）？

3. 设定信号发生器输出：载波信号为矩形波，频率为 2MHz，幅度为 3V；调制信号来自内部，调制波形为正弦波，频率为 1kHz，频偏为 200kHz。按键顺序如下：

</td></tr>
<tr><td>学生自评</td><td></td><td>指导老师评价</td><td></td><td>指导老师签字</td><td></td></tr>
</table>

2. 巩固提高

1）请简述 F20 型数字合成函数信号发生器的使用方法。

2）了解信号发生器的工作原理和类型。

3）哪些情况下对信号发生器设备的测量必须要接地？

4）查阅有关资料，了解更多的不同类型的信号发生器的基本功能和注意事项。

本章小结

1. 信号发生器可以按输出信号的频率范围、波形、工作原理、使用范围、调节方式和频率产生方法进行分类。

2. 信号发生器最基本的工作单元包括振荡器、变换器、输出级、指示器和电源。

3. 低频信号发生器可用于测试、调整低频放大器，传输网络和声电器件等，也可用它调制高频信号发生器或校准电压表。

4. 高频信号发生器主要用于无线电接收设备（如广播接收机、雷达接收机）及相应频段的中频放大器、鉴频器和滤波器等的调试与检测。

5. 其他信号发生器主要介绍简单工作原理框图、组成结构和基本要求。

习　题

1. 测量用信号源是如何进行分类的？

2. 简述低频信号发生器的基本工作原理。

3. 文氏桥振荡器的振荡原理是什么？
4. 如何运用低频信号发生器来测量低频放大器的增益？
5. 简述高频信号发生器各部分的主要作用。
6. 用差频式振荡器作低频信号发生器的原理和优点是什么？
7. 简述脉冲信号发生器、函数信号发生器的基本原理。
8. 比较频率直接合成和间接合成的特点。

第六章　示　波　器

第一节　通用示波器

示波器是常用的电子测量仪器，它可以用来测定各种电信号的电压、电流、周期、频率、相位和失真度等参量。示波器也是调试、检验、修理和制作各种电子仪表时所不可缺少的工具。通过换能技术的应用，把温度、压力、速度、声、光和磁等非电量的物理量转换为电量，可用示波器进行观察和测量。因此，示波器在生产、科研、教育、卫生、交通和国防各部门都有广泛的应用。

一、双踪示波器面板结构（以 CA8020A 型为例）

1. 面板控制件位置

面板控制件位置如图 6-1 所示。

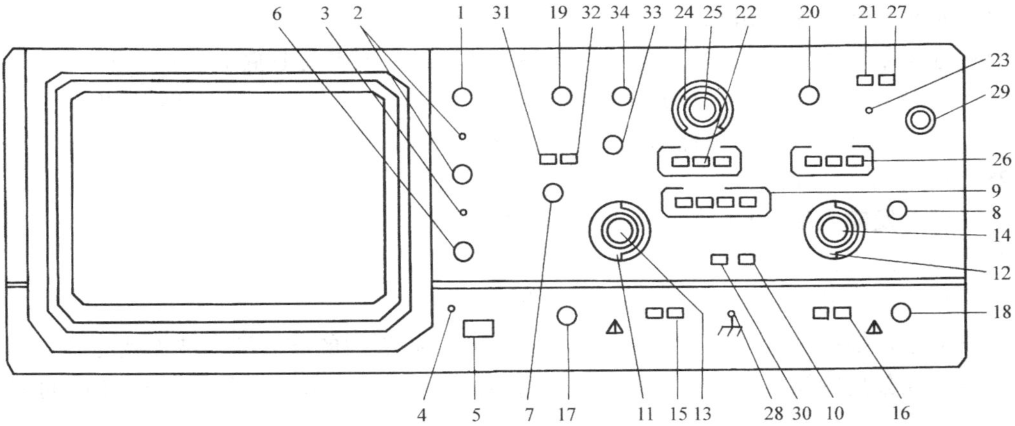

图 6-1　面板控制件位置

2. 控制件的作用

1—亮度旋钮（INTEN）：调节光迹的亮度。

2—聚焦旋钮（FOCUS）、辅助聚焦旋钮（ASTIG）：调节光迹的清晰度。

3—迹线旋转旋钮（TRACE ROTATION）：调节扫描线与水平刻度线平行。

4—电源指示灯：电源接通时，灯亮。

5—电源开关（POWER）：接通或关闭电源。

6—校正信号开关（CAL）：提供幅度为 0.5V、频率为 1kHz 的矩形波信号，用于校正 10:1探极的补偿电容器、检测示波器垂直与水平偏转因数。

7、8—垂直位移旋钮（POSITION）：调节光迹在屏幕上的垂直位置。

9—垂直方式选择按钮（MODE）：①CH1 或 CH2：通道 1 或 2 单独显示。②ALT：两个通道交替显示。③CHOP：两个通道断续显示，用于扫速较慢时的双踪显示。④ADD：用于两个通道的代数和或差。

10—CH2 倒相开关：在 ADD 方式时使 CH1 + CH2 或 CH1 - CH2。

11、12—垂直衰减开关（VOLTS/DIV）：调节垂直偏转灵敏度。

13、14—垂直微调旋钮（VAR）：连续调节垂直偏转灵敏度，顺时针旋到底为校正位置。

15、16—耦合方式选择开关（AC-DC-GND）：选择被测信号馈入垂直通道的耦合方式。

17、18—CH1 OR X、CH2 OR Y 输入端：垂直输入端或 X-Y 工作时的 X、Y 输入端。

19—水平位移旋钮（POSITION）：调节光迹在屏幕上的水平位置。

20—电平旋钮（LEVEL）：调节被测信号在某一电平触发扫描。

21—触发极性选择开关（SLOP）：选择信号的上升沿或下降沿触发扫描。

22—触发方式选择开关（TRIG MODE）：①常态（NORM）：无信号时，屏幕上无显示；有信号时，与电平控制配合显示稳定波形。②自动（AUTO）：无信号时，屏幕上显示光迹；有信号时，与电平控制配合显示稳定波形。③电视场（TV）：用于显示电视场信号。④峰值自动（P-P AUTO）：无信号时，屏幕上显示光迹；有信号时，无须调节电平即能获得稳定波形显示。

23—触发指示灯：在触发同步时，指示灯亮。

24—水平扫速旋钮（SEC/DIV）：调节扫描速度。

25—水平微调旋钮（VAR）：连续调节扫描速度，顺时针旋到底为校正位置。

26—内触发源选择开关（INT SOURCE）：选择 CH1、CH2、电源或交替触发。

27—触发源选择开关：选择内（INT）或外（EXT）触发。

28—接地端（GND）：与机壳相连。

29—外触发输入端（EXT）：接外触发输入。

30—X-Y 方式选择开关（CH1 X）：选择 X、Y 工作方式。

31—扫描扩展开关：按下时扫描速度扩展 10 倍。

32—交替扫描扩展开关：按下时屏幕上同时显示扩展后的波形和未被扩展的波形。

33—扫线分离旋钮（TRAC SEP）：交替扫描扩展时，调节扩展和未扩展波形的相对距离。

34—释抑控制旋钮（HOLD OFF）：改变扫描休止时间，同步多周期复杂波形。

35—Z 轴输入端（Z-INPUT）（在后面板上）：输入亮度调制信号。

36—电源插座及熔丝座（在后面板上）：电源插座用于连接 220V 电源，熔丝座用于更换熔丝（规格为 0.5A）。

二、技术指标

1. 垂直系统

灵敏度：5mV/DIV ~5V/DIV，按 1—2—5 顺序分 10 档。

准确度：±3%

微调范围：大于 2.5：1

上升时间：17.5ns

输入阻抗：直接：(1 ±3%) MΩ，(25 ±5) pF。

经 10：1 探极：(1 ±5%) 10MΩ，(16 ±2) pF。

最大输入电压：400V（DC + AC peak）。

工作方式：CH1、CH2、ALT、CHOP 和 ADD。

2. 触发系统

自动方式下限频率：20Hz。

外触发输入阻抗：1MΩ，20pF。

外触发最大输入电压：160V（DC + AC peak）。

触发源：内、外

内触发源：CH1、VERTMODE、CH2 和电源。

触发方式：常态、自动、电视场和峰值自动。

3. 水平系统

扫描速度：0.5s/DIV ~ 0.2μs/DIV，按 1—2—5 顺序分 20 档。

准确度：±3%。

微调范围：大于 2.5∶1。

扫描速度：扩展 10 倍，最快扫描速度为（1 ±8%）20ns/DIV。

4. X、Y 方式

灵敏度：同垂直系统。

准确度：±5%。

频宽（-3dB）：DC：0 ~ 1MHz；AC：10Hz ~ 1MHz。

5. Z 轴系统

灵敏度：5V。

输入阻抗：10kΩ。

最大输入电压：50V（DC + AC peak）。

6. 校正信号

波形：对称矩形波。

幅度：（1 ±2%）0.5V。

频率：（1 ±2%）1kHz。

7. 电源

电压范围：（1 ±10%）220V。

频率：（50 ±2）Hz。

功耗：40VA。

8. 环境条件

工作温度：0 ~ 40℃。

工作湿度：90%（40℃）。

三、基本原理

示波器的基本组成框图如图 6-2 所示。

（一）示波管

示波管是示波器的核心部件，是一种整个被密封在玻璃壳内的大型真空电子器件，它的作用是把被测电信号转换成光信号，在荧光屏上显示出来。示波管由电子枪、偏转系统和荧光屏三部分组成。

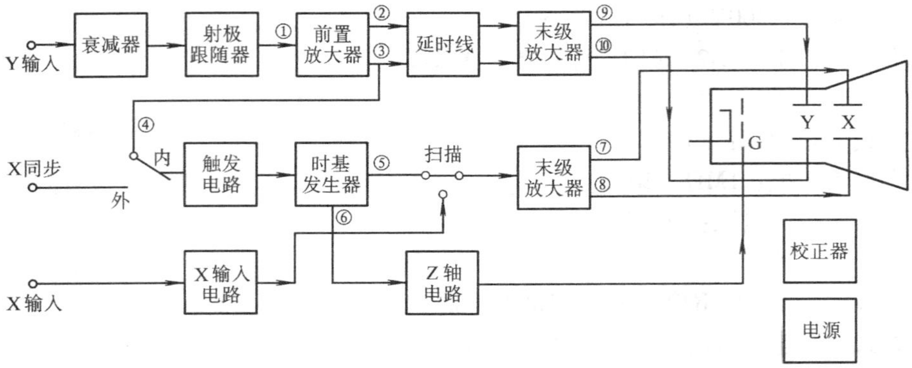

图 6-2 示波器的基本组成框图

1. 电子枪

电子枪的作用是发射电子，并形成很细的高速电子束。它由灯丝（h）、阴极（K）、栅极（G）、第一阳极（A_1）和第二阳极（A_2）组成。

灯丝用于对阴极加热，使阴极发射电子。阴极发射的电子，在阳极的作用下，通过栅极小孔射向荧光屏。栅极电位设置比阴极低，对电子形成排斥力，如果改变栅极与阴极之间的负偏压，就可以改变电子流的强弱，从而改变荧光屏上光点的亮暗，达到了“亮度调节”的目的。图 6-3 中 RP_1 可以调整栅极、阴极间的负偏压，是辉度调节电位器。

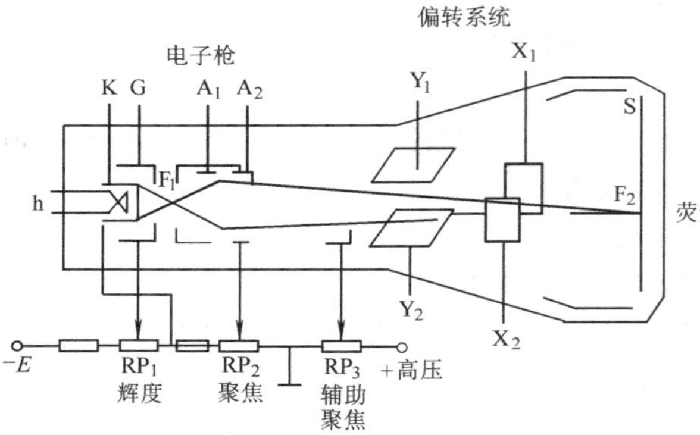

图 6-3 示波管及电子束控制电路

A_1、A_2 都带有较高的正电压，构成一个对电子束的控制系统。穿过栅极小孔后交于 F_1 点的电子束，由于电子间的相互排斥作用又散开，进入 A_1、A_2 构成的静电场，在 A_1、A_2 形成的电子透镜的作用下向轴线聚拢，形成很细的电子束，同时，在阳极正高电压的作用下，加速向荧光屏运动。图 6-3 中的 RP_2 和 RP_3 分别是调节“聚焦”和“辅助聚焦”的电位器，调节这两个电位器，可以改变聚焦点的位置，使电子束具有较细的截面，射到荧光屏上，从而显示出聚焦良好的清晰的波形曲线。

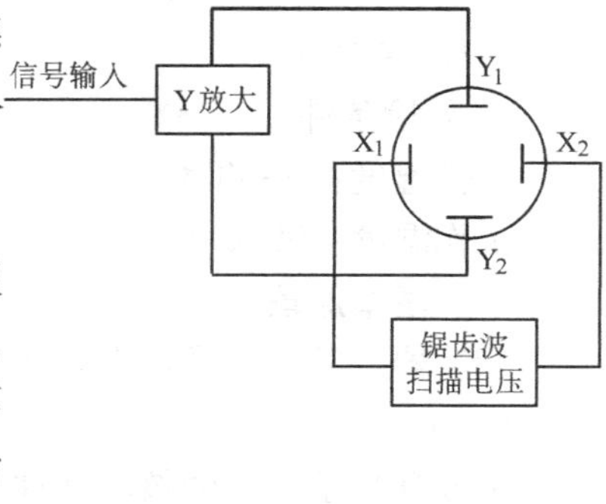

图 6-4 偏转系统

2. 偏转系统

偏转系统位于第二阳极与荧光屏之间，由水平偏转板 X_1、X_2 和垂直偏转板 Y_1、Y_2 两对相互垂直的偏转板组成。前者是垂直放置，后者是水平放置。如果两对偏转板都不加电压，从电子枪射出的电子束就不受电场的作用，将沿直线前进，在荧光屏中心显示一个静止光点。

若在 Y_1、Y_2 偏转板间加电压，则电子束将根据所形成的电场极性与强弱在垂直方向上运动。如图 6-4 所示，若 Y_1 为正，Y_2 为负，则电子束向上运动，电场越强，运动距离越大。若 Y_2 为正，Y_1 为负，则电子束向下运动。同理，在 X_1、X_2 间加电压，电子束将根据电场的极性与强弱在水平方向上运动。

若在两对偏转板上同时加上电压，电子束的运动情况将取决于水平方向与垂直方向电压的合成作用。为了显示电信号的波形，通常在垂直偏转板上输入被测信号，在水平偏转板上加一个线性锯齿波扫描电压，该扫描电压将 Y 方向所加的信号电压作用的电子束在荧光屏上按时间沿水平方向展开，形成一条“信号电压—时间”曲线，即信号波形，如图 6-5 所示。

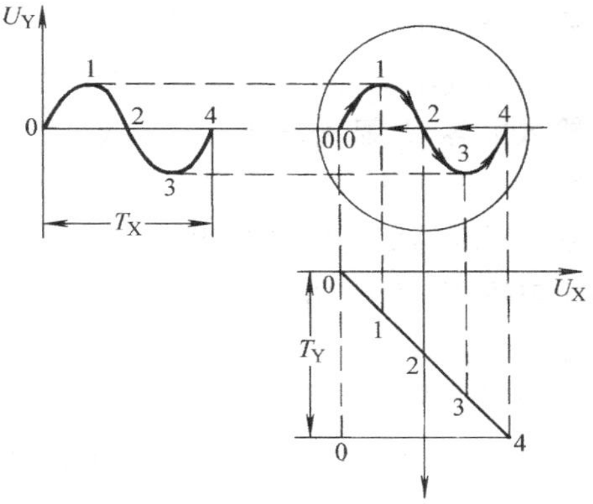

图 6-5　$T_X=T_Y$ 的波形

3. 荧光屏

示波管屏面玻璃的内侧涂有一层荧光粉，就形成了荧光屏，它是示波管的显示部分。它在受到电子束轰击时就能激发出荧光形成亮点。当电子束随信号偏转时，这个亮点就在荧光屏上描绘出信号波形。不同成分的荧光粉，发光颜色不同。一般示波器选用人眼最为敏感的黄绿色。荧光屏外形有圆形和矩形两种，为了提高表面积的利用率，新型示波器一般采用矩形管。

荧光粉从电子轰击后发光强度下降至初始光强的 10% 所需的时间，称为余辉时间。不同的荧光粉，余辉时间不同。为适应不同需要，荧光屏有长余辉（0.1 ~ 1s）、中余辉（1 ~ 100ms）和短余辉（0.01 ~ 10ms）多种规格。普通示波器采用中余辉管，慢扫描示波器采用长余辉管。

（二）垂直系统电路

Y 通道是被测信号的主要通道。它的基本作用是探测被测信号，并将其无失真或失真很少地传送到示波管的 Y 偏转板，使荧光屏上真实地显示出大小和位置适当的被测信号的时间波形。另外，为了便于和 X 通道相配合，Y 通道应该有一定的延时量。为了完成上述任务，垂直系统由输入电路、延时电路和放大器等组成，如图 6-2 所示。

1. 输入电路

输入电路由探头、衰减器和射极跟随器组成。

（1）输入耦合方式　对于通频带下限不为零的示波器，放大器是交流耦合放大器，其输入端用电容耦合。若通频带从零开始，则可以观察信号的直流分量或观察变化极慢的信号，放大器是直接耦合的。被测信号输入的耦合方式，视实际需要而定，可以是交流耦合，也可以是直接耦合，可以用开关 S 来控制，如图 6-6 所示。开关 S 为 AC、DC 转换开关。

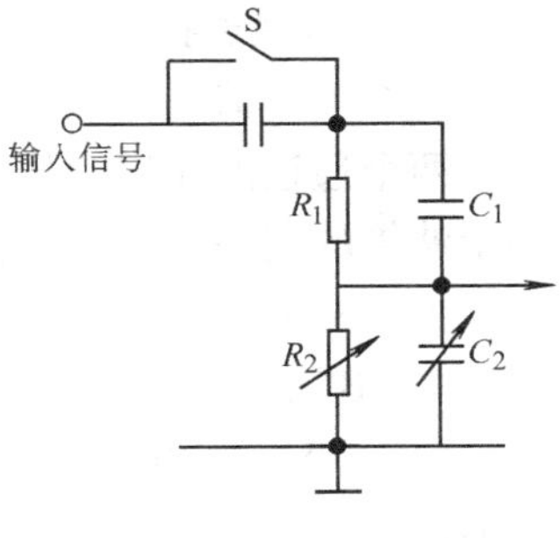

图 6-6　耦合电路和衰减器

（2）衰减器　示波器要观察幅度很小的电压波形，它的灵敏度要设计得很高。当需要观察幅度较大的信号时，就必须接入衰减器。调节衰减器，可改变示波器的偏转因数。对衰减器的基本要求是：有足够宽的调节范围和频率范围，准确的分压系数，高而恒定的输入阻抗等。电阻-电容补偿式衰减器能满足这些要求，因而在示波器中获得广泛的应用。

图6-6就是电阻-电容补偿式衰减器的基本电路，它的直流分压比等于$R_2/(R_1+R_2)$。当频率很高时，它的分压比趋向于$C_1/(C_1+C_2)$，因此，只有在$R_2/(R_1+R_2)=C_1/(C_1+C_2)$或$R_1C_1=R_2C_2$时，衰减器才有平坦的频率响应。衰减器一般用1—2—5顺序进行调节。

(3) 探头　用示波器观察信号波形时，为了避免杂散干扰，通常使用同轴电缆作为输入引线。因同轴电缆芯线与屏蔽网间存在电容致使输入电容C_i显著增加，这对观察高频信号或窄脉冲是很不利的，因此，高频示波器常用图6-7所示的探头检测被测信号。探头里的可调小电容C（5~10pF）和大电阻R并联。调整电容C时，波形如图6-8所示，图6-8a为正常补偿波形，图6-8b为过补偿波形，图6-8c为欠补偿波形。应调整C，达到图6-8a所示的正常补偿波形。

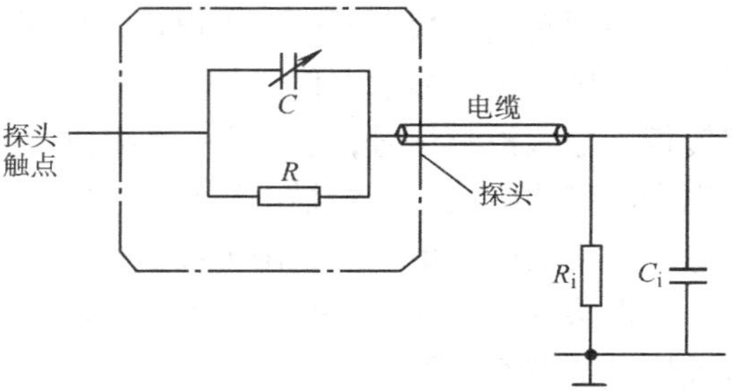

图6-7　示波器探头

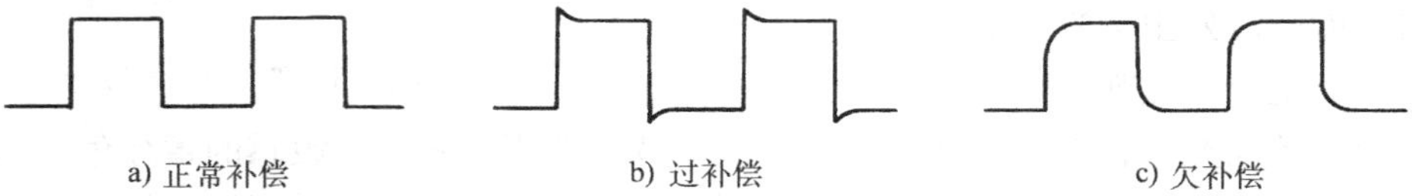

图6-8　补偿电容的波形

由于探头中的R、C与示波器的输入阻抗R_i、C_i形成补偿式分压器，一般分压比做成10:1，此时分压器不会引起被测信号的失真。但送到示波器输入端的信号变为原来的1/10，计算脉冲幅度时，应将偏转因数乘以10。

(4) 射极跟随器　射极跟随器起着阻抗变换的作用。它的高输入阻抗使示波器对外呈现高输入阻抗，减小对被测电路的影响。它的低输出阻抗容易与后接的低阻延迟线相匹配。也可以在发射极接一个电位器，以便对波形幅度进行微调。

2. 前置放大器

前置放大器是一个宽频带、高增益、低噪声、直接耦合，而且采用平衡放大电路的放大器。前置放大器应有足够的电压增益，这样有利于减轻内触发放大器的负担，又可使通道转换器工作在较大信号的情况下，有助于减少干扰和噪声的影响，同时能给输出级提供适宜的激励信号。

3. 垂直通道控制开关

双踪示波器的垂直通道由A和B两个通道组成，如图6-9所示。

两个通道的输出信号在垂直通道控制开关（电子开关）的控制下，交替通过主通道加到示波管的同一对垂直偏转板上，从而显示出A、B两个波形。

由面板控制电子开关，可使双踪示波器工作在五种不同状态："A"、"B"、交替、断续和"A+B"。

(1)"A"　电子开关将A通道信号通过放大器接于Y偏转板，荧光屏上只显示"A"波形。

(2)"B"　电子开关将B通道信号通过放大器接于Y偏转板，荧光屏上只显示"B"波形。

(3) 交替　A、B两通路信号轮流通过垂直主放大器，加于Y偏转板，荧光屏上同时显示两个信号波形。

(4) 断续　当输入信号频率较低时，交替显示会出现明显闪烁，不便观察。采用断续工作方式，是使电子开关工作在自激振荡状态，振荡频率达0.5~1MHz，自动轮流将A、B两信号加于Y偏转板上，显示出两个由点线组成的波形。

(5)“A+B”　显示两信号叠加后的波形。两信号是相加还是相减，由波形极性选择来决定。

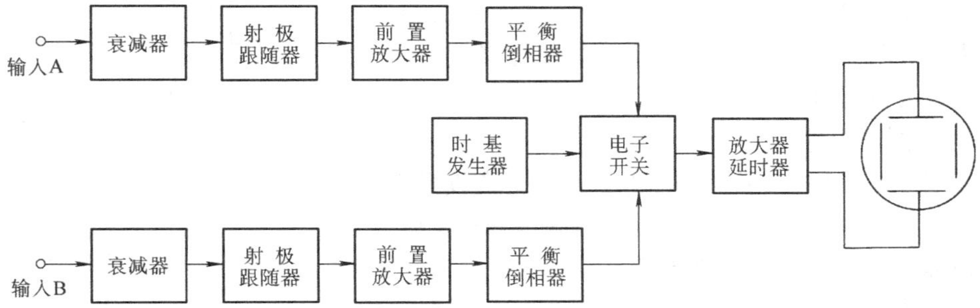

图6-9　双踪示波器垂直通道框图

4. 垂直主放大器

垂直主放大器位于延迟器与Y偏转板之间，它的作用是把延迟器送来的信号，放大到足够大的幅度，以推动示波器的垂直系统，使电子束在垂直方向获得满偏转。为此，垂直主放大器必须有足够的信号放大倍数和足够的带宽。

为了扩大通频带宽度，一般采取下列措施：

1）选取频率高的器件，尽量减小负载电容和分布电容，并选取小的集电极电阻。

2）引入强负反馈，以提高高频截止频率。

3）在电路中用电抗元件（电容或电感）加以补偿。

4）低频截止频率受耦合电容或射极旁路电容的限制，必须加大这些电容以降低低频截止频率或采用直接耦合。

垂直主放大器末级都采用推挽式放大器，它输出一对平衡的交流电压加到偏转板，这样当被测电压幅度改变时，偏转的基线电位保持不变。

（三）水平系统电路

水平系统电路的作用，是产生一个与时间呈线性关系的锯齿波电压。当这个扫描电压的正程加到水平偏转板时，电子束就沿水平方向偏转，形成一条水平时间基线。水平系统电路主要由触发同步电路、扫描发生器和水平放大器等组成，如图6-10所示。

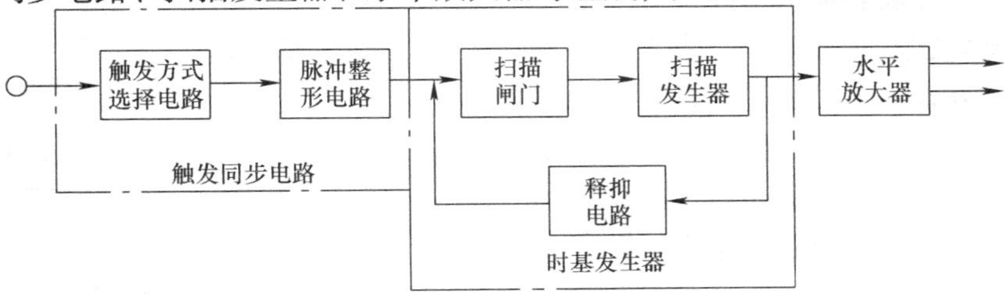

图6-10　水平系统电路结构框图

线性时基扫描方式可分为连续扫描和触发扫描两种。

连续扫描：扫描电压是周期性的锯齿波电压。在这个电压的作用下，亮点将在荧光屏上作连续重复周期扫描，在没有 Y 信号的情况下，屏幕上显示出一条时间基线。为了得到稳定的波形，必须采用被测信号或与被测信号相关的信号去控制与触发时基电路，使扫描锯齿波电压周期 T 与被测信号周期 T_Y 保持整数倍数关系，即 $T=nT_Y$，这个过程，称为同步。

触发扫描：每次扫描都是由被测信号触发开始的，如图 6-11 所示。当信号到来时，示波器进行一次扫描，信号过去后，扫描也就停止。因此，只要触发信号的产生与被测信号的同相点保持一致，波形也就稳定了。

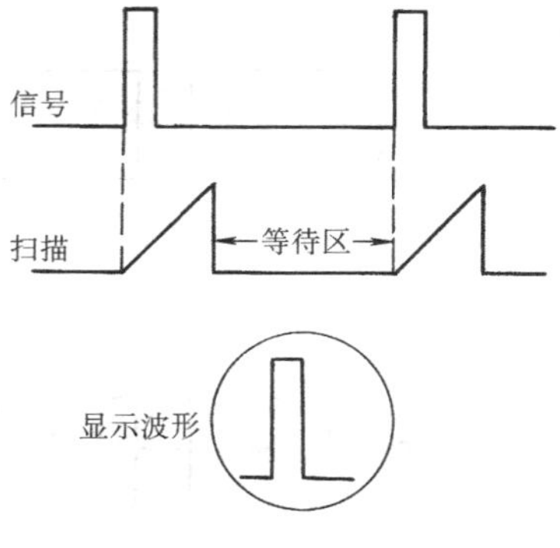

图 6-11　触发扫描

1. 触发同步电路

触发同步电路的作用在于把触发信号变换成具有陡峭前沿且与被测信号的某一同相点严格同步的触发脉冲，以实现扫描与被测信号的严格同步。

触发同步电路包括触发源选择、触发信号耦合方式选择、触发信号放大和触发整形等电路。

(1) 触发源（见图 6-12）　内触发，触发信号来自 Y 通道触发放大器；外触发，用外接信号触发扫描，由触发输入端接入；电源触发，触发脉冲来自 50Hz 交流电源，用于观测与交流电源频率有时间关系的信号。

(2) 触发信号耦合方式（见图 6-12）　直流（DC）耦合，用于接入直流或缓慢变化的信号，或在频率较低并且有直流成分的信号；交流（AC）耦合，触发信号经过电容 C 接入，用于观察由低频到较高频率的信号，是一种常用的耦合方式。

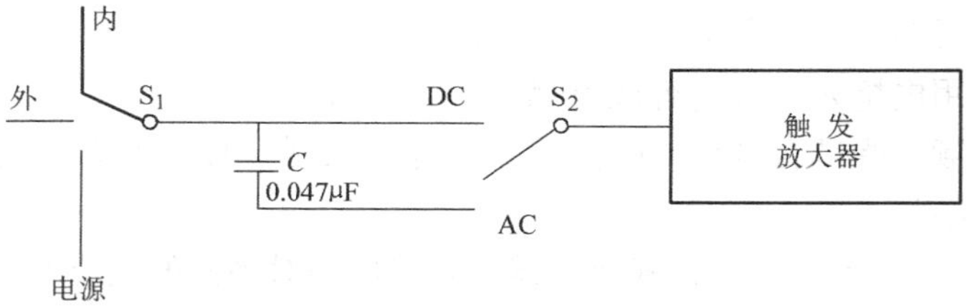

图 6-12　触发源与触发信号耦合方式

(3) 触发方式　常态触发方式，触发信号输入整形电路整形后，输出足以触发扫描电压电路的触发脉冲，其触发脉冲极性及触发电平都可调。在没有输入信号或触发电平不适当时，就无触发脉冲输出，也无扫描基线；自动触发方式，这是一种很常用的触发方式，在这种触发方式下，整形电路是自激多谐振荡器，振荡输出经变换后去推动扫描电压发生器，所以在无被测信号时仍有扫描，一旦有触发信号且其频率高于自激频率时，则自激多谐振荡器由触发信号同步而形成触发扫描。

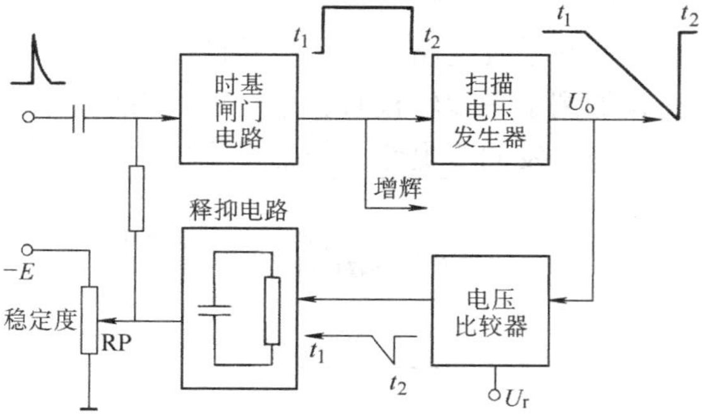

图 6-13　时基发生器框图

2. 扫描电路（时基发生器）

扫描电路的主要作用是产生合乎要求的锯齿波电压。它由时基闸门电路、扫描电压发生器、电压比较器和释抑电路组成，其框图如图 6-13 所示。

时基闸门电路是一个典型的施密特电路，是双稳态触发电路。触发脉冲在 t_1 时刻到来，电路翻转，输出高电平，使扫描电压发生器开始工作，产生线性的锯齿波电压 U_o，一路送到水平放大器，另一路送入时基发生器的电压比较器。

电压比较器将送入的电压 U_o 与参考电压 U_r 比较，当 $U_o < U_r$ 时，电压比较器输出随 U_o 下降。给释抑电路的电容器充电，由此使时基闸门电路的输入电压下降，当降到双稳态时基闸门电路的负触发电平时，时基闸门电路翻转，相当于开关 S 接通，控制扫描电压发生器结束负向锯齿波的生成而进入回扫期。

释抑电路的作用是保证每次扫描都在同样的起始电平上开始，以获得稳定的波形。当扫描电压发生器开始扫描时，释抑电路就“抑制”触发脉冲继续触发，直至一次扫描全过程结束，扫描电压回复到起始电平上。此时，释抑电路才“释放”触发脉冲，使之再次触发扫描电压发生器。

3. 水平放大器

水平放大器的作用是为示波管的水平偏转板提供对称的推动电压，使电子束能在水平方向满偏转。要使亮点满偏转，在两个水平偏转板之间一般需加 100 ~ 200V 的偏转电压。水平放大器的电路组成与垂直放大器是类似的。其增益不要过高，一般约为 10 倍。

第二节　其他示波器

示波器的种类很多，除最常用的通用示波器外，还有取样示波器、记忆示波器、数字存储示波器和逻辑示波器等十几种。下面介绍目前较常用一种通用 CRT 数字读出示波器。以 YB4365 型为例，该产品垂直系统具有 DC100MHz 的频带宽度，2mV/DIV ~ 5V/DIV 的偏转系数，扫描时间系数为 0.5sDIV ~ 50ns/DIV，扩展后最高扫描速度达 5ns/DIV。

这类示波器的主要特点：

1）屏幕显示设定状态：扫描速度、延迟扫描的延迟时间、非校准状态和垂直灵敏度等参数，均可在示波管屏幕上以字符形式显示，简化了测试操作设定状态的确定过程。

2）测量数据的显示：具有光标卡尺线，可以对光标卡尺线之间的电压（ΔU）、时间（ΔT）和频率（$1/\Delta T$）等参数进行测量。避免对信号波形目测、计算换算等人工操作造成的误差。

3）自动扫描速度设定功能：可自动设定最佳扫描速度（显示 2 ~ 5 个周期的信号波形），并能跟随输入信号自动设定扫描速度的设定值。

4）频率计数器功能，可以测定扫描触发信号的频率。

5）触发锁定功能：测试难于取得扫描同步的复杂脉冲序列时，在取得扫描同步的状态下启动触发锁定功能，此后即使扫描速度被改变，仪器仍保持扫描同步。

6）体积小，重量轻，功耗低，量程宽。

一、面板结构

1. 控制件位置

本机前面板、后面板控制件位置如图 6-14 及图 6-15 所示。

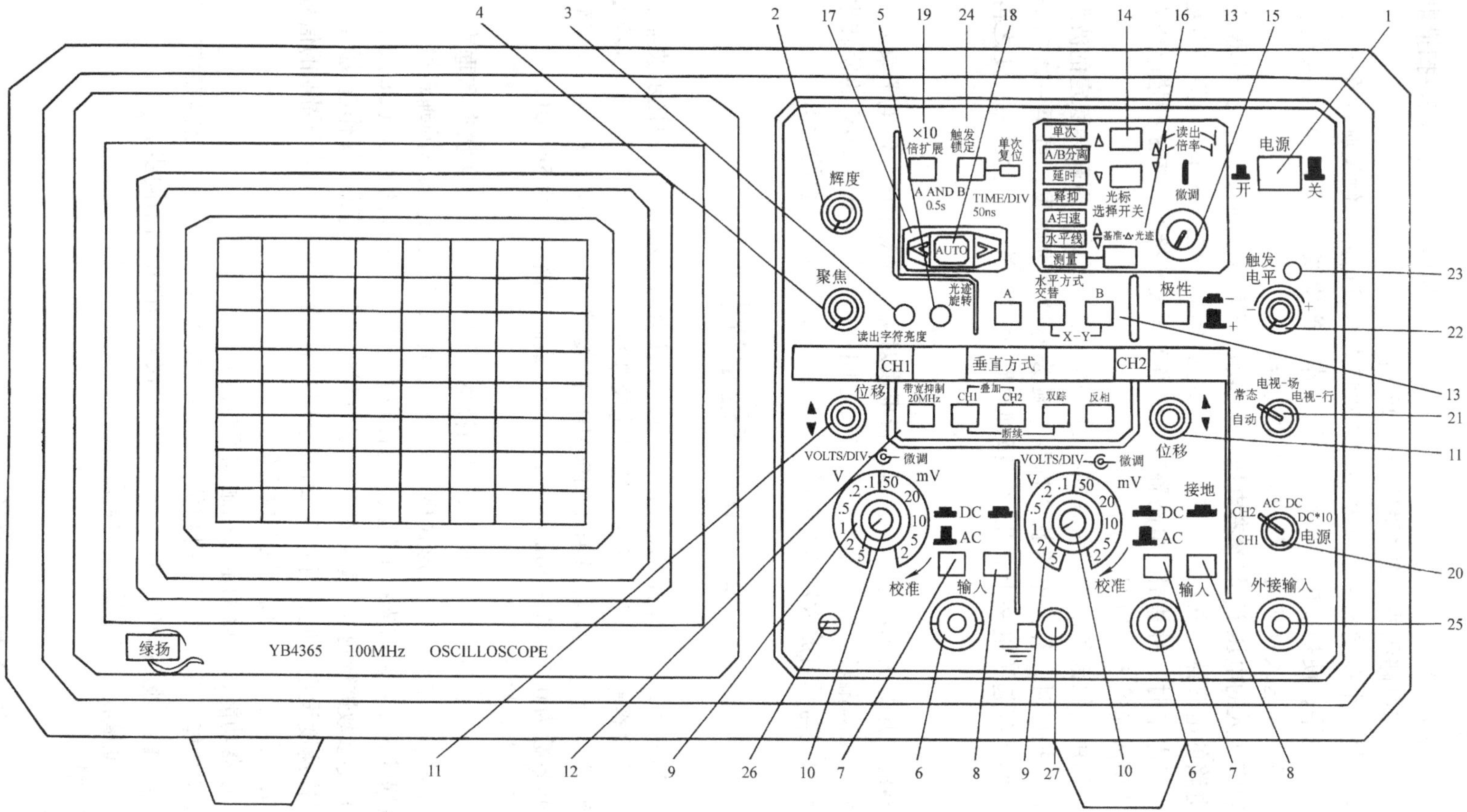

图 6-14 前面板控制件位置图

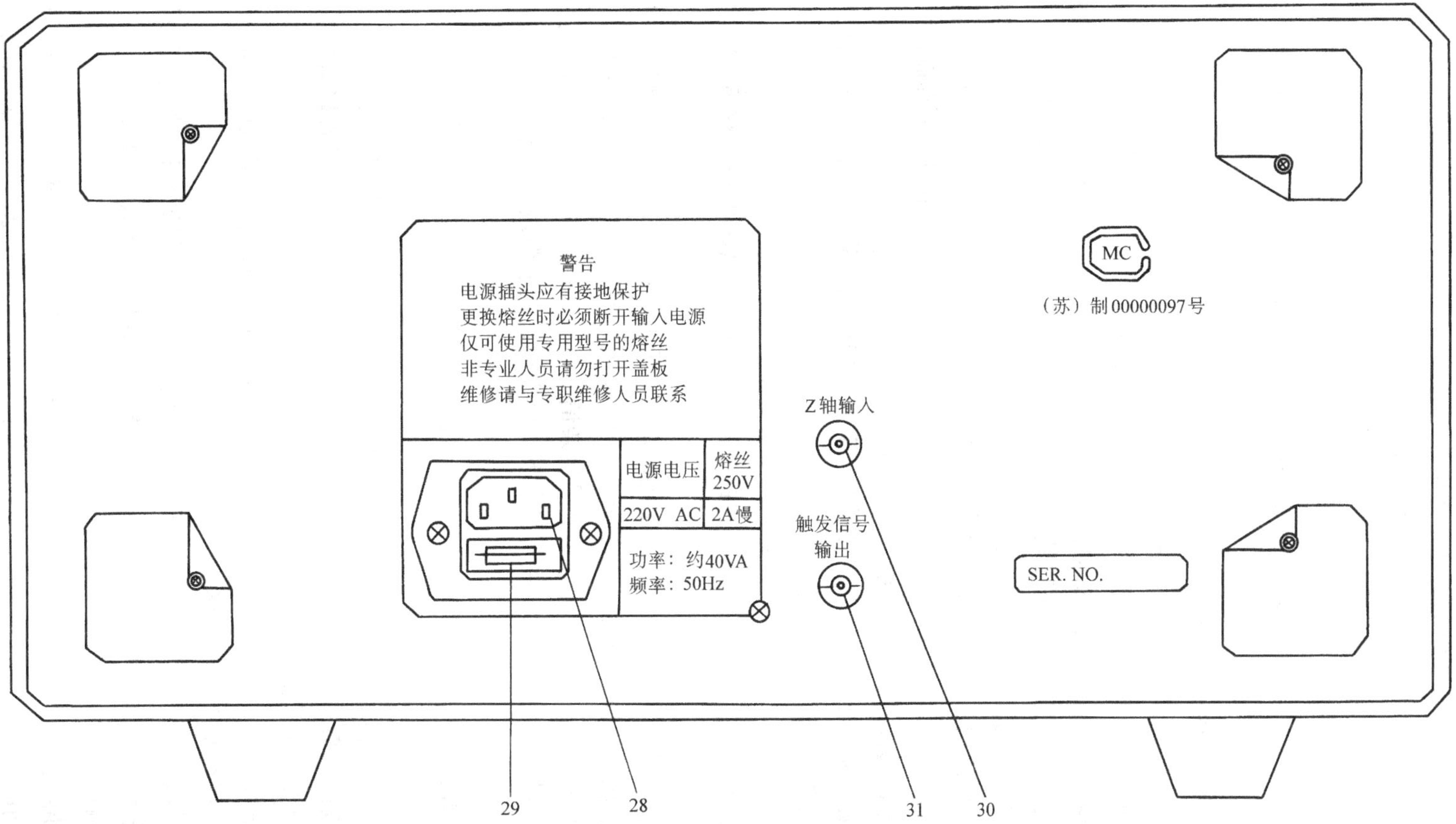

图 6-15　后面板控制件位置图

2. 控制件作用

1—电源开关：按入状态电源接通，弹出状态电源切断。

2—辉度旋钮：顺时针旋转，辉线亮度增大。

3—读出字符亮度旋钮：顺时针旋转，字符亮度增大。

4—聚焦旋钮：用辉度旋钮将辉线的亮度调整合适后，用此旋钮进行聚焦调整。

5—光迹旋转旋钮：受地磁影响，水平辉线可能会与水平刻度线形成夹角，用此旋钮可使水平辉线旋转，进行校准。

6—垂直信号输入插孔：Y 轴信号输入。

7—输入耦合方式切换开关：DC 耦合，AC 耦合。

8—输入接地开关：按入时为接地状态，输入信号被切断，垂直放大器的输入端被接地。

9—垂直偏转系数衰减开关：根据需要输入信号的幅度进行适当的设定。

10—微调旋钮：可连续调整垂直偏转系数，逆时针方向旋转，可使显示波形的幅度连续减小。正常测试时，此旋钮应顺时针旋转到底。

11—垂直移位旋钮：顺时针方向旋转，辉线上升；逆时针方向旋转，辉线下降。

12—垂直方式选择开关：CH1、CH2、双踪、断续、叠加、反相和带宽抑制。

13—水平方式选择开关：A 扫描（主扫描）、交替、B 扫描和 X、Y 工作方式。

14—水平项目和光标选择开关：按照▲、▼方向按动此开关，先使欲选择的项目的指示灯发光，然后用微调旋钮进行设定。

单次：单次扫描状态指示灯。在此状态下，A 扫描进行单次扫描。

A/B 分离：A/B 分离状态指示灯。在此状态下，交替扫描时单独调整 B 扫描波形的垂直位置。

延时：延迟时间调整状态指示灯。在此状态下，延迟扫描的开始点与主扫描的开始点之间的延迟时间，从主扫描的开始点开始连续可调，延迟时间以字符的形式在荧光屏上显示。

释抑：释抑时间调整状态指示灯。测量复杂信号、高频信号和不定周期信号等仅靠调节触发电平难以取得同步的信号时，在此状态下，可以通过调节微调旋钮改变释抑时间取得扫描同步。

TIME/DIV 开关切换时，释抑时间被自动地设置为最小值。在电源接通之后，释抑时间也被设置于最小值。

A 扫速：A 扫描速度指示灯。通过调节微调旋钮可以连续改变主扫描的扫描速度，顺时针方向调节该旋钮，最后将成为扫描速度等于由 TIME/DIV 开关所决定的数值的校准状态。一般情况下，应设置于校准状态（管面上显示出“A =”）。

水平线：辉线水平位置调整状态指示灯。在此状态下，顺时针调节微调旋钮，辉线水平位置右移，反之辉线水平位置左移。

测量：测量状态指示灯。在此状态下，可通过连续向下按动选择开关的重复操作，根据荧光屏上依次显示出的光标和字符，选择 ΔU、ΔT、$1/\Delta T$ 和 FREQ 等测量项目，并利用光标进行相应的测量。

ΔU：荧光屏上显示出两条水平光标线。两条光标线之间的电压根据 volts/DIV 开关的设定值与光标线间的距离自动进行换算，测试结果以字符的形式与 ΔU 同时显示在荧光屏的上方。

ΔT：荧光屏上显示出两条垂直光标线。两条光标线之间的扫描时间根据 time/DIV 开关的设定值与光标线间的距离自动进行换算，测试结果以字符的形式与 ΔT 同时显示在荧光屏的上方。

$1/\Delta T$：荧光屏上显示出两条垂直光标线。两条光标线之间的扫描时间的倒数（频率）根据 time/DIV 开关的设定值与光标线间的距离自动进行换算，测试结果以字符的形式与 $1/\Delta T$ 同时显示在荧光屏的上方。

FREQ：CH1 输入信号的频率与 FREQ 同时显示在荧光屏的上方。

垂直方式置于双踪状态使用 FREQ 功能时，显示方式被固定于断续方式。扫描速度较高时，有可能造成观测困难，此时应解除 FREQ 状态。

15—微调旋钮：用选择开关选中的项目可以利用这个无限循环的旋钮进行调整。顺时针方向旋转，向上或向右变化，逆时针方向旋转，向下或向左变化。

16—基准 · Δ · 光迹按钮：基准按钮：移动荧光屏上显示的两条光标线中的基准光标线。

Δ 按钮：移动荧光屏上显示的两条光标线中的测量光标线（由▽或▷指示）。

光迹按钮：保持两条光标线的间距不变，同时移动两条光标线（出现两个▽或▷）。

17—A 和 B 扫描设定开关：A、B 扫描时间系数设定开关，time/DIV 的设定值显示于荧光屏。

18—自动扫描速度开关：按下 time/DIV 开关的正中间，AUTO 指示灯亮。此时自动对输入信号进行检测，并自动设置扫描速度，在荧光屏上显示 2 ~5 个信号周期。

19—扫描扩展按钮：A、B 扫描可被扩展 10 倍。此时荧光屏上显示的扫描速度为自动换算后的数值。

20—触发信号源选择或 X、Y 状态下的 X 信号选择开关：CH1、CH2、外接 AC、外接 DC、外接 DC * 10 和电源。

21—触发方式选择开关：自动、常态、电视-场和电视-行。

22—触发电平调整旋钮：根据触发电平决定扫描开始的位置。

23—触发极性选择开关：用于选择触发极性的正负。

24—触发锁定/单次复位按钮及其指示灯：非单次状态时，按动此按钮，指示灯发光，发光前的触发状态被锁定保持。若在指示灯发光前已经取得扫描同步，则触发状态被锁定后，即使扫描速度等发生变化，也能保证正常的同步扫描；单次状态时，按动此按钮，指示灯发光，此时进入单次扫描的等待状态。

25—外接输入接口：是外接同步信号、外部扫描信号以及 X、Y 状态下的 X 信号等信号的输入插座，BNC 型。

26—探极校准信号接口：用于校正探头矩形波和检测 Y 偏转系数。

27—GND：接地端子。

28—AC 输入接口：交流电源输入插座。

29—熔丝盒：内含熔丝。

30—Z 轴调制接口：直流耦合，输入信号为正时，辉线亮度减弱；输入信号为负时，辉线亮度增强。

31—触发信号输出插座：是被触发源或 X 开关所选定的信号的输出插座。

二、技术指标

1. Y 偏转系统

偏转系数：2mV/DIV ~ 5V/DIV，1—2—5 进制分 11 档，±5%。

频率响应：5mV/DIV 档，-3dB。

输入电阻：(1 ±5%) MΩ。

输入电容：(1 ±5%) 25pf。

最高安全输入电压：400V (DC + AC peak)。

2. X 偏转系统

扫描系数：主扫描 A：0.5s/DIV ~ 50ns/DIV，1—2—5 进制分 22 档，±5%。延迟扫描 B：50ms/DIV ~ 50ns/DIV，1—2—5 进制分 19 档，±5%。

扫描扩展倍率：×10，误差为 ±10%。

3. 触发系统

内触发源选择：CH1 或 CH2。

最高安全输入电压：400V (DC + AC peak)。

内触发灵敏度：常态：0 ~ 20MHz，1 DIV；20 ~ 100MHz，1.5DIV。

自动：30 ~ 100Hz，1.5 DIV；100Hz ~ 20MHz，1 DIV；20 ~ 100MHz，1.5 DIV。

TV：1.5 DIV。

外触发灵敏度：0 ~ 20MHz，50mV (峰-峰值电压)；20 ~ 100MHz，150mV (峰-峰值电压)；TV：50mV。

4. 数字测量系统

频率测量范围：20Hz ~ 100MHz。

光标读出：电压差 ΔU，4 位数字显示，两条水平光标线 (ΔU)，有效范围为 ±3DIV。

时间差：ΔT，4 位数字显示。

频率 $1/\Delta T$：4 位数字显示，两条垂直光标线 (ΔT、$1/\Delta T$) 有效范围为 ±4DIV

5. 探极校准信号

1kHz，0.5V (峰-峰值电压)，矩形波。

6. 探极

最大安全输入电压：400V (DC + AC peak)。

衰减倍率：×10。

7. 电源

AC，50Hz，(1 ±10%) 220V，40VA。

8. 环境条件

工作温度：0 ~ 40℃。

工作湿度上限：90% (40℃)。

三、基本原理框图

本机基本原理框图如图 6-16 所示。

四、测量技能

1. 一般测量

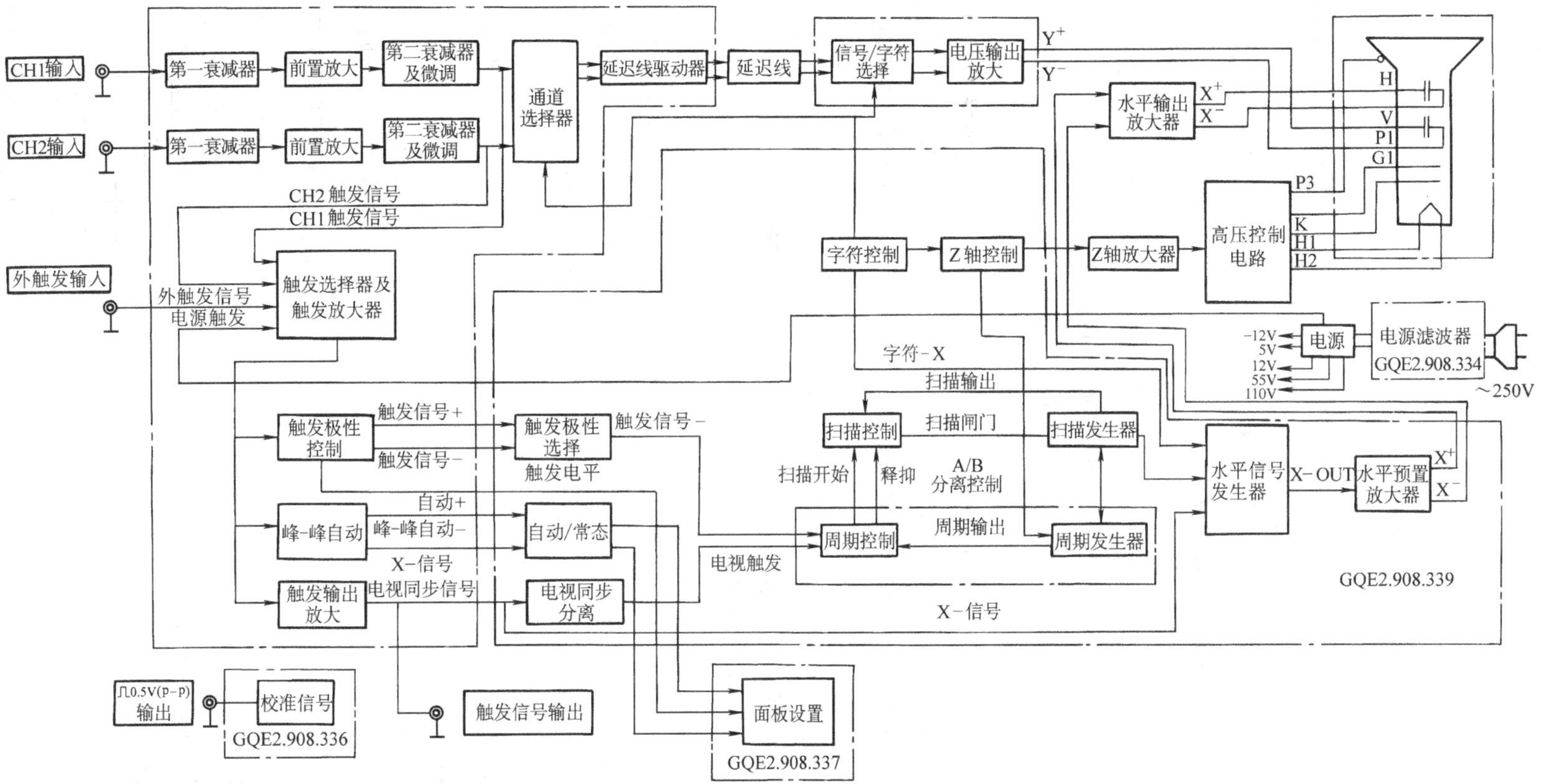
CH1输入
CH2输入
外触发输入
第一衰减器
前置放大
第二衰减器及微调
通道选择器
延迟线驱动器
延迟线
信号/字符选择
电压输出放大
Y+
Y-
水平输出放大器
X+
X-
H
V
P1
G1
P3
K
H1
H2
高压控制电路
CH2触发信号
CH1触发信号
触发选择器及触发放大器
外触发信号
电源触发
字符控制
Z轴控制
Z轴放大器
电源
电源滤波器
GQE2.908.334
-12V
5V
12V
55V
110V
~250V
字符-X
扫描输出
扫描控制
扫描闸门
扫描发生器
扫描开始
释抑
A/B分离控制
水平信号发生器
X-OUT
水平预置放大器
触发极性控制
触发信号+
触发信号-
触发极性选择
触发电平
峰-峰自动
自动+
峰-峰自动-
自动/常态
X-信号
触发输出放大
电视同步信号
电视同步分离
周期控制
周期输出
周期发生器
电视触发
GQE2.908.339
0.5V(p-p)输出
校准信号
GQE2.908.336
触发信号输出
面板设置
GQE2.908.337

图 6-16　基本原理框图

（1）观测一个波形　可使用 CH1 或 CH2。使用 CH1 时，可按下列步骤进行设置和操作：

垂直方式：CH1。

触发方式：自动。

触发信号源或 X 信号选择：CH1。

AC-DC：AC 或 DC。

在此状态下，输入到 CH1 的 30Hz 以上的信号，可以通过调整触发电平旋钮取得扫描同步，进行观测（用 time/DIV 开关设定的扫描速度高于 2ms/DIV 时）。

由于触发方式设定为自动状态，即使是在无信号或接地开关置于接地等情况下，也会有扫描线出现，可以对直流电压进行测量。

观测 30Hz 以下的超低频信号时，需要改变设置。触发方式为常态时，通过调整触发电平，可以得到扫描同步。另外，观测 30Hz 以下的超低频信号，使用 CH1 以外的触发信号源时，可将触发信号输入 CH2、外接 AC、外接 DC、外接 DC * 10 之中的任一通道。

（2）观测两个波形　将垂直方式开关设为双踪，即可方便地对两个波形进行观测。

2. 电压的测量

利用 ΔU 光标测量电压（见图 6-17 所示），利用光标可以在荧光屏上中央刻度线上下各 3DIV 的范围内进行测量。调整 volts/DIV 开关使待测信号波形进入这个范围。利用直流耦合方式对信号进行包括直流分量的测量时，调整位移旋钮使接地辉线也进入测量范围。

选择测量电压的开关后，示波管荧光屏上将出现两条水平光标线，基准光标线与 Δ（增量）光标线之间的电位差将与 ΔU 同时以字符的形式显示于荧光屏的上方。当增量光标线在基准光标线的上方时，表示为正值，反之则表示为负值。顺时针方向旋转微调旋钮，可以使利用基准 · Δ · 光迹按钮选定的光标线向上移动，逆时针方向旋转微调旋钮，则向下移动。这样就可以测量波形上两条光标线之间的电压。另外，测量与接地辉线之间的电位差时，首先按入接地开关将输入端接地，调整基准光标线使之与扫描辉线一致，选择 DC 耦合输入方式，然后再将 Δ 光标线移至待测位置，即可测得与接地辉线之间的电位差。

3. 时间和频率的测量

（1）利用 ΔT 光标测量时间（见图 6-18）　选择测量时间的开关后，首先显示出的是 ΔU 光标线，再次按动选择开关就会进入 ΔT 状态，示波管荧光屏上将出现两条垂直光标线，ΔT 与测量值同时以数字的形式显示于荧光屏的上方。利用光标可以在荧光屏上中央刻度左右各 4DIV 的范围内进行测量，适当设置 time/DIV 使待测波形在此范围内尽可能地扩大。用基准

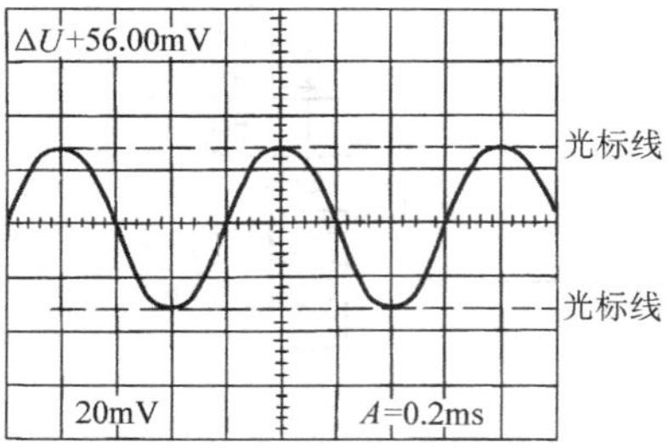

图 6-17　利用 ΔU 光标测量电压

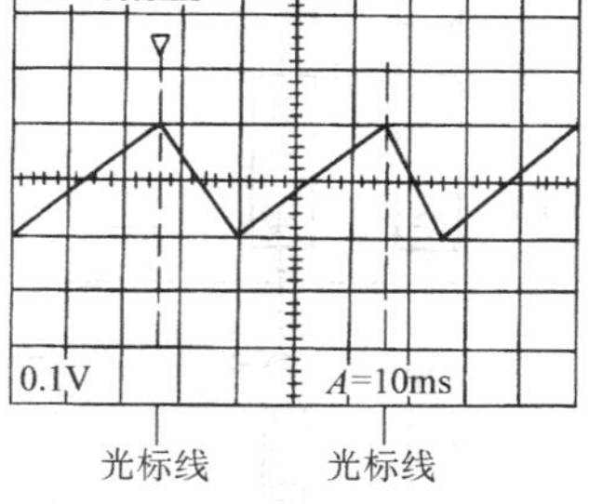

图 6-18　利用 ΔT 光标测量时间

· Δ · 光迹按钮选定光标线，然后旋转微调旋钮，分别将两条光标线移至待测位置。当增量光标线在基准光标线的右侧时，表示为正值，反之则表示为负值。

（2）利用 1/Δ*T* 光标测量频率　选择测量频率的开关后，首先显示出两条 Δ*U* 光标线，然后再连续两次按动选择开关，荧光屏上部将显示出 1/Δ*T*。利用微调旋钮将两条光标线分别移至待测波形上距离为一个周期的两个位置，两条光标线之间的时间的倒数（1/Δ*T*）即频率，将与 1/Δ*T* 同时以字符的形式显示于荧光屏的上方。

（3）目视时间测量（见图 6-19）　从 t_1 时刻到 t_2 时刻为一个周期，在荧光屏上是 2.0DIV。

（4）目视频率测量　将第（3）步目视测得的时间进行换算求频率。

（5）用频率计数器功能测量频率　选择频率计数器测量频率的开关后，首先显示出两条 Δ*U* 光标，然后再连续三次按动选择开关，荧光屏上部将显示出 FRCQ。

五、应用举例

1. 测量信号的相位差

1）用移相电路产生一个与原信号 U_1 频率相同、相位不同的信号 U_2，如图 6-20 所示。

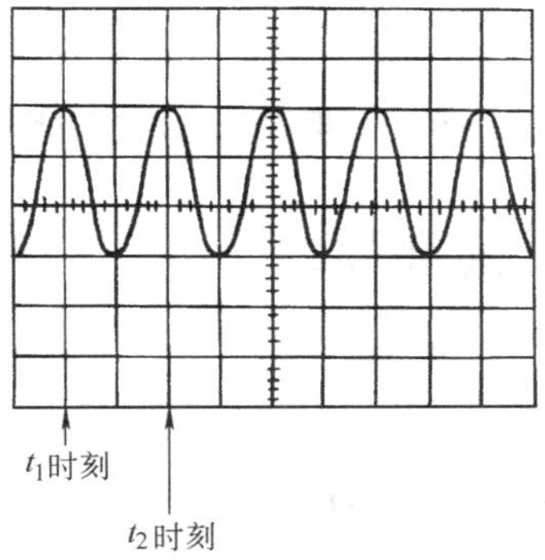

图 6-19　目视时间测量

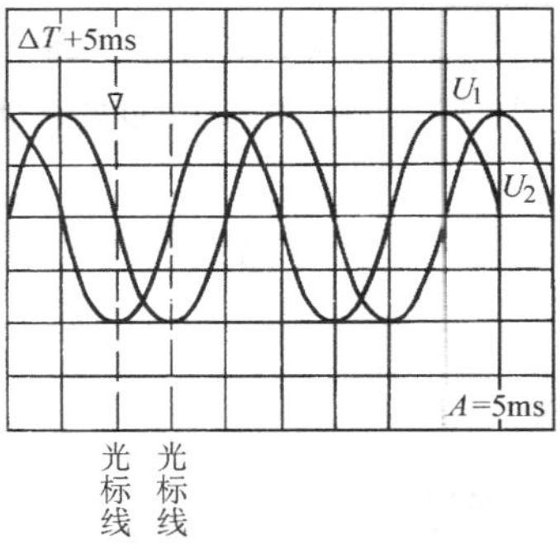

图 6-20　测量信号的相位差

2）调整电压衰减和微调器，使两波形显示幅度一致，两波形应在荧光屏上中央刻度左右各 4DIV 的范围内。

3）选择测量时间的开关后，首先显示出的是 Δ*U* 光标线，再次按动选择开关，就进入 Δ*T* 状态，示波管荧光屏上出现两条垂直光标线。

4）用基准 · Δ · 光迹按钮选定光标线，然后旋转微调旋钮，分别将两条光标线移至 U_1 的一个周期处，此时，Δ*T* 与测定值同时以数字的形式显示于荧光屏的上方，此值为 U_1 的周期。

5）移动两条光标线至两波形的对应点，此时，两波形对应点的时间差 Δ*T* 将显示于荧光屏的上方。

2. 测量方波的幅度、脉宽及周期

1）调整 volts/DIV 开关，使被测信号进入荧光屏中央刻度上下各 3DIV 的范围内。

2）选择测量电压的开关后，使示波器进入 Δ*U* 状态，示波管荧光屏将出现两条水平光标线，用基准 · Δ · 光迹按钮选定光标线，然后旋转微调旋纽，使两光标线分别与波形底部与顶部重合，此时，矩形波幅度将以数字形式显示于荧光屏的上方，如图 6-21 所示。

3）再次按动选择开关，就会进入 ΔT 状态，示波荧光屏上出现两条垂直光标线。

4）用基准·Δ·光迹按钮选定光标线，然后旋转微调旋钮，使两光标线分别与脉冲前沿、后沿重合（见图6-22所示），此时，矩形波脉冲宽度将以数字形式显示于荧光屏上方。

5）继续旋转微调旋钮，使两光标线分别与相邻两个脉冲前沿重合（如图6-23所示），ΔT 与测量值同时以数字形式显示于荧光屏的上方。

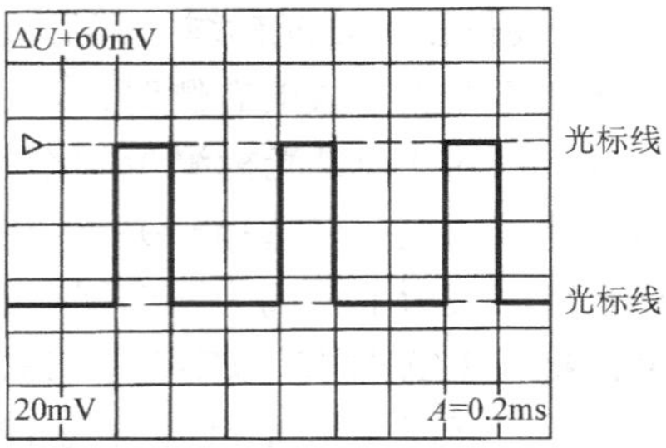

图 6-21　矩形波幅度的测量

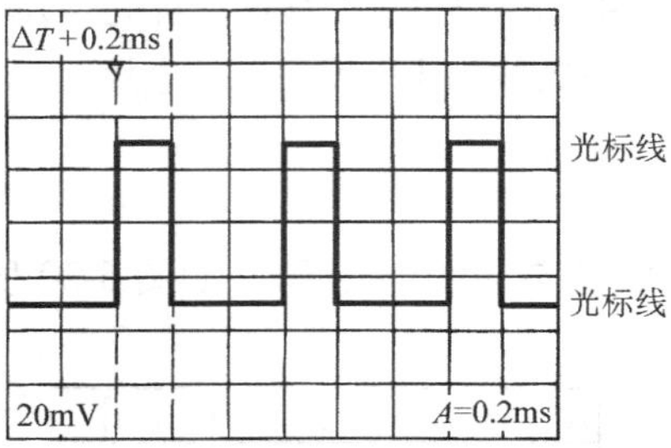

图 6-22　矩形波脉冲宽度的测量

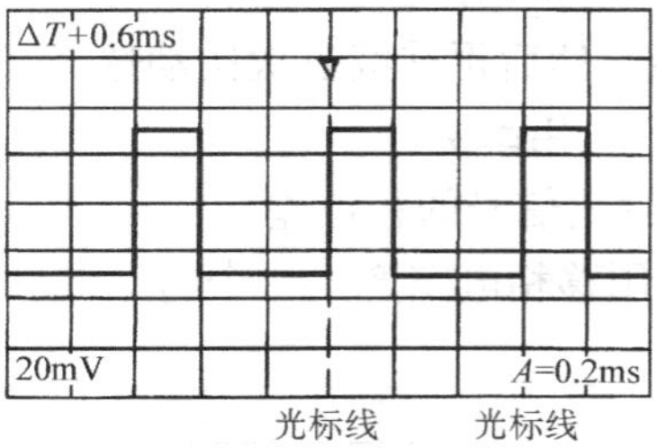

图 6-23　矩形波周期的测量

项目五　示波器的测量技能和训练

项目要求

本项目通过示波器的测量技能和训练，要求学生掌握示波器使用方法，熟练掌握示波器的使用和测量方法是电子测量基本技能。

【知识要求】

1）了解示波器的基本功能。

2）掌握示波器使用方法。

3）掌握示波器的检测方法。

4）了解示波器测量值与正弦波的有效值、平均值和幅值的关系。

【能力要求】

1）掌握示波器使用方法。

2）能使用示波器直接观察和测量信号的各种不同的电量，如电压、电流、频率、相位差和调幅度等。

3）能用示波器观察和检测各种不同信号幅度随时间变化的波形曲线，波形和数值是否有失真和误差。

【学习方法】

1）练习前认真阅读实践流程，了解相关无线电和仪表基本知识。

2）通过实践的技能训练，掌握电子测量仪器使用方法。

3）勤于思考，拓展对示波器工作原理、产品性能、种类和使用技巧的了解。

任务　示波器使用方法认知

通过本任务的学习，了解示波器基本使用方法，为后面的电子测量和调试奠定基础。熟练掌握示波器的使用和连接方法是从事电子产品装配与调试工作的基本技能之一。

一、示波器使用方法介绍

1. 示波器认知

示波器是一种用途十分广泛的电子测量仪器，它能把肉眼看不见的电信号变换成看得见的图像，便于人们研究各种电现象的变化过程。示波器利用狭窄的、由高速电子组成的电子束，打在涂有荧光物质的屏面上，就可产生细小的亮点。在被测信号的作用下，电子束就好像一支笔的笔尖，可以在屏面上描绘出被测信号的瞬时值的变化曲线。利用示波器能观察各种不同信号幅度随时间变化的波形曲线，还可以用它测量各种不同的电量，如电压、电流、频率、相位差和调幅度等。

在电子技术实践中，常常需要同时观察两种（或两种以上）信号随时间变化的过程，并对这些不同信号进行电参数的测量和比较。为了达到这个目的，人们在应用普通示波器原理的基础上，采用了以下两种同时显示多个波形的方法：一种是双线（或多线）示波法；另一种是双踪（或多踪）示波法。应用这两种方法制造出来的示波器分别称为双线（或多线）示波器和双踪（或多踪）示波器。示波器根据对不同时域测量的要求分为通用示波器、存储示波器和取样示波器三类。

下面以 SS—7802A 型双踪示波器以为例进行介绍。

2. 前面板控制件位置

前面板控制件位置如图 6-24 所示。

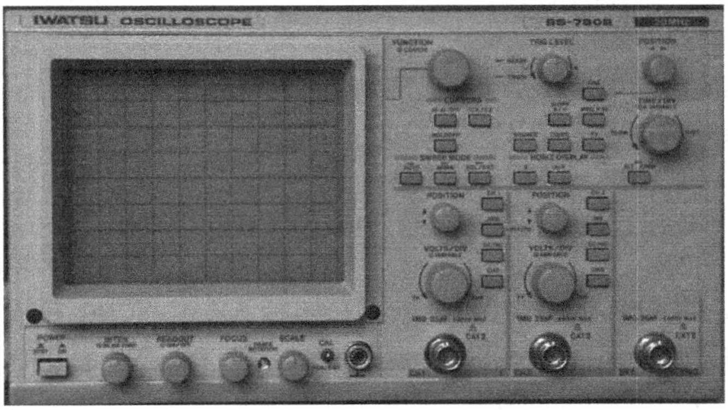

图 6-24　前面板控制件位置

3. 控制件的作用

（1）电源和显示控制部分　示波器的电源和显示控制部分如图 6-25 所示，下面从左到右说明各旋钮作用。

1）电源开关（POWER）：接通或关闭电源。

2）亮度旋钮（INTEN）：调节光迹的亮度。

3）READOUT 旋钮：调整各参数（屏幕上下两行的参数）显示的亮度。

4）聚焦旋钮（FOCUS）：调节光迹的清晰度。

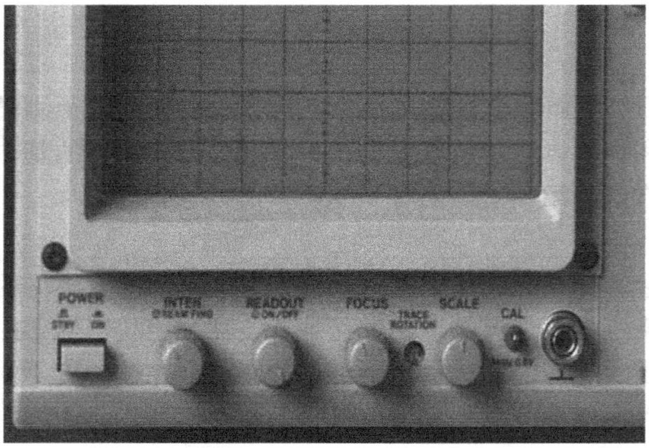

图 6-25　电源和显示控制部分

5）迹线旋转旋钮（TRACE ROTATION）：用于调整轨迹倾斜度，调节扫线与水平刻度线平行。

6）校正信号（CAL）及接地端：提供幅度为 0.6V，频率为 1kHz 的矩形波信号，用于校正10∶1探极的补偿电容和检测示波器垂直与水平偏转因数。

（2）垂直偏转系统控制部分　垂直偏转系统控制部分如图 6-26 所示。

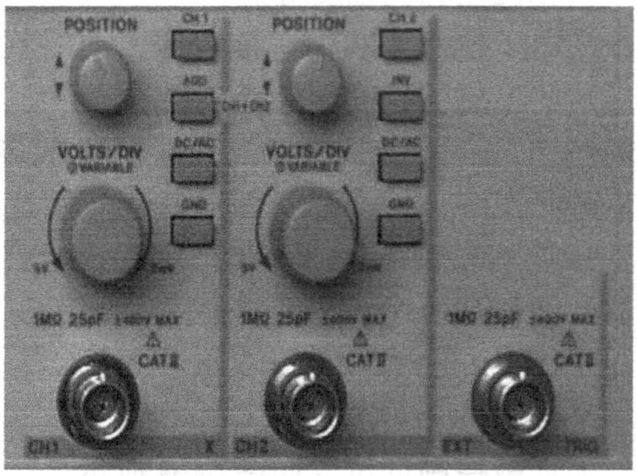

图 6-26　垂直偏转系统控制部分

1）垂直位移旋钮（POSITION）：调节光迹在屏幕上的垂直位置。

2）垂直衰减旋钮（VOLTS/DIV）：调节垂直偏转灵敏度。

3）CH1 和 CH2 按钮：显示 CH1 或 CH2（通道 1 或 2）的输入信号，如图 6-27 所示。

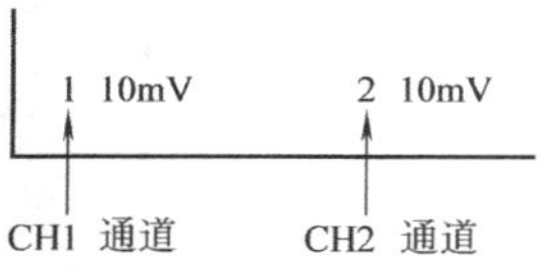

图 6-27　显示的通道输入信号

4）ADD 和 INV 按钮：显示两通道之和（CH1 + CH2）或两通道之差（CH1—CH2）。

5）耦合方式按钮（DC/AC）：DC 表示只显示输入信号的 DC 和 AC 成分，显示基于 GND 电平的输入信号波形，如图 6-28a 所示。AC 表示当 DC 成分去掉时只显示输入信号波形的 AC 成分，波形基于平均电位显示，如图 6-28b 所示。

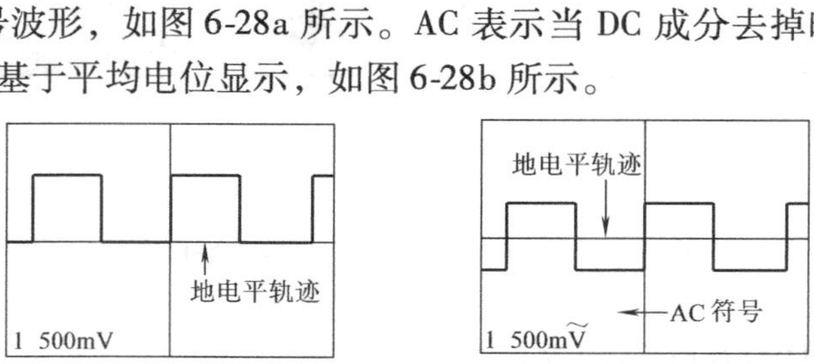

a）　　b）

图 6-28　示波器显示的 DC/AC 的矩形波信号

6）GND 按钮：此按钮按下时，在屏幕的左下部分显示接地符号，同时，垂直放大的输入信号部分的地电位轨迹显示如图 6-29 所示。

（3）水平控制部分　水平控制部分如图 6-30 所示。

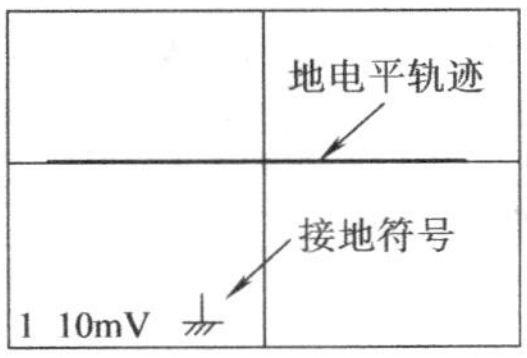

图 6-29　显示的 GND 信号

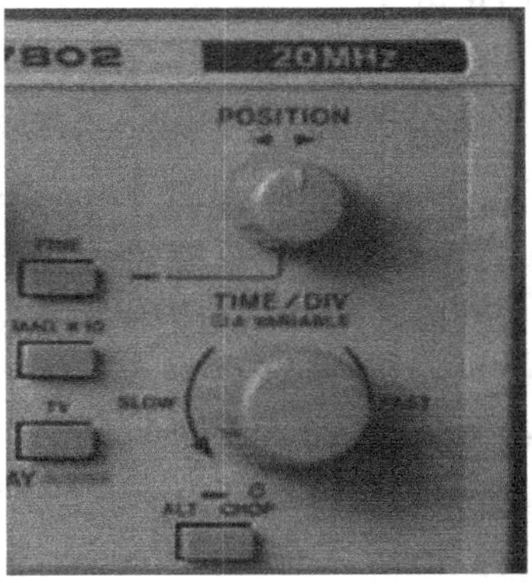

图 6-30　水平控制部分

1）水平位移旋钮（POSITION）：调节光迹在屏幕上的水平位置。

2）TIME/DIV 旋钮：旋转 TIMI/DIV，选择扫描速度，扫描速度在屏幕左上角显示。

3）MAG ×10 按钮：按下该键后，扫描速度提高 10 倍，波形将基于中心位置被放大。

4）TV 按钮：选择相对于 NTSC 和 PAL 的 TV 信号触发方式。

（4）触发控制部分　触发控制部分如图 6-31 所示。

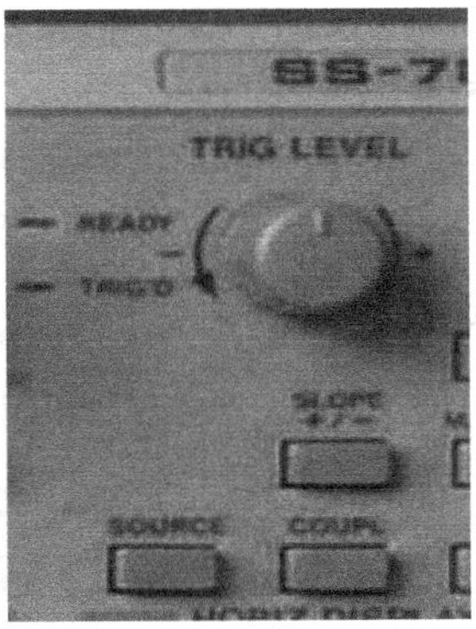

图 6-31　触发控制部分

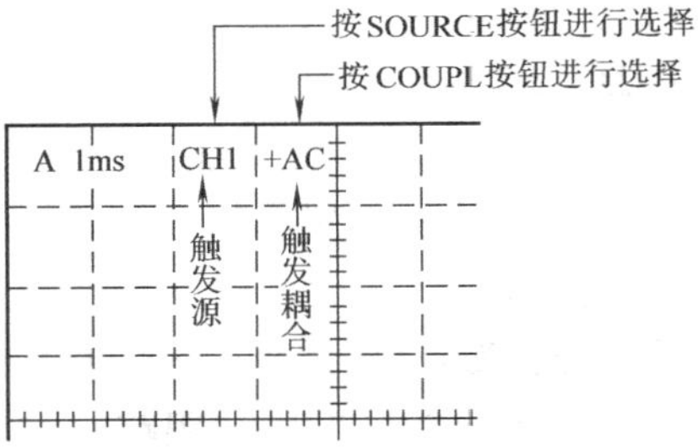

图 6-32　荧光屏显示触发源

1）SOURCE 按钮：选择触发源（CH1、CH2、LINE、EXT 和 VERT）。

CH1：用输入到 CH1 的信号做触发源，荧光屏显示如图 6-32 所示。

CH2：用输入到 CH2 的信号做触发源。

LINE：用电源做触发源，用来观察电源的波形。

EXT：用外触发信号做触发源，外触发信号通过前面板的“EXT INPUT”接入。

注意：外触发信号的最大值为 400V，应避免超过该值。

VERT：用小序号通道的信号做触发源。

2）SLOPE：触发极性选择按钮（+/-）。

+：扫描在波形的上升沿开始。

-：扫描在波形的下降沿开始。

3）TRIG LEVEL 旋钮：调节被测信号在某一电平触发扫描。

4）COUPL 按钮：选择触发偶合方式（AC、DC、HF - R 和 LF - R）。

（5）水平显示控制部分　水平显示控制部分如图 6-33 所示。

1）A 按钮：选择 A 扫描，示波器常规使用。

2）X - Y 按钮：指 CH1 作为 X 轴而 CH1、CH2 和 ADD 中的一个作为 Y 轴显示。该模式适用于观测磁滞曲线。

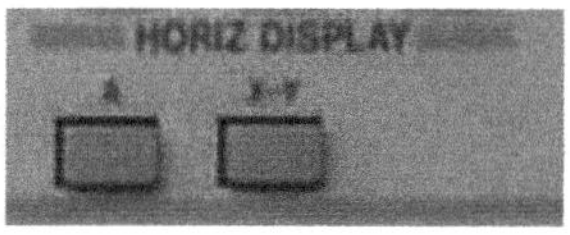

图 6-33　水平显示控制部分

（6）SWEEP MODE 扫描模式控制部分　SWEEP MODE 扫描模式控制部分如图 6-34 所示。

1）常态按钮（NORM）：NORM 灯亮时表示选择了 NORM 模式。无信号时，屏幕上无显示；有信号时，与 TRIG LEVEL 电平控制旋钮配合显示稳定波形。

2）自动按钮（AUTO）：AUTO 指示灯亮时表示选择了 AUTO 模式。无信号时，屏幕上显示光迹；有信号时，与 TRIG LEVEL 电平控制旋钮配合显示稳定波形。

图 6-34　SWEEP MODE 扫描模式控制部分

3）单次扫描旋钮（SGL/RST）：选择单次扫描时，在扫描模式中按 SGL/RST 按钮（SGL/RST 灯亮）选择单次扫描。当 READY 指使灯亮时表示正在等待信号输出，当触发信号产生时扫描将受一次影响，READY 指使灯灭。在 CHOP 模式中，所有通道同时扫描；在 ALT 模式中，只有一个通道被扫描。再按一下 SGL/RST 按钮，选择另一次单次触发。

CHOP：两个通道断续显示，用于扫速较慢时的双踪显示。ALT：两个通道交替显示。

（7）光标测量和频率计部分　光标测量部分如图 6-35 所示。

1）Δt - ΔV - OFF 按钮：用于选择 ΔV（电压量测）或 Δt（时间量测）的操作，当选择 Δt 或 ΔV 时，将显示两条测量光标，旋转 FUNCTION 调整光标位置，当 FUNCTION 被按下或连续按下时，是对位置方向的粗调。

每按一次 TCK/C2 按钮，光标及其序号按如下顺序改变：C1（光标 1）、C2（光标 2）、TCK（跟踪）和 C1（光标 1）。

测量 ΔV 和 Δt 的操作步骤如下：

① 按 Δt - ΔV - OFF 按钮选择测量 ΔV，这时将显示两条水平测量光标，如图 6-36 所示。

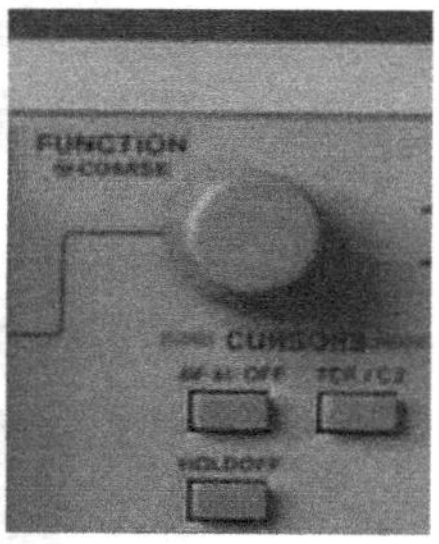

图 6-35　光标测量部分

② 旋转 FUNCTION 调整光标位置，FUNCTION 旋转为水平测量光标上下移动（细调），FUNCTION 连续按下为水平测量光标上下快速移动（粗调）。

③ 按 TCK/C2 按钮选择光标，如图 6-36 所示。

④ 将光标移至测量位置，其测量值显示于屏幕的左下角，如图 6-36 所示。

⑤ 按 Δt - ΔV - OFF 按钮测量 Δt，这时将显示两条垂直测量光标，如图 6-37，测量步骤根据上面②、③和④进行。

2）频率计：频率计用于测量输入信号的频率，如图 6-38 所示，操作步骤如下：

设置 A 触发，触发设置好后，测量值连续显示于屏幕的右下角，选定的触发源是测量的目标。对于 RERT 模式中的 A 触发源，输入于小序号通道的信号有效。

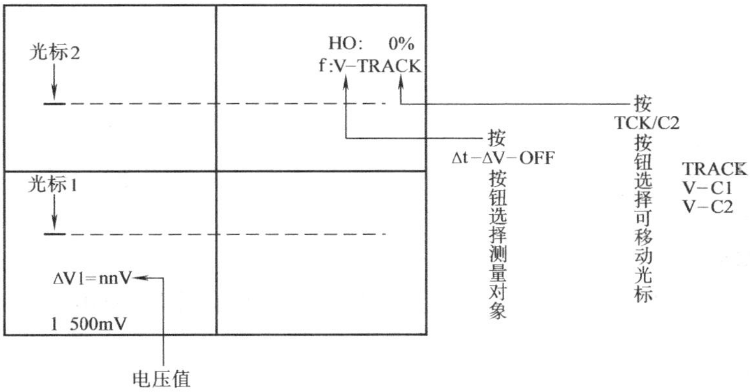

图 6-36 测量 ΔV

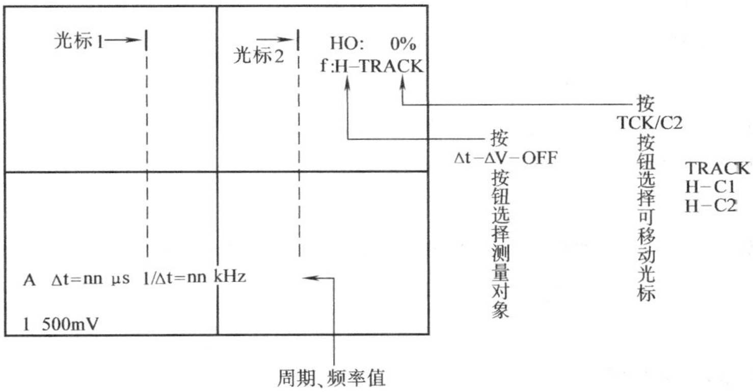

图 6-37 测量 Δt

当没有设置 A 触发，或输入信号超过测量的频率范围时，显示 0Hz。

4. 使用时的注意事项

1）使用前认真阅读仪器说明书，了解仪器的特性及使用要求。

2）为了仪器操作人员的安全和仪器安全，仪器应在安全范围内正常工作，保证测量波形准确、数据可靠，能降低外界噪声干扰。一般示波器使用电源电压为（1 ± 10%）220V。若电源电压不符合要求，则严禁使用。

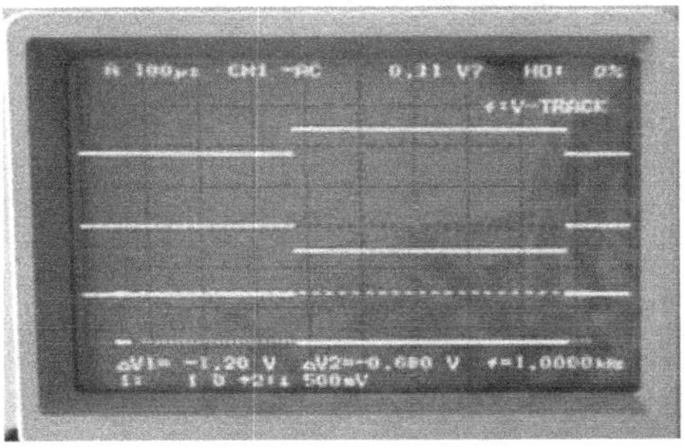

图 6-38 显示信号的频率

3）因示波器外壳接地，所以探极接地端也接大地。测量底板带电的设备（如某些底板带电的彩色电视机）时，被测设备应接 1∶1 隔离变压器，否则会造成电源短路。

4）一般示波器的最大输入电压值不超过 400V，有的进口仪器只有 250V。如果操作不当，输入超电压，就会损坏仪器的高阻抗输入端及保护电路。

5）在测量状态时，亮度不宜太亮，只要能正常使用即可；非测量状态时，应将示波管亮度调暗，以延长示波管寿命。

6）调整垂直衰减开关及水平扫描开关时，应小心慢旋，切忌野蛮操作，否则会造成开关接触不良，难以修复。

7）热电子仪器一般要避免频繁开机、关机，示波器也是这样。仪器使用环境温度一般为0～40℃，南方夏天室温很高，要注意通风散热，否则极易过热损坏。

8）被测信号频率较高时，应使用10:1探头，否则，频带宽度达不到要求。

二、示波器操作技能训练

1. 实验操作练习1

1）进行示波器校准信号的测量，熟悉示波器的各个功能键的使用。

2）进行示波器校准信号相加、相减操作。

2. 实验操作练习2

直流电压的测量步骤如下：

1）打开示波器的电源。

2）示波器的设置步骤如下：

- SOURCE 按钮选择触发源 CH1。
- 垂直衰减旋钮（VOLTS/DIV）设置为 1V/DIV。
- 耦合方式选择按钮（DC/AC）选择 DC 耦合。
- GND 按钮按下。
- 垂直位移旋钮（POSITION）调节光迹在屏幕上的垂直位置，如图6-39所示。

3）送入4V 直流电压（CH1 或 CH2）。

4）按下 GND 按钮，释放 GND，观察屏幕上光迹的变化。

读出示波器显示的电压值，如图6-40所示。

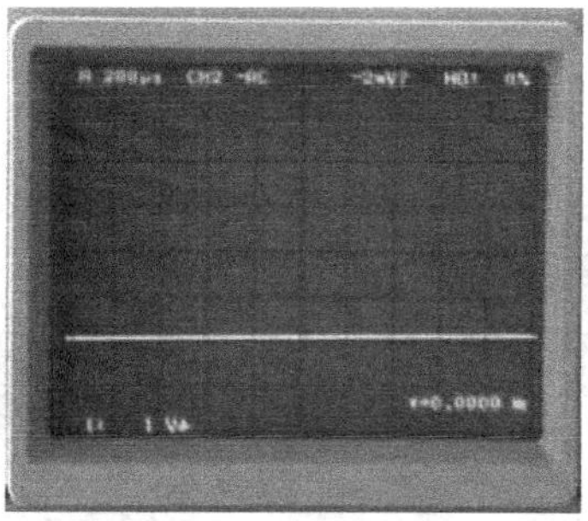

图6-39　显示调节光迹的垂直位置

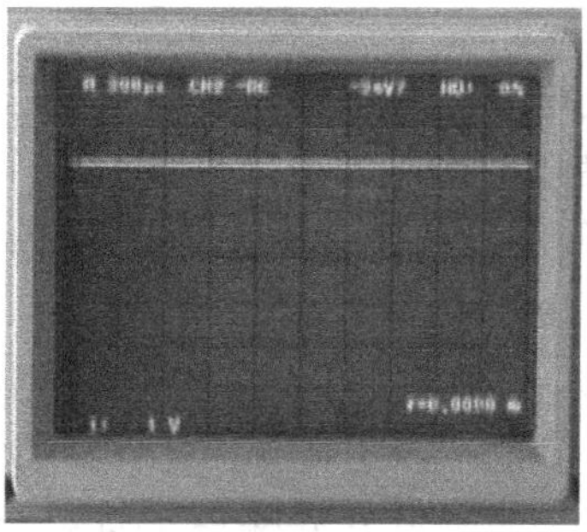

图6-40　显示有4V 的直流电压变化

3. 实验操作练习3

交流电压测量步骤如下：

1）打开示波器和信号发生器的电源。

2）将信号发生器输出的1kHz、3V 的正弦波信号连接到示波器的探头上。

3）示波器的设置步骤如下：

- SOURCE 按钮选择触发源 CH2。
- 垂直衰减旋钮（VOLTS/DIV）设置为 500mV/DIV。
- 耦合方式选择按钮（DC/AC）选择 AC 耦合。

● 垂直位移旋钮（POSITION）调节光迹在屏幕上的适当位置。

● TIME/DIV 旋钮设置为 200μs /DIV。

● 波形不稳时，可调触发电平垂直衰减旋钮（VOLTS/DIV）或水平位移旋钮（POSITION），如图 6-41 所示。

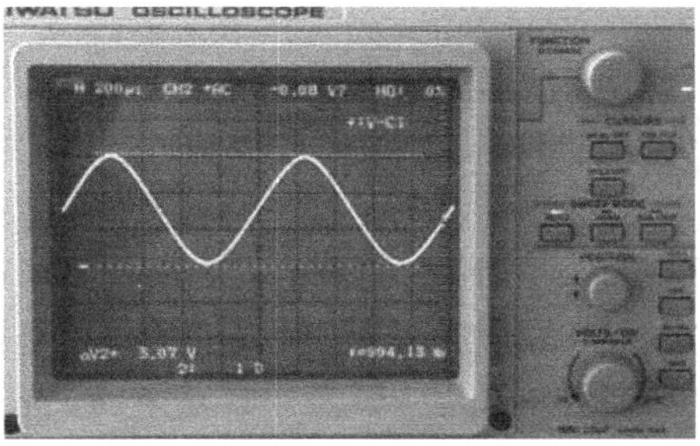

图 6-41　显示的交流电压

三、任务小结

1. 任务工作单的填写

【填写要求】回顾本任务所介绍的主要内容，检查学习效果，请认真完成下面“示波器的测量技能训练任务工作单”中各项内容的填写。其中，学生自评分为优、良、中和差四个等级，填写完毕后交指导老师评定签字，作为期末成绩评定参考的依据。

示波器的测量技能训练任务工作单

任务名称					
学生姓名		所在班级		学　　号	
实施场所		实施时间		指导老师	
1. 判断题。 1）仪器在通电之前，应认真阅读仪器说明书，了解仪器的特性及使用要求。（　　） 2）当不知被测电路中电压值大小时，必须首先将示波器的 Y 轴灵敏度设为最高 5V 或使用 10∶1 探头，然后根据显示的范围，采用递减法合理选择。（　　） 3）热电子仪器一般可以频繁开机、关机，示波器也是这样。（　　） 4）示波器用来测量正弦交流信号和非正弦交流信号。（　　） 5）可用万用表的交流电压档代替示波器测量交流电压。（　　） 2. 如何检测示波器设备是否正常（测量信号没有误差）？ 3. 如何利用示波器测量正弦波、矩形波和三角波的有效值？ 4. 在示波器操作练习中，应注意哪些事项？					
学生自评		指导老师评价		指导老师签字	

2. 巩固提高

1）请简述 SS—7802A 型双踪示波器的使用方法。

2）了解交流信号的周期、频率和电压的有效值、平均值和幅值的概念。

3）哪些情况下对示波器的测量必须要接地？

4）查阅有关资料，了解更多的不同类型的示波器的使用方法和注意事项。

本章小结

1. 示波器能够在荧光屏上显示电信号的波形，而且具有输入阻抗高、对被测电路影响不大、灵敏度高和工作频带宽等特点。

2. 示波管由电子枪、偏转系统和荧光屏三部分组成。电子枪的作用是发射电子，并使之聚焦后形成很细的电子束轰击荧光屏产生亮迹，显示电信号波形。偏转系统的作用是使电子束在荧光屏上移动。荧光屏的作用是把电信号变为光信号进行显示。

3. 示波器是一种操作较复杂而又容易损坏的电子仪器，如果使用不当，就会影响测量准确度，甚至损坏仪器。

习　题

1. 电子示波器有哪些用途？
2. 电子枪的结构由哪几部分组成？各部分有什么作用？
3. 示波器的亮度调节、聚焦调节和辅助聚焦调节是如何实施的？
4. 要使显示波形稳定，扫描锯齿波电压的周期与被测信号周期应存在什么关系？
5. 电子示波器由哪几部分组成？各部分有何作用？
6. CA8020A 型通用示波器面板上有哪些控制件？各有什么作用？
7. 示波器主要技术指标有哪些？各表示什么意义？
8. 试述示波器用 Y 通道电子开关显示双踪的原理。
9. 示波器水平扫描包括哪几部分？各有什么作用？
10. 怎样用示波器测量波形的周期和频率？
11. 怎样测量波形的幅度？
12. 与一台示波器配套使用的阻容式无源探头，是否可以与另一台示波器配套使用？为什么？
13. Y 通道为什么既要接入衰减器，又要接入放大器？各有何作用？
14. 连续扫描与触发扫描有什么区别？
15. 使用示波器要注意哪些事项？
16. 在示波器中，光标有什么作用？
17. 有两个周期相同的正弦波，在屏幕上显示一个周期为 4DIV，两波形间相位间隔为 0.5DIV，求两波形的相位差。
18. 计算下列波形的幅度、频率和周期：

序号	垂直灵敏度 /V · DIV^{-1}	扫描速度 /ms · DIV^{-1}	垂直幅度 /DIV	一个周期的水平距离 /DIV	探　极	频　率	周　期	波形幅度 U_{P-P}
1	0.2	0.002	2	3	10:1			
2	0.5	0.010	3	2	1:1			
3	0.050	50	4	4	10:1			
4	0.010	2	3.5	3	10:1			

第七章　数字频率计

第一节　概　　述

频率是指周期性信号在单位时间（1s）内变化的次数，频率的单位是 Hz。人类用各种电信号来产生、传输和处理信息。广播、电视、无线电通信、导航和定位等设备都是工作在一些特定的频率上，对这些信号的频率准确度和稳定度都有一定的要求，否则就会导致互相干扰或工作不正常。因此，频率的测量和校准非常重要。

频率在电子技术领域里是一个基本参数，现在频率测量的准确度是最高的。测量频率的方法和仪器主要包括：

1. 利用 *LC* 回路谐振特性工作的仪器

该类仪器谐振式波长表（图 7-1）、栅陷表（可测无源 *LC* 回路的固有谐振频率）等，频率范围为 0.5～1500MHz。

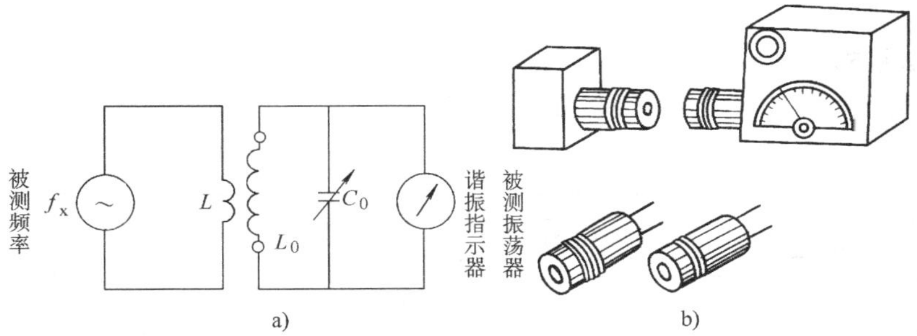

图 7-1　谐振式波长表

L—耦合线圈　L_0—已知电感线圈　C_0—已知电容

2. 利用外差法测频

改变标准信号频率使它与被测信号混合，取其差频。当差频为零时读取频率，外差式频率计可测高达 3000MHz 微弱信号的频率，准确度为 10^{-6}左右，如图 7-2 所示。

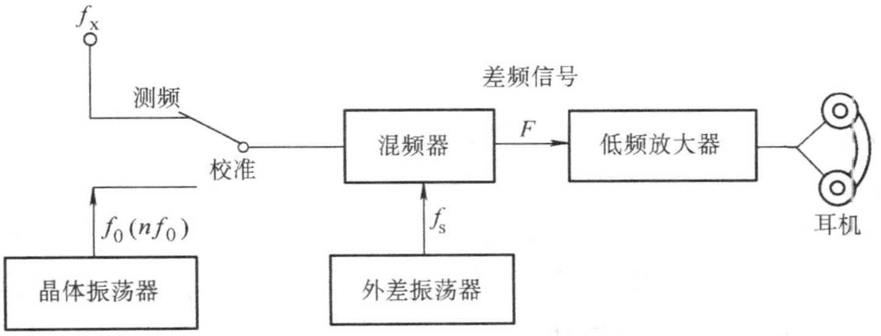

图 7-2　外差式频率计原理框图

3. 示波法

用李沙育图形或测量荧光屏上波形的周期来确定频率，从音频到高频信号皆可测，如图

7-3 所示。

4. 电子计数器法

直接计数单位时间内被测信号的脉冲数，以数字显示频率值。此方法准度高、快速，适合不同频率、不同准确度的需要，如图 7-4 所示。

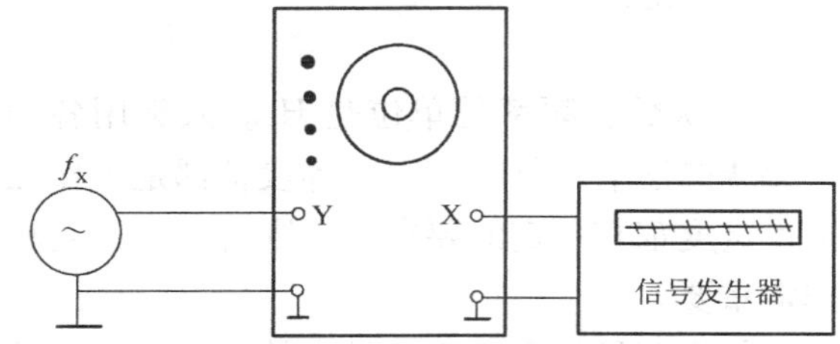

图 7-3 用示波法测频率

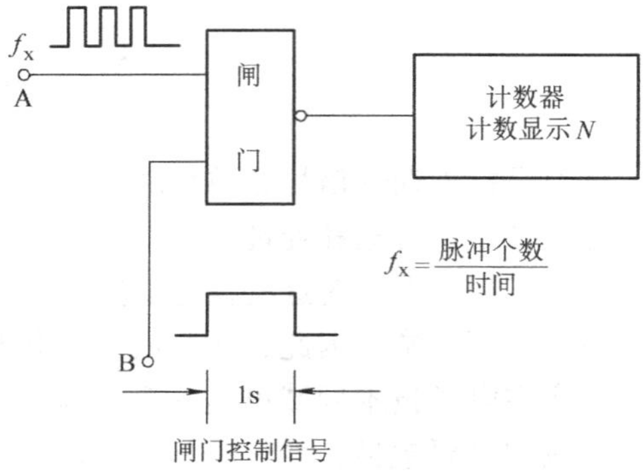

图 7-4 电子计数器法测频率

第二节 频率计的原理和使用方法

一、面板结构

E312A 型通用数字频率计的面板如图 7-5 所示。

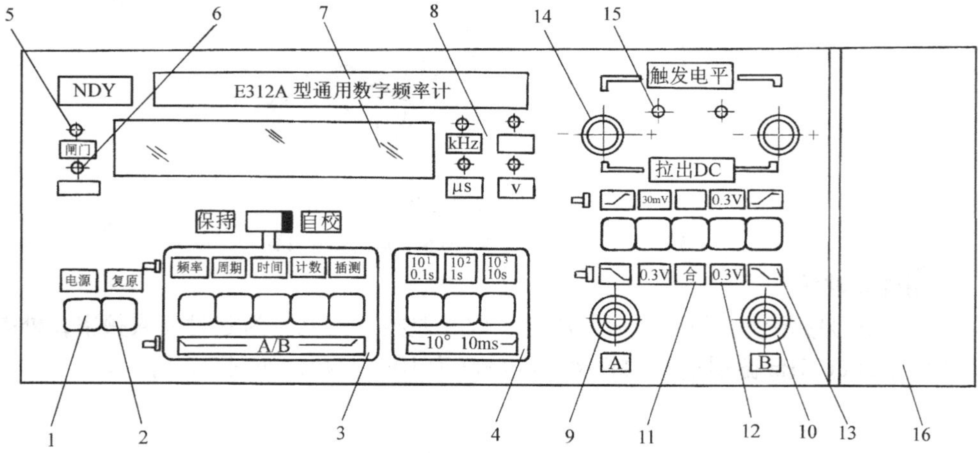

图 7-5 面板图

1—电源开关：按下接通机内电源，仪器可正常工作。

2—复原键：每按一次，产生一次人工复原信号。

3—功能选择模块：由三位拨动开关和五个按键开关组成。拨动开关处于右位时，执行自校功能，显示 10MHz 钟频；拨动开关处于左位时，保持显示拨动前的数据（在此两位置时，五个按键开关失去作用）；当拨动开关处于中间时，功能由按键位置决定。五个按键完成六种功能：测量频率、周期和时间，计数，插测及当五个键全部弹出时可进行频率比测量。

4—闸门选择模块：由三个按键组成，可选择四档闸门和相应的四种倍乘率。当三个键都弹出时，仪器选通 10ms 闸门或 10^0 倍乘。应结合功能选择来确定是闸门还是倍乘。测频率、自校时选择的为闸门，测周期、时间时选择的为倍乘率。

5—闸门指示：闸门开启，发光二极管亮（红色）。

6—晶振指示：晶体振荡器电源接通，发光二极管亮（绿色）。

7—显示器：八位七段 LED 显示，小数点自动定位。

8—单位指示：四种单位指示，测频率用 kHz 或 Hz（供功能扩展件用），测时间用 μs，测电压用 V（供扩展插件用）。

9—A 输入插座：频率和周期测量时的被测信号、时间间隔测量时的启动信号及 A/B 测量时的 A 输入均由此输入。

10—B 输入插座：时间间隔测量时的停止信号和 A/B 测量时的 B 信号均由此处输入。

11—分/合键：按下为“合”，B 通道断开，A、B 通道相连，被测信号由 A 输入；弹出为“分”，A、B 为独立通道。

12—输入衰减键：弹出时，输入信号不衰减进入通道；按下时，输入信号衰减 1/10 后进入通道。

13—斜率选择键：用来选择输入波形的上升沿或下降沿。按下：选择下降沿；弹出：选择上升沿。

14—触发电平调节器：由带开关的推拉电位器组成。通过电位器阻值的调整完成触发电平的调节。调节电位器可使触发电平在 -1.5 ~ 1.5V（不衰减）或 -15 ~ 15V（衰减时）之间连续调节。开关推入为 AC 耦合，拉出为 DC 耦合。

15—触发电平指示灯：表征触发电平的调节状态，发光二极管均匀闪烁表示触发电平调节正常，常亮表示触发电平偏高，不亮表示触发电平偏低。

16—外插件位置：当插入功能扩展单元时，就能完成插测功能的扩展。

二、技术性能

1. 测量功能

1）测量频率：1Hz ~ 10MHz（A 端输入）。

2）测量周期：10s ~ 0.4μs（0.1Hz ~ 2.5MHz）（A 端输入）。

3）测量时间间隔：0.25 ~ （$10^7 - 1$）μs（单线或双线输入）。

4）计数最大范围：$10^8 - 1$。

5）输出：不连续点的标准时间脉冲及 10MHz 时钟频率。

6）自检。

此外，本机还可配用多种功能扩展插件进行检测，以扩大主机的测量功能。例如，扩展测量频率上限，输出低频正弦波、三角波或矩形波，将测量结果自动打印等。

2. 技术指标

1）输入阻抗：对 A、B 输入端，$R_i \geqslant 500\text{k}\Omega$，$C_i \leqslant 30\text{pF}$。

2）时标和闸门时间：各设四组信号，周期分别为 10ms、0.1s、1s 和 10s。

3）倍乘率共设四种：$\times 10^0$、$\times 10^1$、$\times 10^2$ 和 $\times 10^3$。

4）显示及工作方式为八位 LED 数字显示，包括自动显示和自动测量。

5）人工复原时按人工复原钮，测量重新开始。

6）保持开关置保持状态，读数保持不变。

7）ED44—1 型石英晶振器的性能指标包括：标称频率为 5MHz，频率准确度为 $\pm 5 \times 10^{-8}$，频率稳定度为 1×10^{-8}/日。

三、基本原理

1. 电子计数式频率计测量频率的原理

测量频率的原理框图如图 7-6 所示。

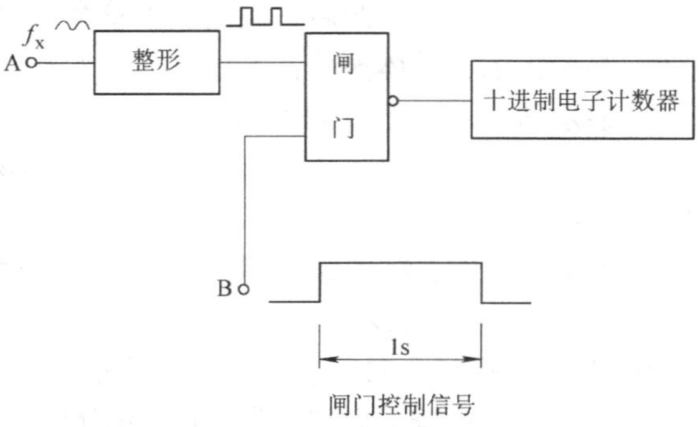

图 7-6　测量频率的原理框图

设 f_x 为待测频率，从 A 端输入，经整形电路变成矩形波，加到与非门的一个输入端。该与非门起主闸门的作用。在与非门的第二个输入端加闸门控制信号。控制信号为低电平时，闸门关闭，无信号进入计数器。控制信号为高电平时，闸门开启，整形脉冲进入计数器计数。控制信号经 1s 后再次为低电平，闸门开启恰为 1s。1s 内，N 个脉冲进入了计数器，计数器即显示出频率值 f_x（Hz），它的数值为 N。

2. 通用电子频率计

通用电子频率计原理电路图如图 7-7 所示。

（1）测量频率 f　将开关 S_3（S_{3a} 和 S_{3b}）置 f 处，S_0 置 1 位，S_{3a} 将由或门 14 引来的矩形波脉冲接至门控电路，闸门时间的长短由 S_1 转换。例如，S_1 置 10ms 档，与门 11 的一个输入端接高电平（5V），此门打开，S_{3b} 使与门 7 的一个输入端也接高电平，这时晶振（5MHz）经 5 分频和四个 10 分频后输出 100Hz 脉冲，再通过与门 7、或门 13、与门 11、或门 14 及门控电路得到闸门时间为 10ms 的矩形波，控制主门的开启。被测信号由 A 端输入，开关 S_0 置 1 位。在主门开启时间内，由计数器累计被测信号经放大整形后的脉冲个数，从而实现频率的测量。

（2）测量周期 T　将 S_{3b} 置 T 处，S_0 置 2 位，被测信号由 B 端接入。S_{3a} 仍接或门 14 的输出端，S_{3b} 使与门 6 的一个输入端接高电平，与门 6 打开。或门 12 来的标准时间脉冲由 S_2 决定。例如，S_2 置 100μs 档，与门 1 的一个输入端接高电平，经分频器来的 10kHz 脉冲（即 $T_0 = 0.1\text{ms}$），接至主门输入端。B 端来的被测信号经放大整形后通过与门 6、或门 13 至倍乘电路，若这时 S_1 置“×10”位（即闸门时间为 0.1s），则或门 13 来的信号经过 10 分频器扩展 10 倍，接至与门 10、或门 14、S_{3a} 和门控电路加到主门，这时主门开放时间为 $10T$。使 B 端输入的信号经过倍乘后控制主门开放时间，此时间内计数器对标准时间脉冲（由 S_0 来）进行计数，从而实现周期的测量。

（3）测量时间间隔 t_d　将 S_3 置 t_d 处，S_0 置 2 位。被测的两个信号分别加到 B 端和 C 端，触发 RS 触发器，其 Q 端通过门控电路控制主门开放时间。在此时间内利用对标准时间脉冲计数的方法实现时间间隔的测量。标准时间脉冲的频率由 S_2 选择。

（4）测量频率比 f_A/f_B（设 $f_A \geqslant f_B$）　将 S_3 置 f_A/f_B 处，S_0 置 1 位，将频率为 f_A 的信号接入 A 端，频率为 f_B 的信号接入 B 端，这时与门 6 打开，或门 14 的输出接门控电路，f_B 信号经与门 6、或门 13 至倍乘电路，门控电路控制主门的开启时间，相当于测量频率时的闸门信号。在此门开启时间内，计数器对 f_A 信号计数，从而实现频率比的测量。

3. E312A 型频率计的工作原理

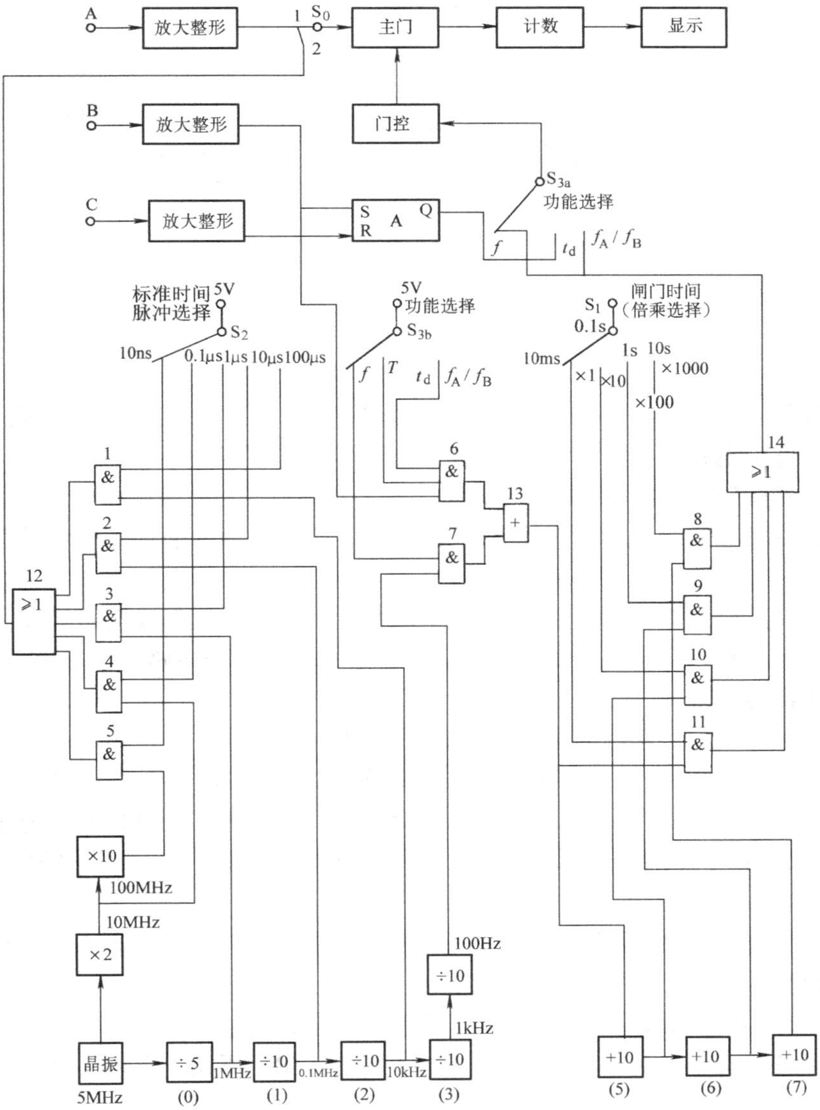

图 7-7　电子频率计原理图

E312A 型频率计由输入通道、计数及控制逻辑单元、晶体振荡器（标准信号源）、LED 显示器和电源等部分组成，整机原理框图如图 7-8 所示。整机电路总框图如图 7-9 所示。

（1）输入通道　该计数器设有 A、B 两个输入通道，为保证两通道在测量时的特性一致，故两通道的组成形式相同，均由衰减器、输入保护电路、阻抗变换电路、主放大器、整形电路、三态灯指示电路和控制选择门组成。

输入保护电路是由二极管和稳压管组成的双向限幅电路。阻抗变换电路是为了提高整机输入阻抗和利于与主放大器衔接而设置的。主放大器为 XFC—79（μA733）型集成宽频带放大器。整形电路由施密特触发器等构成，其输出为整形后的脉冲信号。FC—82A 型高速的集成电压比较器和发光二极管组成三态灯指示电路，用来表征整形电路的触发工作状态是否正常。当触发电平偏高时，施密特触发器不能正常翻转，比较器输出高电平，驱动发光二极

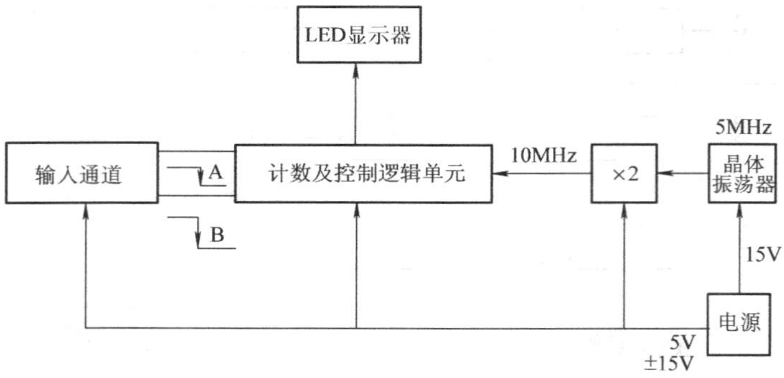

图 7-8　整机原理框图

管点亮，所以管亮表示触发电平偏高；同理，管灭表示触发电平偏低；当触发正常时，管均匀闪烁，表示整形电路工作正常。经放大整形成为矩形波的被测信号送往选择门，可根据具体测量要求，选择输入脉冲波形的上升沿或下降沿进行触发，其输出送至计数及逻辑控制单元。当用内插件测量时，频率计将关闭 A、B 通道的信号，而使插件来的信号输入到计数及逻辑控制单元。

（2）计数及控制逻辑单元　它由 ICM72268 型 CMOS 大规模集成电路组成，它包含有高频振荡器、十分频器、八位十进制计数器、寄存器、七段译码多路扫描电路及八位 LED 数码显示驱动电路等部分。

此单元电路除有 A、B 两通道输入外，还有时钟频率信号（10MHz）输入，闸门时间（周期倍乘）输入（有 10ms、0.1s、1s、10s 四种标准时间或 $\times 10^0$、$\times 10^1$、$\times 10^2$、$\times 10^3$ 四种倍乘率）、功能输入、手动复位输入和保持输入。该电路具有 8421BCD 码输出、复原输出、记忆输出、闸门时间输出、段码输出（a ~ g 及小数点 D_p）和扫描位脉冲信号（D_0 ~ D_7）输出。

显示驱动电路有无效零消隐功能，并有计数溢出指示，当测量结果因位数有限而产生溢出时，最高位显示器左上角的小数点点亮。

当 ICM72268 功能输入端和闸门时间（周期倍乘）输入端分别接入不同的扫描位脉冲信号时，其测量逻辑功能将发生变化，分别完成频率、A/B、周期、自校、时间间隔、插测等功能，实际使用时，只需操作面板上的“功能选择”及“闸门时间选择”按键即可。

在进行自校和频率测量时单位为 kHz，随着闸门时间不同小数点将自动定位。在进行周期和时间间隔测量时单位为 μs，小数点随倍乘的不同而自动定位。在进行 A/B 和计数测量时，无单位显示。测量 A/B 时小数点随倍乘不同而自动定位。计数测量时，小数点固定在最后一位常亮。

（3）标准信号源　本机采用 ED441C 型 5MHz 插入式小型恒温石英晶体振荡器作为标准信号源，为了向 ICM72268 提供 10MHz 时钟频率信号，采用了二倍频电路。

（4）显示器　由八位共阴型 LED 数码管组成数字显示屏，显示驱动电路采用动态驱动方式，数码管由七段电极（a ~ g）和小数点电极（D_p）组成。测量单位由单个的 LED 管指示。

（5）直流电源　本机采用集成度高的三端稳压器，提供 15V、－15V 和 5V 三组直流稳压电源，5V 输出端具有过电压保护电路，当某种故障引起输出电压升高超过 6.5V 后，保护管将被触发，输出接地，以起保护整机作用。

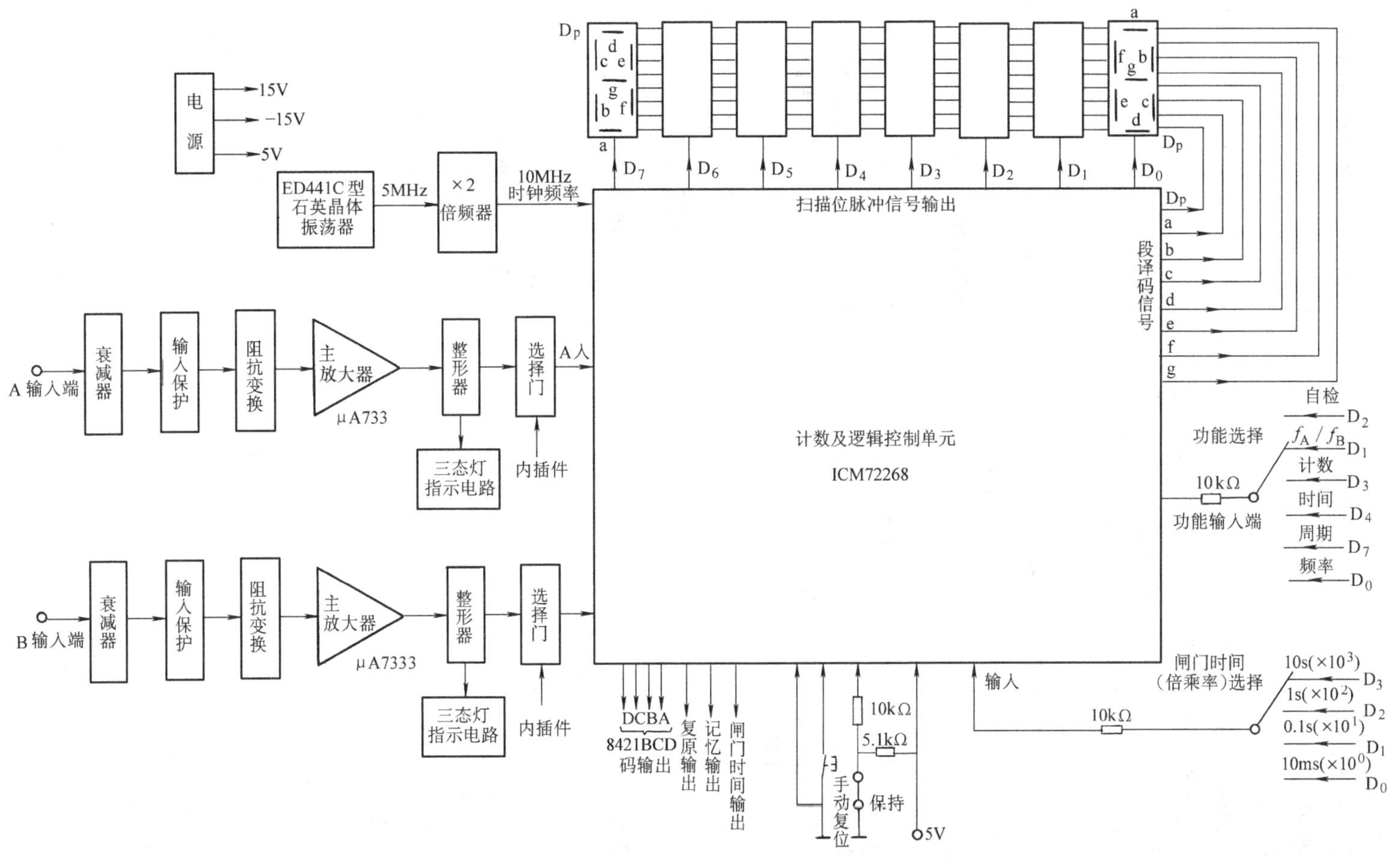

电源
15V
−15V
5V
ED441C型石英晶体振荡器
5MHz
×2倍频器
10MHz时钟频率
A输入端
衰减器
输入保护
阻抗变换
主放大器
μA733
整形器
三态灯指示电路
选择门
内插件
A入
B输入端
μA7333
扫描位脉冲信号输出
段译码信号
计数及逻辑控制单元
ICM72268
功能选择
自检
f_A/f_B
计数
时间
周期
频率
10kΩ
功能输入端
闸门时间（倍乘率）选择
10s(×10³)
1s(×10²)
0.1s(×10¹)
10ms(×10⁰)
输入
DCBA
8421BCD码输出
复原输出
记忆输出
闸门时间输出
5.1kΩ
手动复位
保持
5V

图 7-9　整机电路总框图

四、测量技能

1. 使用说明

使用前仔细阅读使用说明书，弄清面板各旋钮的作用，尽可能理解其工作原理和构成。

1）了解被测信号的情况：频率范围，电压高低，对准确度的要求，工作量的大小，是否需要自动测量等。

2）熟悉频率计的情况：频率的范围、输入灵敏度、时基频率、稳定度、时基准确度，是否经计量检定或校准过，是否能满足测量的要求。

3）选择测量仪器，确定实测方案和操作指南，保证达到测量频率的要求。

4）根据测频结果进行数据处理和误差计算等。

2. 测量方法

对满足仪器要求的信号，可以直接测量，有时不能满足要求，则需要解决下面的问题。

1）解决频率上限及输入灵敏度问题，保证能测出频率。

2）解决时基准确度及测量频率误差问题，保证测出的频率值真实可信，满足规定的准确度要求。

3）提高频率计测量频率的上限。E312A 测量频率的范围为 1Hz～10MHz（A 通道）。当被测频率大于 10MHz 时，频率计就测不出来或测不出稳定的结果。这是因为 E312A 中用于频率计数的大规模集成电路 ICM72268 的计数速度最高为 10MHz 多一点。频率再高，计数电路就工作不正常。频率扩展用预分频法或差频法。

① 预分频法。假如要求测量几十兆赫甚至几百兆赫的频率，可以采用扩展插件，按以下电路即可做出完全能用的频率扩展插件。电路图参照图 7-10，以 74LS196 分频，放大器也可用其他形式的。

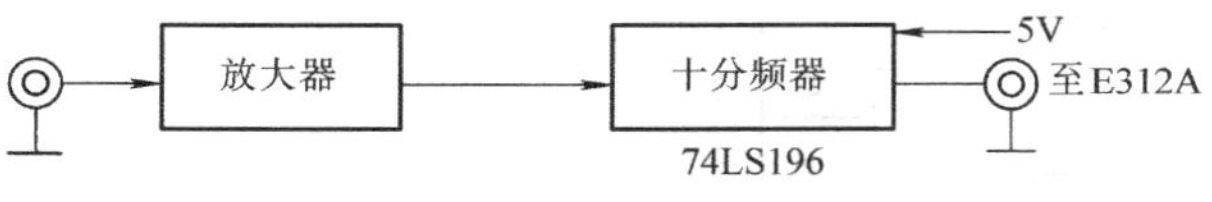

图 7-10　100MHz 频率扩展电路框图

图 7-10 中的 100MHz 预分频电路比较复杂，也可以将 74LS196 做成一块小单元电路，直接装入 E312A 的 A 输入通道的整形器后，如图 7-11 所示。**注意：**这样做后，显示值少了，小数点要右移一位。

② 差频法。提高测量频率上限也可采用将被测信号与已知标准信号混频取其差频送入频率计计数，其原理框图如图 7-12 所示。

图中 f_0 为标准频率源（例如，频率计中的高稳定度石英晶体振荡器，假设频率为 5MHz）。将 f_0 作 n 倍频（例如，$n=2$，$nf_0=10\text{MHz}$），再经谐波发生电路和谐波选择电路，输出 Nnf_0 标准频率信号（$N=1、2、3、\cdots$）。每次测频时，可用人工方法或自动方式选出一个适当的 Nnf_0 信号，使它与被测信号 f_x 混频后产生的差频信号 Δf 落在电子计数器可以测量的频率范围之内，于是，可由计数器得 Δf 的频率，然后算出 f_x 值。可

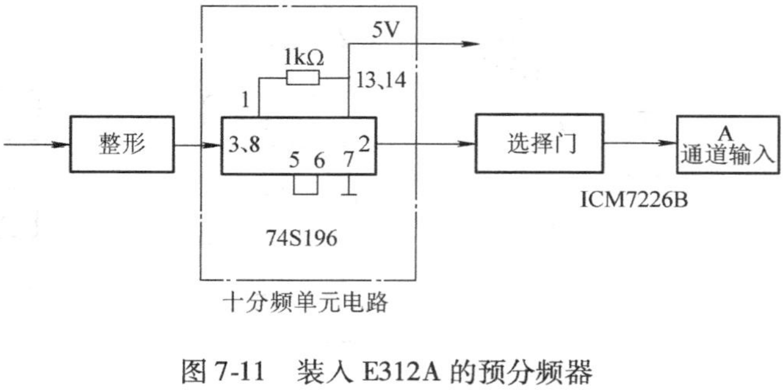

图 7-11　装入 E312A 的预分频器

以清楚地看出，差频法不需要工作频率很高的计数器，这使它能测量高达20GHz的频率，并且1s闸门时间计数频率的分辨力仍保持为1Hz。

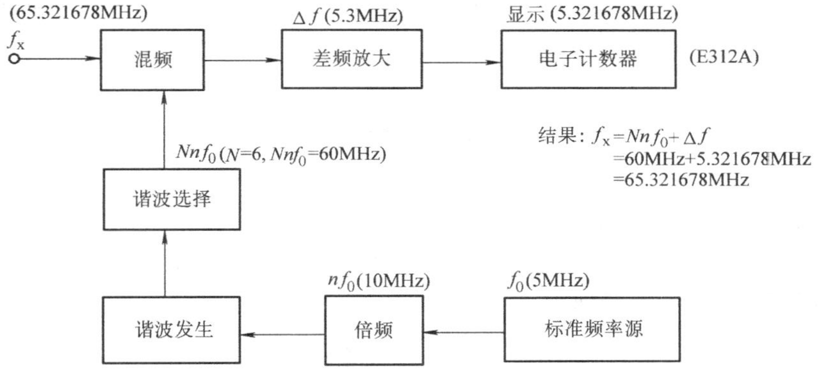

图7-12　差频法原理框图

4）提高频率计的灵敏度。普通频率计的输入灵敏度为±30mV（有效值），且对不同的频率范围，灵敏度有所不同。这主要与频率计中采用的输入放大器的性能有关。

实际工作中，被测信号的输出电压很小，甚至远小于30mV。这时可以采用以下方法，在信号进入频率计前，先行放大。

① 增加输入放大器扩展单元，如E312A在加扩展插件后，可使输入灵敏度提高至约1mV（有效值）。

② 自制输入放大单元，可以采用像电视天线放大器、其他高频或超高频放大器那样的单元电路，装入频率计中，或单独做成屏蔽的小盒放在频率计外，将被测信号放大到30mV以上即可。

③ 采用特制的选频放大器可以测量微伏量级的信号，例如，测量小功率电台发射的载波信号的频率或远处电台发射信号的频率等。测量这些微弱信号时，并不是将频率计用电缆与被测信号间连接，而是在选频放大器的输入端设置一根短的拉竿天线即可。

5）提高时基晶体振荡器的频率准确度。从频率计测量频率误差公式中可知，基准频率准确度（$\Delta f_0/f_0$）以及±1误差对测量频率准确度起决定作用。为使测量频率的准确度优于某值，时基准确度就必须优于该值。

当事先给出了测量频率准确度要求，需选购频率计时，可以选用内装高稳定度石英晶体振荡器（一般为带恒温槽或双层恒温槽的）的频率计，例如，频率稳定度优于10^{-8}的时基晶振频率计。

为了确切知道测量频率的准确度，最好在测量频率时对频率计的时基晶振频率进行“实时自校准”。此法能确知时基频率的准确度，即使原频率计中的时基晶振频率稳定度和准确度略差，只要晶振的短期稳定性较好，便可以获得较高的频率准确度。

对于恒温晶振，一定要预热足够长的时间，其频率才能比较稳定和准确。在室内使用的频率计，通常采用长期给恒温晶振通电，尽可能置于恒温条件下，定期送计量部门检校频率等办法提高时基晶振的准确度。

6）减小±1误差的影响。±1误差必须小于测量频率所要求的准确度。例如，要求测量50MHz频率，准确度应优于10^{-7}。采用1s闸门，直接计数5MHz，则±1的误差为±2×

10^{-7}，达不到优于 10^{-7}的要求。这时可采用闸门时间，如 $T_g = 10s$，这时 ±1 误差为 $\pm 2 \times 10^{-8}$，优于 10^{-7}，达到要求（假定时基频率准确度已优于 10^{-8}）。

在要求准确度更高时，可以采用延长闸门时间、将 f_x 倍频或采用新型的高分辨力计数器等方法，以保证测量频率的准确度。

本章小结

1. 本章介绍了测量频率的各种方法和原理。

2. 本章着重介绍了 E312A 型通用计数器的面板、技术指标、基本原理、测量方法及其测量频率的使用方法和注意事项。

习　　题

1. 频率计扩展上限频率的方法有哪些？
2. 怎样提高频率计测量频率的能力？
3. E312A 型通用计数器的技术性能有哪些？
4. 使用 E312A 型通用计数器要弄清哪几个问题？

第八章　扫频仪、频谱分析仪及失真度测量仪

第一节　扫　频　仪

一、概述

在电路设计或产品的生产、调试中，经常需要了解某个网络的幅频特性。网络的幅频特性是指当网络的输入电压恒定时，其输出电压随频率变化的关系特性。

测量网络幅频特性的基本方法有以下两种。

1. 点频法

点频法测量幅频特性的原理如图 8-1 所示。图中信号发生器为正弦波信号发生器，其输出频率及幅度均可按测量的需要进行调节，电压表用于测量被测网络的输入电压及输出电压，示波器监测它们的波形。

测量时，先将开关 S 置于“1”，按被测网络的测试条件调节信号发生器的输出频率和幅度，记下电压表此时的读数 u_i。然后将开关置于“2”，从低端开始按一定间隔改变信号发生器的输出频率，并保证在每次频率改变之后信号发生器的输出幅度不变，记下电压表此时的读数 u_o。将每个频率点及对应的输出电压在 K_U（U_o/U_i）—f 直角坐标系上描点，再连成光滑曲线，如图 8-2 所示，即得到被测网络的幅频特性曲线。

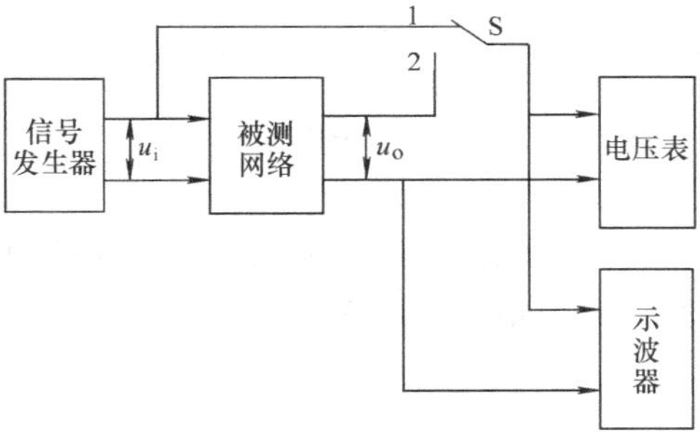

图 8-1　点频法测量幅频特性的原理图

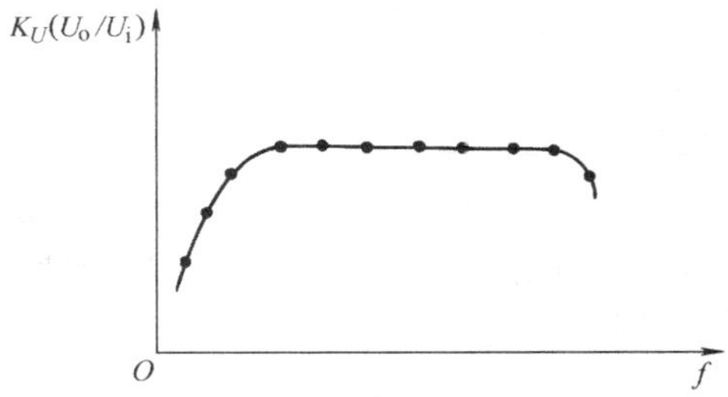

图 8-2　幅频特性曲线

点频法的优点是测量准确度高，不需要专用仪器设备；缺点是测量过程繁琐，工作量大，容易漏测某些细节。此外，这种方法属于静态测量，其结果与网络实际工作时的情况有一定的出入。

2. 扫频法

扫频法测量幅频特性的原理如图 8-3 所示。扫频信号发生器产生频率随时间作均匀变化、而振幅始终保持不变的正弦信号（即扫频信号）作为被测网络的测试信号，产生的锯齿波信号作为示波器的扫描信号。扫描信号的电压变化与扫频信号的频率变化同步。当等幅扫频信号加于被测网络时，网络的输出幅度将按自身的幅频特性变化。若网络的幅频特性不是平坦直线，则网络的输出信号便不再是等幅的扫频信号，而是一个幅度按被测网络的幅频特性变化的扫频信号。包络检波器取出该扫频信号的包络，并加至示波器的 Y 轴输入端。

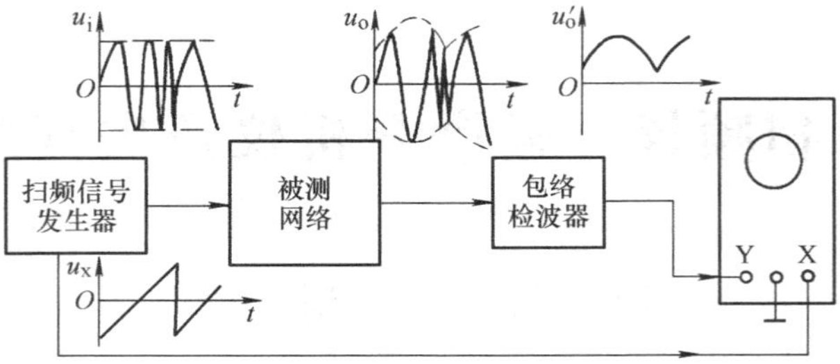

图 8-3　扫频法测量幅频特性的原理图

荧光屏将显示出 Y 轴输入端的包络信号。由于扫描信号与扫频信号同步变化，在这种特定条件下，荧光屏的水平轴即为频率轴，因此，荧光屏上所显示的包络波形即为被测网络的幅频特性曲线。

扫频法是一种半自动的测量方法，与点频法相比，它用扫频信号代替人工调节频率，用示波器代替电压测量及描点作图。所以，扫频法能使测量过程简捷，又不会漏测某些细节。扫频法属于动态测量，它能使测量结果与被测网络实际工作时的情况基本吻合。

二、扫频仪工作原理

扫频仪是频率特性测试仪的简称，根据扫频法的测量原理设计而成，其组成框图如图 8-4 所示。它由点画线框内的扫频信号发生器、频率标志电路、显示器及框外的检波探头等组成。检波探头是扫频仪外部的一个电路部件，用于直接探测被测网络的输出电压。检波探头与示波器的衰减探头外形相似，但电路结构和作用不同：它内藏晶体二极管，起包络检波作用。由图可见，扫频仪有一个输出端口和一个输入端口：输出端口输出等幅扫频信号，作为被测网络的输入测试信号；输入端口接收被测网络经检波后的输出信号。显然，在测量中，扫频仪与被测网络构成了闭合回路。

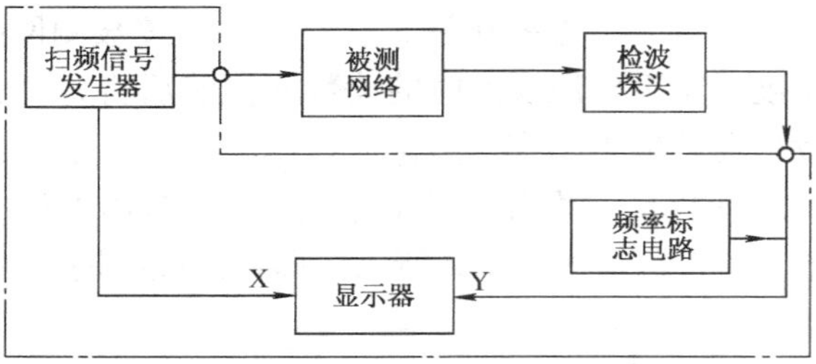

图 8-4　扫频仪的组成框

1. 扫频信号发生器

扫频信号发生器是一种正弦波信号发生器，它具有一般正弦波信号发生器的工作特性，其输出信号的幅度和频率均可调节。此外，它还具有扫频工作特性，其扫频范围（即频偏宽度）也可以调节。测量时要求扫频的寄生调幅尽可能小。扫频信号发生器一般包括扫描发生器、扫频振荡器、稳幅电路和输出衰减器等部分，如图 8-5 所示。

（1）扫描发生器　扫描发生器用于产生扫频振荡器所需的调制信号及显示器所需的扫描信号。扫描发生器的输出信号有时不是锯齿波信号，而是正弦波或三角波信号。这些信号一般是由 50Hz 市电通过降压之后获得，或由其他正弦信号经过限幅、整形放大及积分之后得到。调制信号与扫描信号的波形相同，不会使所显示的幅频特性曲线失真。

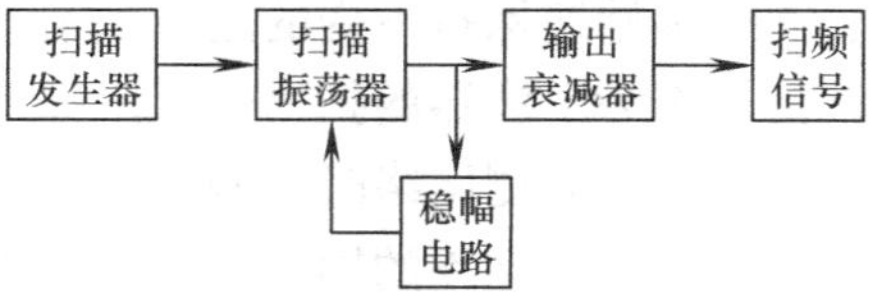

图 8-5　扫频信号发生器

（2）扫频振荡器　扫频振荡器是扫频信号发生

器的核心部分，其作用是产生等幅的扫频信号。在现代扫频仪中，扫频振荡器通常采用以下两种电路形式。

1）变容二极管扫频振荡器。变容二极管扫频振荡器的原理如图 8-6 所示。图中，VT 组成电容三点式振荡电路；VD_1、VD_2 为变容二极管，它们与 L_1、L_2 及 VT 的结电容组成振荡回路；C_1 为隔直电容；L_2 为高频扼流圈。调制信号经 L_2 同时加至变容二极管 VD_1、VD_2 的两端，当调制电压随时间作周期性变化时，VD_1、VD_2 结电容量也随之变化，结果使振荡器产生扫频信号。

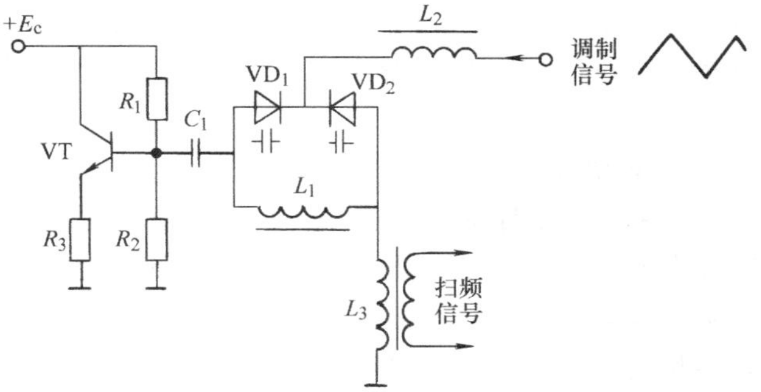

图 8-6　变容二极管扫频振荡器原理图

变容二极管扫频振荡器的优点是电路简单，频偏宽，对调制信号几乎不消耗功率。它一般用于晶体管化的扫频仪中。

2）磁调电感扫频振荡器。这是一种由调制信号控制电感量，从而产生扫频信号的振荡电路。由电路基础课程可知，带有磁心的线圈其电感量 L_c 为

$$L_c = \mu_c L$$

式中，μ_c 为磁心的有效磁导率；L 为空心线圈的电感量。

因此，若能使 μ_c 随调制电压而变化，则 L_c 也将随之变化。若将这样一个电感量 L_c 随调制电压变化而变化的线圈接入振荡回路，便可使振荡器产生扫频信号。

图 8-7 所示是磁调电感的原理图。图中 M 为普通磁性材料，m 为高磁导率、低损耗的高频铁氧体磁心，M 与 m 构成闭合磁路。W_1 为励磁线圈，当调制电流流入其中时，将使 M 中的磁通随之变化，磁心 m 的有效磁导率 μ_c 也发生变化，从而导致磁心线圈的电感量 L_c 变化。W_2 为偏磁线圈，用于在 M 及 m 中建立一个直流磁通。由于直流磁通与 m 的有效磁导率 μ_c 有关，因此，调节 RP 可以改变 L_c 的大小，因而可以改变扫频振荡器的中心频率 f_0。

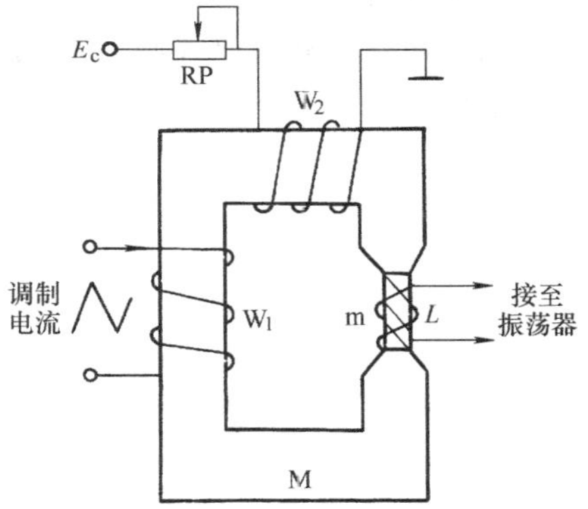

图 8-7　磁调电感的原理图

磁调电感扫频振荡器的优点是寄生调幅较小，但它要求调制信号的功率较大，因此，这种电路普遍应用于电子管化的扫频仪中。

(3) 稳幅电路　设立稳幅电路的目的是为了减小寄生调幅。无论是变容二极管扫频振荡器还是磁调电感扫频振荡器，在产生扫频信号的过程中都会不同程度地改变着振荡回路的 Q 值，从而使振荡幅度随调制信号的变化而变化，即产生了寄生调幅。寄生调幅会影响对幅频特性的测试，因此，应尽量加以抑制。

抑制寄生调幅的方法很多，最常用的方法是：从扫频振荡器的输出信号中取出寄生调幅分量并加以放大，再反馈到扫频振荡器去控制振荡管的工作点或工作电压，使扫频信号的振幅恒定。图 8-8 所示为其中一种稳幅电路的原理框图。

（4）输出衰减器　输出衰减器用于改变扫频信号的输出幅度。在扫频仪中，衰减器通常有两组：一组为粗衰减，一般是按每档为 10dB 或 20dB 步进衰减；另一组为细衰减，按每档为 1dB 或 2dB 步进衰减。大多数扫频仪的输出衰减可达 100dB。

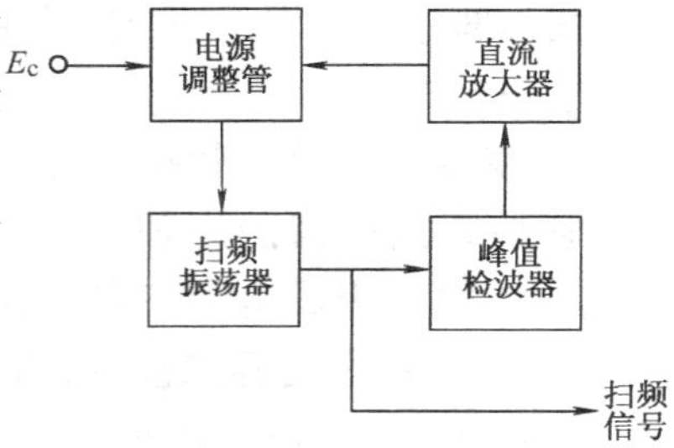

图 8-8　稳幅电路的原理图

2. 频率标志电路

频率标志电路简称频标电路，它的作用是产生具有频率标志的图形，以便于能在荧光屏上直接读测出某一点的频率值或某一段曲线的频率绝对值。频标的产生方法通常是差频法，其原理框图如图 8-9 所示。

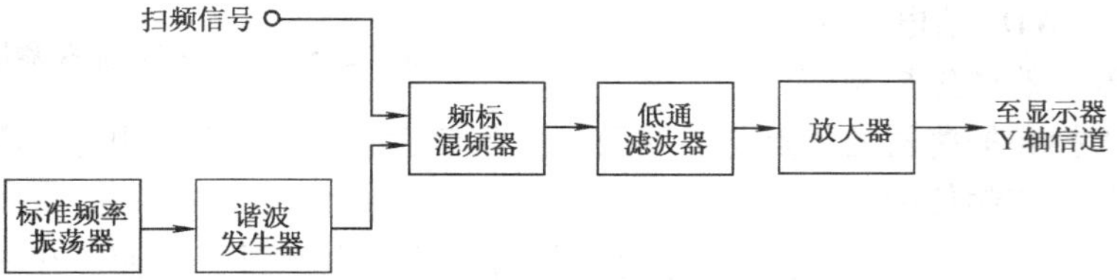

图 8-9　差频法产生频标的原理框图

图中，标准频率振荡器产生频率稳定度和准确度都非常高的单频振荡信号，该信号经谐波发生器产生出一系列的谐波分量，这些基波及谐波分量与扫频信号一起进入频标混频器进行混频。当扫频信号的频率正好等于基波或某次谐波的频率时，混频器产生零拍；而当两者的频率相近时，混频器输出差频（低频），差频值随扫频信号的瞬时频偏变化而变化。差频信号经低通滤波器及放大器后形成菱形状图形，这就是频标。图 8-10 给出了 5MHz 频标的形成过程。

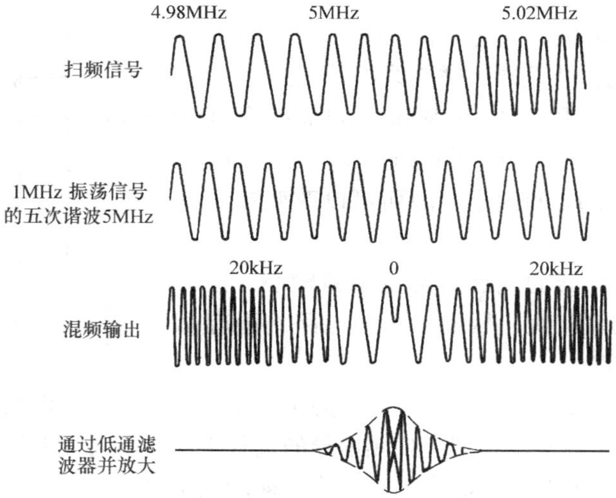

图 8-10　5MHz 频标的形成过程

谐波发生器输出的是一连串具有整数值的标准频率信号，这些信号与扫频信号差频的结果是：扫频信号的瞬时频率每经过一个标准频率点，频标电路便产生出一菱形状频标。因此，只要扫频信号的频偏足够大，频标电路便可输出一连串的频标。将这些频标直接送往示波器的 Y 轴信道，便可在荧光屏上形成一条“频率标尺”，如图 8-11 所示。从这条“频率标尺”即可方便地读出某一点的频率值或某一段曲线的频率绝对值。

3. 显示器

显示器实际就是一个工作于 X-Y 方式的示波器。示波器的 Y 轴信道相当于一个低频放大器，用于放大检波探头输出的包络信号。Y 轴信道通常带有影像极性开关以便在必要时将特性曲线倒置过来。X 轴信道中没有扫描发生器，它的主要部分是一个低频放大器，用于放大扫频信号发生器送来的扫描信号。

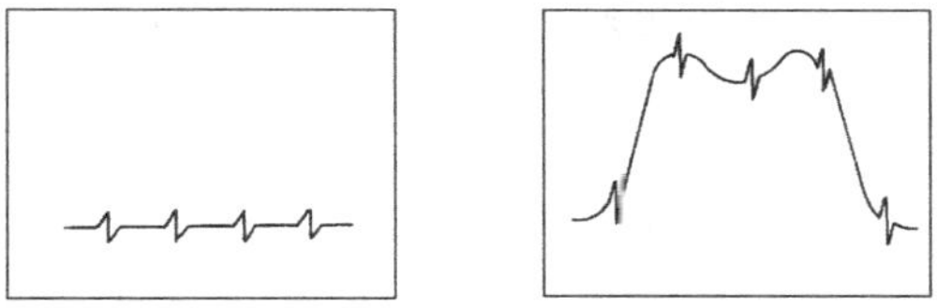

a）频率标尺　　b）叠加在曲线上的频标

图 8-11　荧光屏上的频标

三、AH1254B 型宽带扫频仪

AH1254B 型宽带频率特性测试仪是由晶体管及集成电路组成的电子测量仪器，其主要特点是：扫频宽度和中心频率均可在 1～300MHz 内连续调节；设置有直流电源输出，以方便对 VHF 频段高频头进行调测；具有点频信号输出，可作一般信号发生器使用。

1. 主要技术指标

中心频率：1Hz～300MHz 内连续调节。

扫频频偏：$\Delta F_{min} \leqslant 1MHz$，$\Delta F_{max} \geqslant 300MHz$。

扫频非线性系数：扫频频偏在 40MHz 内不大于 5%。

扫频信号输出电压：≥250mV。

扫频信号输出阻抗：75Ω。

寄生调幅系数：频偏在 40MHz 内不大于 5%，300MHz 内不大于 10%。

输出衰减：10dB×6、1dB×10 步进。

频标：1MHz、10MHz（复合）、50MHz 及外接。

Y 轴输入衰减：1、10 和 100 三档。

Y 轴输入灵敏度：4mV/DIV。

辅助电压输出：12V（0.5A），AGC 时 0～6V 可调，AFT 时 0～12V 可调。

38MHz 输出电压：≥100mV。

2. 工作原理

AH1254B 型宽带扫频仪的原理框图如图 8-12 所示。它由扫频信号发生器、频标发生器、显示器、38MHz 信号发生器及电源等部分组成。

扫频信号发生器包括矩形波及三角波发生器、线性频率变换器、扫频振荡器、混频器、定频振荡器、稳幅放大器、宽带放大器和衰减器等电路。矩形波及三角波发生器将降压后的 50Hz 市电放大、整形成为矩形波信号，再通过积分得到三角波信号。三角波信号一路送往 X 轴放大器作为扫描信号；另一路送往线性频率变换器进行非线性处理，使加至扫频振荡器的调制信号波形呈凹形上升状。这样处理的目的是为了补偿变容二极管的变容特性带来的非线性影响，使扫频信号的瞬时频率随时间线性变化。矩形波信号用于控制扫频振荡器，使得在电子束回扫期间振荡器停振，从而在荧光屏上形成一条水平基线。上述各信号之间的相互关系如图 8-13 所示。

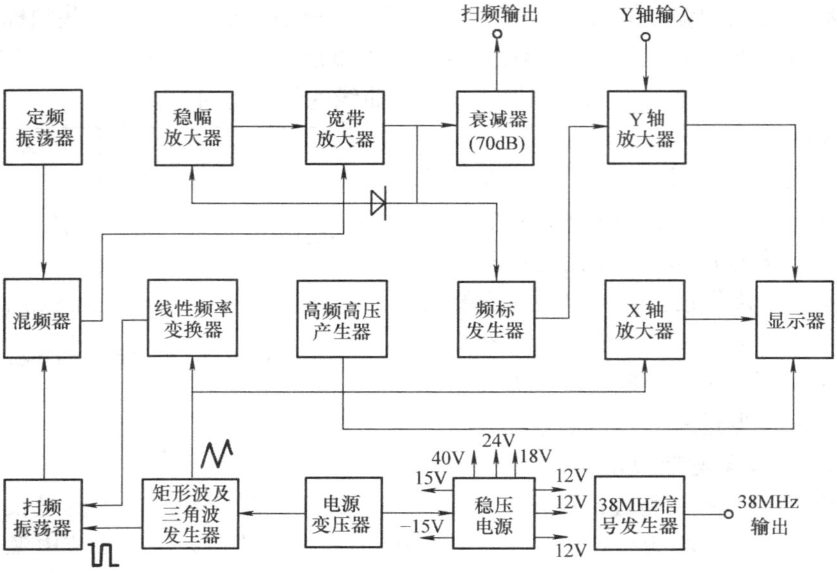

图 8-12　AH1254B 型宽带扫频仪的原理框图

为了使扫频信号有较宽的频率调节范围及频偏，本仪器通过差频方式来获取扫频信号。定频振荡器与扫频振荡器均工作于较高频率，它们的输出信号在混频器中混频后输出 1～300MHz 的扫频信号。该信号经带宽放大、衰减之后由面板直接读出。

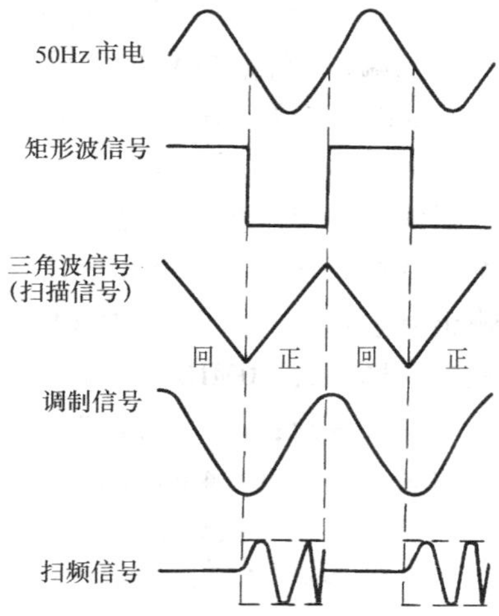

图 8-13　矩形波、三角波、调制及扫频信号之间的关系

3. 面板说明

AH1254B 型宽带扫频仪的面板图如图 8-14 所示。

1）“电源亮度”旋钮：控制电源的通断及曲线辉度，拉出时电源接通，旋钮顺时针旋转时，辉度加强。

2）“Y 轴位移”旋钮：控制曲线的上下移动，并兼作控制 Y 轴的输入耦合方式。旋钮拉出时为直流（DC）耦合，推入时为交流（AC）耦合。

3）“Y 轴增益”旋钮：调节曲线幅度大小。

4）“Y 轴输入”插座：接收被测网络经检波后的包络信号。

5）“影像极性”开关：开关拉出时屏幕上显示的幅频特性曲线与 Y 轴输入信号同方向（即同相），推入时为反方向（即反相）。

6）“Y 轴衰减”按键开关：控制曲线幅度的大小，有 1、10 和 100 三档衰减。

7）“频标选择（MHz）”按键开关：控制频标的频率值，有“1，10”、“50”、“外接”三档，其中“1，10”为复合档，即按下该键，屏幕上同时显示出 1MHz（幅度小）和 10MHz（幅度大）两种频标。

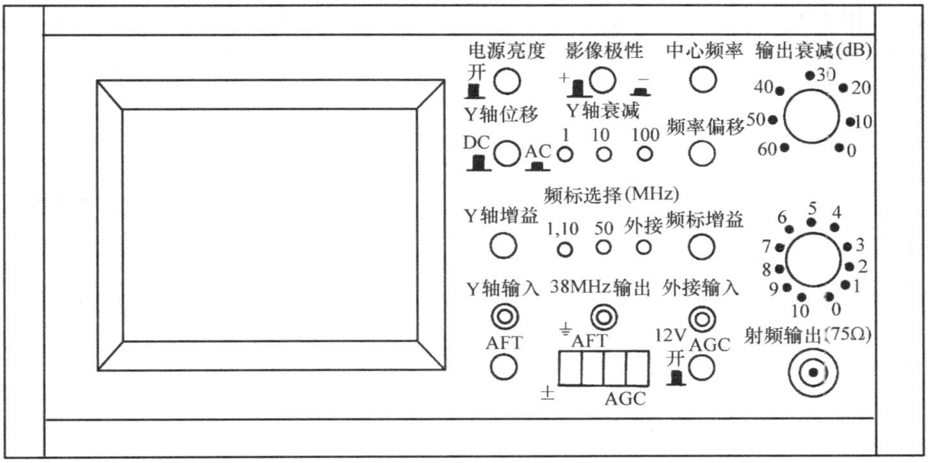

图 8-14　AH1254B 型宽带扫频仪的面板图

8）“中心频率”旋钮：调节扫频信号的中心频率。

9）“频率偏移”旋钮：调节扫频信号的频偏量。

10）“频标增益”旋钮：控制屏幕上频标幅度的大小。

11）“外接输入”插座：接收外部频标输入信号。

12）“输出衰减（dB）”开关：控制扫频信号的输出幅度，分粗衰减及细衰减两组，衰减量为两组开关读数之和。

13）“射频输出（75Ω）”插座：输出扫频信号。

14）“38MHz 输出”插座：输出 38MHz 的定频信号。

15）“±、AFT、AGC、12V”插孔：分别输出 AFT（0～12V）、AGC（0～6V）、12V 三路直流电压。这三路电压称为辅助电源。

16）“AGC”旋钮：旋钮拉出时，三路辅助电源接通。顺时针旋转时，AGC 插孔输出电压逐渐增大。

17）“AFT”旋钮：调节 AFT 插孔输出电压的大小。

18）“X 轴增益”旋钮：调节屏幕上扫描线的长短，不需要经常调整。

19）“X 轴位移”旋钮：调节扫描线在水平方向的位置，不需要经常调整。

20）“工作选择”开关；控制“射频输出(750Ω)”插座输出信号的类型，开关拨向“扫频”时输出扫频信号，拨向“点频”时输出定频信号，信号的频率由“中心频率”旋钮控制。在此状态下扫频仪相当于一台宽频信号发生器（1Hz～300MHz）。

4. 电气性能的检查及使用方法

（1）电气性能的检查

1）扫频范围的检查。“频标选择”置于 50，频标幅度调至适当位置，即对应于屏幕的中心位置，旋转“中心频率”旋钮时，扫频信号中心频率的移动范围应能在 1Hz～300MHz 内连续变化。

2）扫频频偏的检查：“频标选择”仍置于 50，“频标偏移”旋钮由最小旋至最大，频偏量应能在 1Hz～300MHz 内连续变化。

3）寄生调幅系数的检查：将连接“射频输出”端的电缆与连接“Y 轴输入”端的检波

探头对接，“粗衰减”及“细衰减”均置于0，“Y 轴衰减”置于1，调节“Y 轴增益”旋钮使屏幕上显示出高度适当的矩形方框，如图 8-15 所示。假设方框的最大高度为 A 格，最小高度为 B 格，则寄生调幅系数 m 为

$$m = (A - B)/(A + B) \times 100\%$$

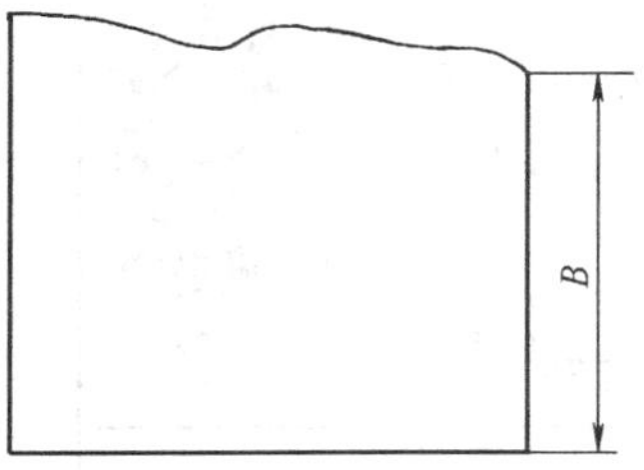

图 8-15　寄生调幅系数

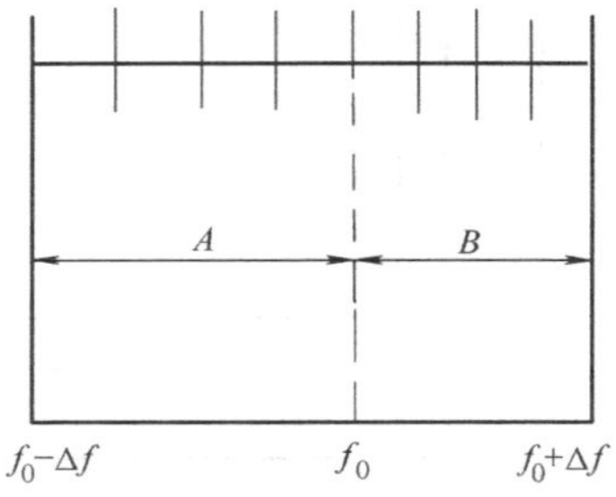

图 8-16　扫频非线性系数

4）扫频非线性系数的检查。仍按上述连接方法，“中心频偏”处于任意位置，调节“频率偏移”旋钮使频偏在 40MHz 以内，读测出在中心频率 f_0 两边频偏量 Δf 相等的水平距离（参见图 8-16），则扫频非线性系数 r 为

$$r = (A - B)/(A + B) \times 100\%$$

式中，A 表示频偏量为 Δf 时的最大距离；B 表示频偏量为 Δf 时的最小距离；非线性系数 r 应满足技术性能中规定的要求。

5）扫频输出电压的检查。将后面板上的“工作选择”开关置于“点频”位置，调节“频率偏移”旋钮使频偏最小，将超高频毫伏表接至“射频输出（75Ω）”端，此时整个频段内其输出电压应不小于 250mV。

（2）使用方法

1）仪器在测量之前应按上述说明进行电气性能的检查。

2）扫频输出电缆及检波输入电缆在接入被测网络时，应尽量最短，以免产生误差。

3）对于输出端带有检波电路的待测网络，与 Y 轴输入端相连接的电缆不应带有检波探头；当被测网络输出端带有直流成分时，Y 轴输入应选用 AC 耦合方式；当被测网络输入端带有直流成分时，应在扫频输出电缆上串接容量较小的隔直电容。

4）当需要特殊频率的频标时，可将“频标选择”开关置于“外接”，在“外接输入”插座上加入所需的信号电压（≥50mV）。

5）将后面板上的“工作选择”开关置于“点频”位置，频偏旋至最小，此时扫频仪可作为一般信号发生器使用。

6）在测试中，若需要 12V 稳压源或 AGC、AFT 电压时，则可用导线在面板上直接引出。当“AGC”旋钮拉出时，整个辅助电源接通。本辅助电源具有过载保护功能。

四、测量技能

1. 幅频特性的测量

根据被测网络的工作频率及测试条件，调节扫频仪面板上的有关旋钮，如“中心频率”、“输出衰减”等，并按图 8-17 所示电路连接，则可从荧光屏上获得被测网络的幅频特性曲线。

图 8-18 所示为几种常见网络的幅频特性曲线。从屏幕所显示的曲线可求得被测网络的

如下参数：

（1）增益（或衰减系数）K　记下屏幕上的曲线高度及扫频仪的输出衰减量（设为N_1）。将检波探头与扫频输出电缆直接相连，调节“输出衰减”开关，使屏幕上两根水平亮

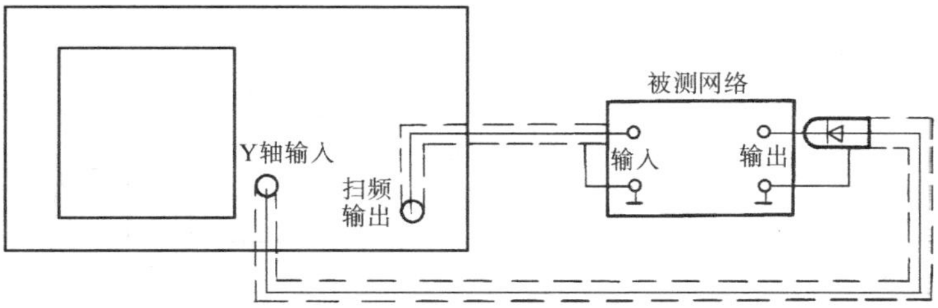

图 8-17　扫频仪与被测网络的连接示意图

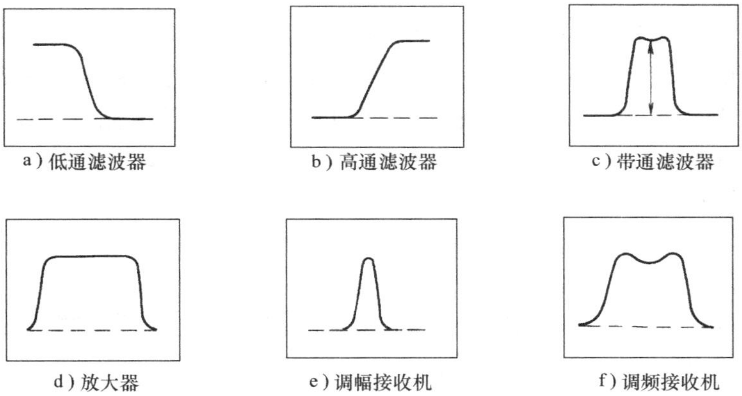

图 8-18　几种常见网络的幅频特性曲线

线距离与原来曲线高度相同，记下此时的输出衰减量（设为N_2），则被测网络的增益（或衰减系数）K（单位：dB）为

$$K = N_1 \times N_2$$

若$N_1 > N_2$，则说明被测网络有放大作用，K为增益；反之，说明被测网络存在衰减，K为衰减系数。在获得N_1读数之后，扫频仪的“Y 轴增益”旋钮不能再动，否则测量结果不准确。

（2）频带宽度B　利用扫频仪上的频标，可以方便地读出网络的频带宽度B。测量时，按照频带宽度的定义在曲线规定的范围内数出频标个数，再乘以频标所代表的频率值，则可求得被测网络的频带宽度B。

（3）Q值　根据回路Q值的定义，从屏幕上可方便地读出被测网络的Q值。如图 8-19 所示，假设幅频特性曲线上的a、b、c点分别对应于f_0、f_1、f_2频率值，则被测网络的Q值为

$$Q = f_0/(f_2 - f_1)$$

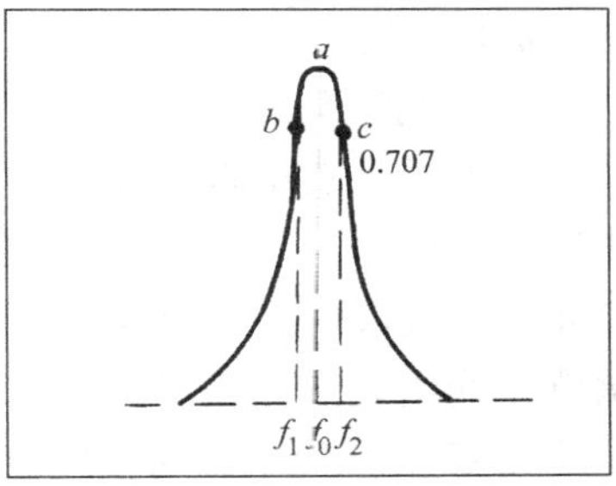

图 8-19　Q值测量图

2. 高频阻抗的测量

（1）输入阻抗和输出阻抗的测量　测量时按图8-20所示电路连接，图中RP_1、RP_2为无感可变电阻。

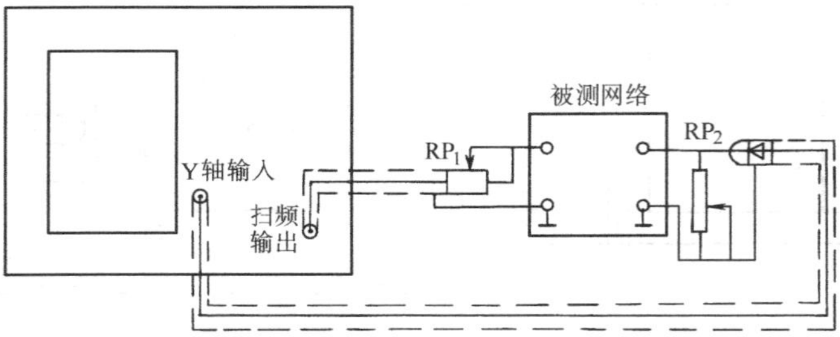

图8-20　测量输入、输出阻抗连接示意图

测量时，先将RP_1短路、RP_2断开，调节扫频仪面板上的有关旋钮、开关，使屏幕显示的幅频特性曲线的高度为A格，如图8-21所示。撤去RP_1上的短路线，调节RP_1直至屏幕显示的曲线高度为$A/2$格，则RP_1的电阻值即为被测网络的输入阻抗。将RP_1重新短路，使曲线高度仍为A格，接通RP_2并调节其值直至曲线高度为$A/2$格，则RP_2的电阻值即为被测网络的输出阻抗。

需要指出，当被测网络含有选频回路时，屏幕所示的曲线将不可能是一条平坦直线，这时可在曲线上选取一个参考点来测量，但所测得的阻抗值是对该频率而言。

（2）传输特性阻抗的测量　按图8-22所示电路连接，图中1为被测传输线。传输线的一端接可变电阻器RP，另一端与扫频输出电缆、检波探头并接。

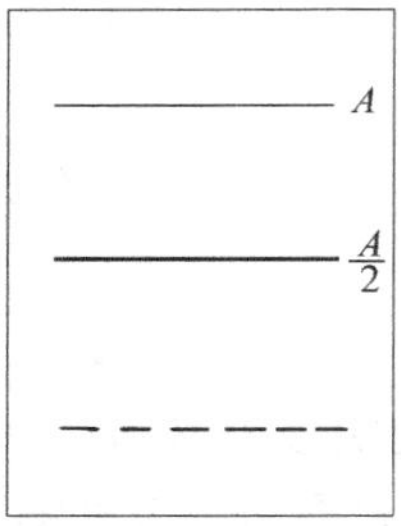

图8-21　曲线高度示意图

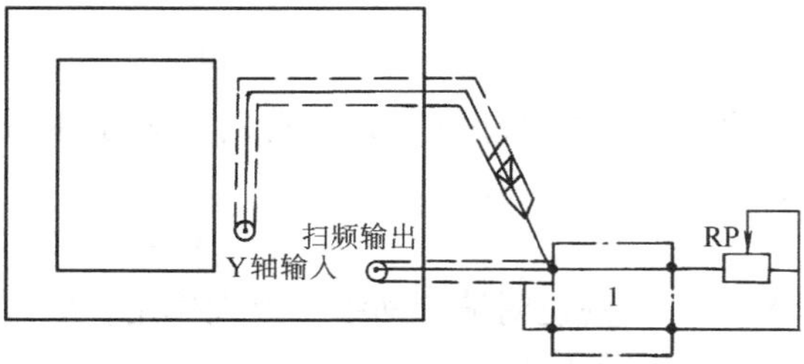

图8-22　测量传输特性阻抗示意图

测量时，调节可变电阻器RP直至屏幕上显示的波形为一平坦直线，此时RP的电阻值即为传输线的特性阻抗。

3. VHF高频头的测试

（1）高通滤波器的测试　在VHF高频头的高放输入端有一高通滤波器，对其幅频特性的测试，可按图8-23a所示电路连接。为了便于测量，可将高通滤波器的输出端与其后级电路脱离，并接入一只75Ω电阻。将扫频仪的“Y轴增益”旋至最大，“Y轴衰减”置于1，再调节“输出衰减”使屏幕上显示的特性曲线最大高度为5DIV，正常波形应如图8-23b所示，即频率小于40MHz时幅度应尽量小，频率大于50MHz时幅度应尽量大而且平坦，否则应调整电感线圈的匝数间疏密。

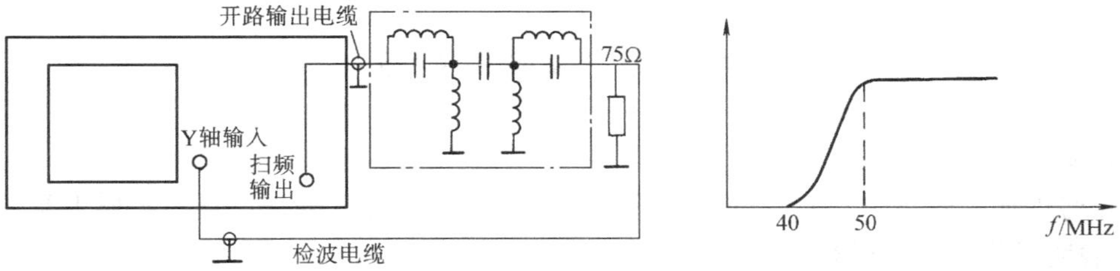

a）连接示意图　　b）幅频特性曲线

图 8-23　高通滤波器的测试

（2）高放曲线的测试　按图 8-24a 所示电路连接，根据频道调节扫频仪的中心频率，按上述方法调节 Y 轴衰减、Y 轴增益及输出衰减，即可逐一测得各频道的高放曲线。Y 轴采用交流（AC）耦合。图 8-24b 所示为典型的高放曲线。高频头总曲线的测试如图 8-24 所示。

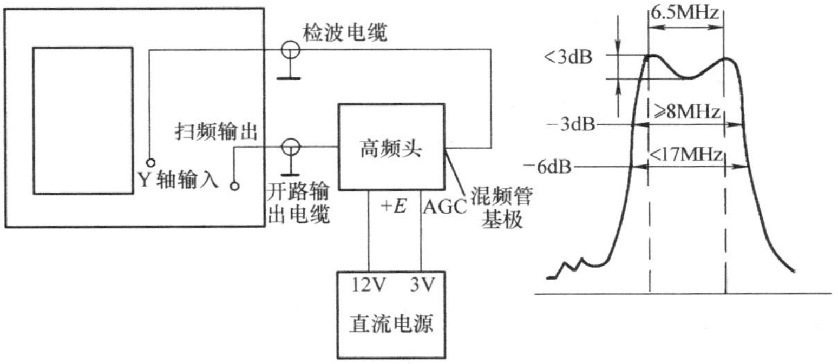

a）连接示意图　　b）高放曲线

图 8-24　高放曲线的测试

4. 图像中放曲线的测试

按图 8-25a 所示电路连接，首先将扫频仪的“Y 轴衰减”置于 10，“Y 轴增益”调至最大，“输出衰减”为 0dB，观察吸收频率是否落在正确位置上，不是则应调节吸收回路。然后调大“输出衰减”观察曲线是否符合图 8-25b 所示的要求。从第一级中放至预视放输出端的总增益应在 60dB 以上。

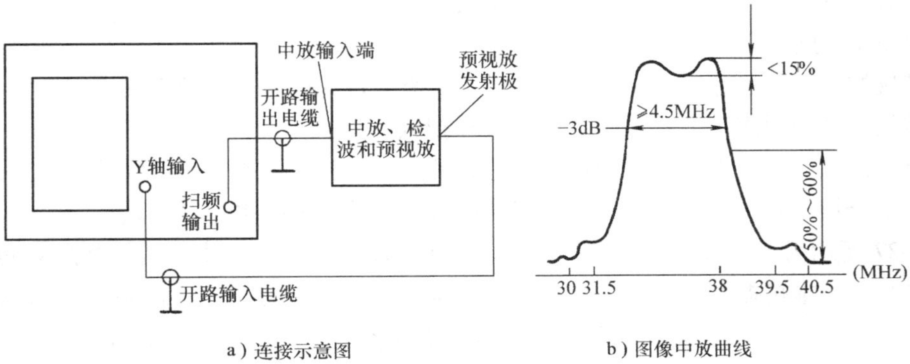

a）连接示意图　　b）图像中放曲线

图 8-25　图像中放曲线的测试

第二节　频谱分析仪

一、引言

对信号的研究既可以从时域进行分析，也可以从频域进行分析，它们本质上是相同的。图 8-26 表明了信号的时域和频域之间的关系。

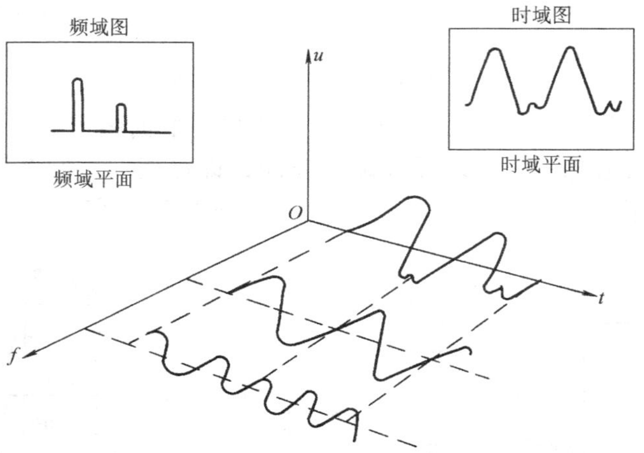

图 8-26　频域与时域的关系

图中，电压 u 是基波和二次谐波之和。用示波器显示时，能观察到电压的时域特性 $u(t)$，就是该信号电压在时域平面的合成曲线，即波形。用频谱分析仪分析时，可观察到信号所包含的频率分量，就是该信号电压在频域平面的频谱图。

在分析信号质量时，频谱分析仪和示波器可以从不同侧面反映信号的情况，因而可以相互配合使用。

用频谱分析仪分析信号，能同时显示出较宽范围的频谱，但只能给出振幅谱或功率谱，不能直接给出相位信息。

二、频谱分析仪介绍

频谱分析仪（简称频谱仪）是最重要的、精度较高的频域分析仪器，可用来测量信号电平、谐波失真、频率、频率响应、调制系数及频率稳定度等。

1. 频谱仪的基本原理

频谱仪按其原理可分为数字式及模拟式两大类，目前以模拟式频谱仪应用最为广泛。模拟式频谱仪可分为顺序滤波式、扫频滤波式和扫频外差式等。前两种目前很少采用，所以，本节重点讨论以扫频技术为基础的扫频外差式频谱仪。扫频外差式频谱仪是按外差方式来选择所需频率分量，其中频固定，通过改变本机振荡器的振荡频率达到选频。

图 8-27 所示为扫频外差式频谱仪的原理框图。图中，扫频振荡器是仪器内部的振荡源，相当于接收机的本机振荡器，但是它要受到锯齿波扫描电压的调制（调频）。当扫频振荡器的频率 $f_L(t)$ 在一定范围内扫描时，输入信号中的各个频率分量 f_{xn}（比如 f_{x1}、f_{x2}、…）和扫频信号在混频器中产生的差频信号 f_{on} 依次落入中频放大器的通频带内（这个通频带是固定的）获得中频增益后，经检波加到 Y 放大器，放大后再送至示波器的 Y 偏转系统，使亮

点在屏幕上垂直方向的偏转正比于该频率分量的幅值。

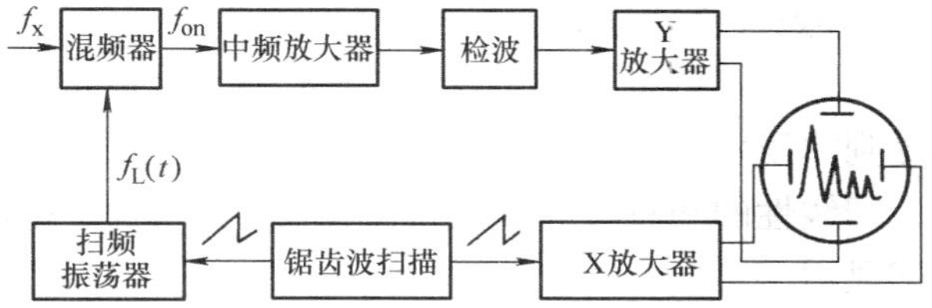

图 8-27　扫频外差式频谱仪的原理框图

由于示波器的扫描电压就是扫频振荡器的调制电压，所以水平轴已变成频率轴，因而在屏幕上显示被测信号的频谱图。

应该指出的是：外差法是以扫频振荡信号同被测信号进行差频，因此被测信号中的各分量以扫频速度依次落入中放的带宽内。由于中放的窄带滤波器总有一定的通带宽度，故在屏幕上看到的谱线实际上是一个窄带滤波器的动态幅频特性曲线。

实际上频谱仪的组成结构要比图 8-27 复杂得多，其组成结构与选频电平表相类似。为了获得高的灵敏度和频率分辨力，要采用多次变频的方法，以便在几个中间频率上进行电压放大。为了使幅值坐标"对数化"，还应在 Y 通道的检波器和 Y 放大器之间，接入对数放大器。

2. 频谱仪的主要工作特性

（1）扫频宽度与分析时间　扫频宽度又称分析谱宽，是指频谱仪在一次测量分析过程中（即一个扫描正程）显示的频率范围。为了观察被测信号频谱的全貌，需要较宽的扫频宽度；而为了分析频谱图中的细节，则需要窄带扫频。因此，频谱仪的扫频宽度，应该是可调的。每厘米相对应的扫频宽度，称为频宽因数。

每完成一次频谱分析所需要的时间，称为分析时间，即本机振荡的频率扫完整个扫频宽度所需要的时间，实际上就是扫描正程时间。扫频宽度与分析时间之比称为扫频速度。

（2）频率分辨力　频率分辨力是指频谱仪能够分辨的最小谱线间隔。它表征了频谱仪能把频率相互靠近的信号区分开来的能力。

在频谱仪屏幕上看到的被测信号谱线，实际上是一个窄带滤波器的动态幅频特性曲线，因此分辨力取决于这个幅频特性的带宽。一般定义：幅频特性的 3dB 带宽为频谱仪的分辨力。但由于窄带滤波器幅频特性曲线形状与扫频速度有关，所以分辨力也与扫频速度有关。

根据幅频特性的带宽和扫频速度这两个因素决定的分辨力，有以下两种情况：

1）扫频速度为零时，静态幅-频特性曲线的 3dB 带宽为静态分辨力。

2）在扫频工作时（扫频速度不为零），动态幅频特性曲线的 3dB 带宽为动态分辨力。一般静态分辨力在仪器说明书中已给出，而动态分辨力则与使用有关。很明显，动态分辨力低于静态分辨力，而且扫频速度越快，动态分辨力越低（带宽越宽）。

如何获得高的动态分辨力，是正确使用频谱仪的一个重要问题。从上述可知，动态分辨力不仅取决于静态分辨力，还在很大程度上取决于扫频速度。所以在使用中要力求工作在最佳的配合状态，以便获得较高的动态分辨力。

（3）灵敏度和动态范围　频谱仪的灵敏度是指在测量时显示微小信号的能力。一般定义，显示幅度为满刻度时输入信号的电平值，称为频谱仪的灵敏度。

灵敏度取决于仪器内部的噪声。尤其是在测量小信号时，信号谱线是显示在噪声频谱之上，为了从噪声频谱中看清楚信号谱线，一般信号电平应比内部噪声高出 10dB。另外，在扫频工作时，灵敏度还与扫频速度有关，扫频速度越快，动态幅频特性峰值越低（曲线越纯），导致灵敏度越低，并产生幅值误差。

频谱仪的动态范围是表征它同时显示大信号和小信号的真实频谱的能力。动态范围的上限受到非线性失真的制约，一般在60dB以上，有时可达90dB。频谱仪的幅值显示方式有两种，即线性的和对数的。为了在有限的屏幕高度范围内，获得较大的动态范围，一般采用对数式显示。

三、QF—4031型频谱分析仪简介

QF—4031型频谱分析仪具有频谱宽、幅度分辨力高、动态范围大、频率响应好等特点。可用于无线电信号的分析和测量。

1. 主要技术性能

频率范围：50Hz~1700MHz，分为两个频段，用4位LED显示。

扫频宽度：20Hz/DIV~100MHz/DIV，按1、2、5分档。

中频带宽：30Hz~300kHz（按1、3分档）。

幅度测量范围：在频段Ⅰ（50Hz~1700kHz）为－130~20dBm，在频段Ⅱ（10kHz~1700MHz）为－122~20dBm。

幅度显示方式：线性0~1.6。

对数显示准确度：±1.5dB/72dB、±0.3dB/8dB、±0.15dB/1dB。

扫描时间：0.1ms/DIV~10s/DIV（按1、2、5分档）或手扫。

扫描触发源选择：包括自动、电源、视频、外和单次5种。

内部校准信号：（1±0.01%）50Hz，－20dBm±0.5dBm；（1±0.01%）50MHz，－20dBm±0.5dBm。

2. 工作原理

仪器在第一频段工作时，采用两次变频方案，第一本振可工作于扫频状态，一中频为4.8MHz，二中频为1.5MHz。在第二频段工作时采用三次变频方案，第一本振和第二本振都可工作于扫频状态，一中频为2.3GHz，二中频为70MHz，三中频为1.5MHz。可见所有被测信号经变频后的最后中频信号都为1.5MHz。

在1.5MHz中频放大部分有一级增益连续可调放大器，用于电平校准。三级增益步进可调的放大器，可按0dB、10dB、20dB改变放大器增益。一级是按1dB步进调整的衰减器，最大衰减量是10dB，用于增益细调。中放带宽可调，其中300kHz、100kHz、30kHz、10kHz带宽调整由两只*LC*滤波器完成，3kHz、1kHz、300Hz、100Hz、30Hz带宽调整由晶体滤波器完成。使用时可根据分辨力的需要进行选择，从而显示较窄的谱线间隔。

锯齿波信号发生器的输出一方面加至X偏转电路作为扫描电压，另一方面加至本机振荡器，用以产生扫频测试信号。在频段Ⅰ可产生20Hz/DIV~100kHz/DIV的扫频信号；在Ⅱ频段，第一本振用于宽带扫频，扫频宽度为1~100kHz/DIV。

当仪器工作于零扫状态时相当于一部人工调谐校准收音机，由于其频率和幅度经过校准，可作为选频电压表使用。

第三节　失真度测量仪

所谓失真，通常指原始信号经过传输设备以后发生的输出畸变。失真度测量仪是测量失真度的专用仪器。失真度测量仪可以用来测量低频放大设备的频率失真、非线性谐波失真以及相位失真。本节介绍失真度测量仪的基本组成和原理，以及失真度测量仪的应用。

一、失真度测量仪的基本组成和原理

本节以应用十分广泛的国产 SZ—3 型失真度测量仪为典型例子，介绍失真度测量仪的基本组成和原理。失真度测量仪的原理框图如图 8-28 所示。仪器由五个组成部分：电桥电路、电压表电路、平衡输入变压器、示波管电路和稳压电路。

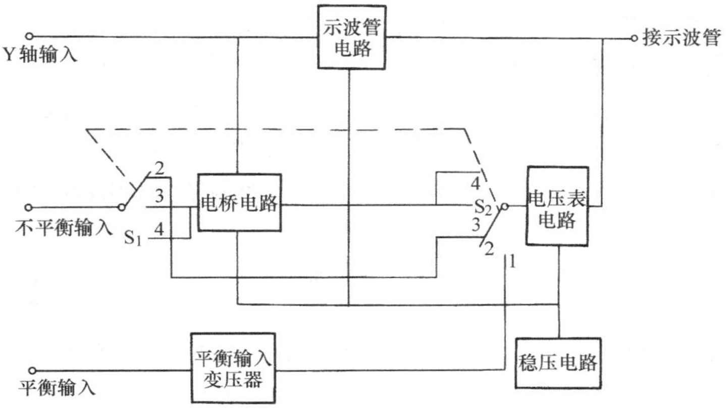

图 8-28　失真度测量仪的原理框图

SZ—3 型失真度测量仪测试的失真度的定义是

$$K = \frac{\sqrt{U_2^2 + U_3^2 + \cdots + U_n^2}}{\sqrt{U_1^2 + U_2^2 + U_3^2 + \cdots + U_n^2}} \times 100\%$$

式中，U_1、U_2、U_3、U_n 分别为基波、二次谐波、三次谐波及高次谐波的有效值。而非线性谐波失真度的定义应为

$$K_f = \frac{\sqrt{U_2^2 + U_3^2 + \cdots + U_n^2}}{U_1} \times 100\%$$

很明显 $K \neq K_f$，但在被测信号的失真度小于 30% 时，可依照下式进行修正，$K_f = K/(1 - K^2)$。

下面主要结合 SZ—3 型失真度测量仪的几种不同工作状态介绍它的基本工作原理。

当测量选择开关 S_1（4 位联动开关）置于第 1 档（即“分贝”档）位置时，平衡输入变压器参与工作，测量仪接成一台平衡式电压表，可以用来测量有线传输平衡电路输出的音频信号电压。被测信号由平衡输入接线柱输入，经平衡输入变压器后直接加到电压表，使电压表作出相应指示（此时可出分贝指示数）。

当测量选择开关 S_1 置于第 2 档（即“电压档”）位置时，测量仪作为一台平衡式电压表，可测量一般无线电设备的音频电压的大小。被测信号由不平衡输入插孔输入后，直接加到电压表电路，使电压表作出相应的电压指示。

当测量选择开关 S_1 置于第 3 档（即“校准”档）位置时，测量仪处于失真度测量前的校准状态。此时电桥电路不起滤波作用，由于电桥电路的文氏电桥并联臂被短路。被测信号由不平衡输入插孔接入电桥电路，全部信号通过电桥电路，电压表指示值是被测信号的总的有效值。调节“校准控制”电位器，使电桥电路输出一个定值（10mV）校准信号，直接加入电压表电路，使电压表在 100%（即 1V）档时，指示在满刻度值位置，此值即为 $\sqrt{U_1^2+U_2^2+U_3^2+\cdots+U_n^2}$。

当测量选择开关 S_1 置于第 4 档（即“失真度”档）时，测量仪进行失真度测量。此时，文氏电桥正常工作，桥路能将被测信号中的基波分量滤除（调节其调谐元件使电压表指示最小，即表示基波已滤除），此时电表指示值即为被测信号中的高次谐波分量的总有效值，也就是失真度值。例如，指示 0.1V，则与校准值 1V 相比为 10%，所以失真度为 10%；指示值为 0.01V，则与校准 1V 相比为 1%，所以失真度为 1%。

SZ—3 型失真度测量仪具有示波管电路，该电路包括垂直放大器、水平放大器和示波管。示波管的垂直和水平方向的偏转分别受来自垂直放大电路和水平放大电路信号的控制。电压表电路的输出经降压后接到示波管的水平放大器。电桥电路的第一组放大器输出接到示波管的垂直放大器。当电桥电路不工作时，也可用 Y 轴输入端的输入控制示波管垂直方向偏转的信号。

在进行失真度测试时，被选频的基波电压控制着示波管垂直方向的偏转，而通过电桥电路被滤除基波后的谐波电压，通过电压表电路控制着示波管水平方向的偏转。这样在进行失真度测量时，在示波管上将显示李沙育图形，可根据荧光屏上的李沙育图形，近似地分析出被测信号中谐波信号的主要成分。失真度测量仪的电源部分采用了电子稳压电路，以保证仪器的稳定工作。

二、失真度测量仪的使用

失真度测量仪虽然型号有多种，但是它们的基本使用方法和应用是一样的。本节以应用十分广泛的国产 SZ—3 型失真度测量仪为实例，介绍失真度测量仪的面板装置和它的应用。

SZ—3 型失真度测量仪是能测量低频放大设备的频率失真、非线性谐波失真以及检查相位失真的测量仪器，它还可以作为单独的平衡式或不平衡式音频电压表使用。SZ—3 型失真度测量仪测量失真度的基波频率范围为 29Hz ~ 20kHz（连续可变），可测失真度范围为 0.03% ~100%，准确度为 ±5%（满刻度）。

1. 面板装置

失真度测量仪的面板如图 8-29 所示。面板上的控制装置的作用按图中标号介绍如下：

1—测量选择开关：有分贝、电压、校准、失真度 4 档。当开关置于“分贝”档时，仪器作为平衡式电压表；当开关置于“电压”档时，仪器作为不平衡式电压表；当开关置于“校准”档时，仪器处于失真度测量前的校准状态；当开关置于“失真度”档时，仪器可进行失真度测量。

2—不平衡输入插孔：当测量选择开关置于“电压”、“校准”、“失真度”档时，被测信号（不对称信号）通过仪器所配备的不平衡输入电缆经不平衡输入插孔输入。

3—平衡输入接线柱：当测量选择开关置于“分贝”档时，被测信号（对称信号）由平衡输入接线柱输入。

4—扳键开关：有 1V、16V、250V 档。测量失真度时，根据被测信号电压的大小选择相应的档级。

5—校准控制旋钮：进行失真度测量前的校准时，调节校准控制旋钮，在 100%（1V）档，使电压表指示于满刻度（即“100”处）。

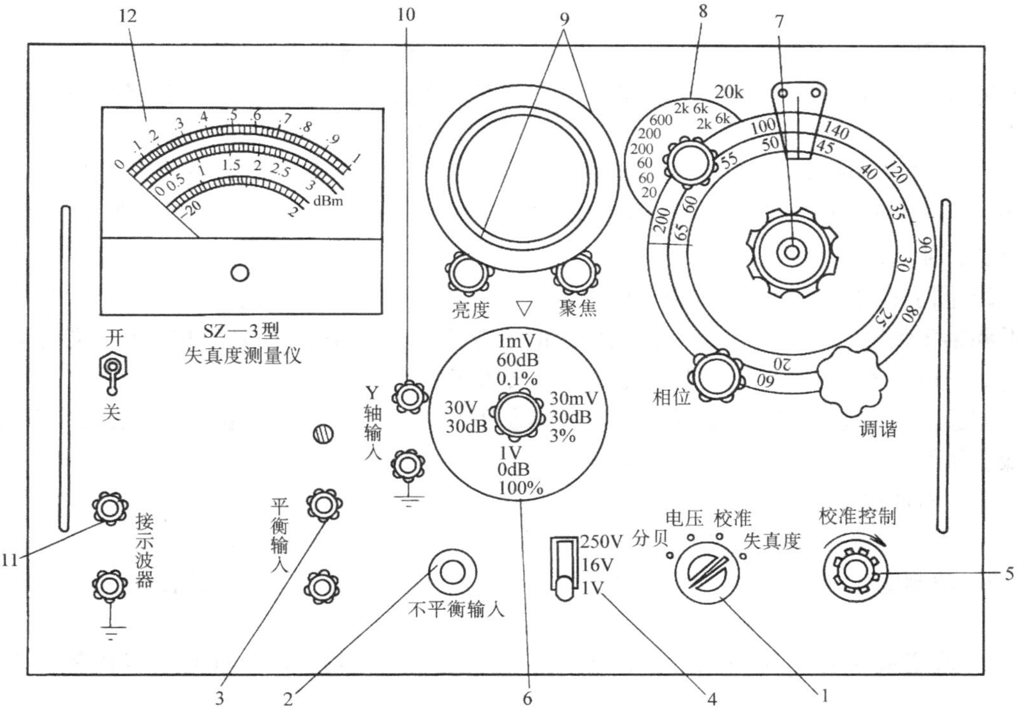

图 8-29　失真度测量仪的面板图

6—量程选择开关：有 12 档，电压（电平）和失真度刻度分别是 300V（50dB）；100V（40dB）；30V（30dB）；10V（20dB）；3V（10dB）；1V（0dB）、100%；300MV（－10dB）、30%；100MV（－20dB）、10%；30mV（－30dB）、0.3%；10mV（－40dB）、1%；3mV（－50dB）、0.3%；1mV（－60dB）、0.1%。

7—调谐刻度盘和相位旋钮：进行失真度测量时，需反复调节调谐刻度盘和相位旋钮，使电压表指示最小（即表示基波已滤除）。

8—频段选择开关：分 6 档，分别是 20～60Hz，60～200Hz，200～600Hz，600～2000Hz，2～6kHz，6～20kHz。测量失真时，可根据被测信号频率选择相应的档级。

9—亮度和聚焦调节旋钮：调节荧光屏上亮点或图形的亮度和聚焦，以获得清晰的观察图形。

10—Y 轴输入接线柱：用 SZ—3 型失真度测量仪检查放大设备的相位失真时，被检查的放大设备的输入信号由 Y 轴输入接线柱输入到示波管电路，输入信号不应超过 280mV（有效值）。

11—连接示波器接线柱：SZ—3 型失真度测量仪通过该接线柱外接示波器，用来同时监视被测信号波形及总谐波信号波形，以判别波形失真性质。

12—电压表：电压表表盘上有三条刻度，第 1 条 0～1，是电压和失真度刻度线；第 2 条 0～3，是电压和失真度刻度线；第 3 条－20～2，是分贝刻度线，这条刻度线是按 600Ω 阻抗时刻度的。

2. 使用方法与技巧

（1）准备工作

在使用前先将量程选择开关放在“300V”档，测量选择开关放在“电压”档。然后，接通电源，指示灯亮，表明仪器开始工作，将仪器预热 15～30min，再按下列顺序检查仪器噪声。

1）将不平衡输入端短路，测量选择开关放在“电压”档，量程选择开关放在“1mV，0.1%，－60dB”档，此时电压表指示值不应超过 0.02mV，否则，应调整仪器背后的灯丝电位器，使指示值合格。

2）同上述条件，将测量选择开关放在“失真度”档，频率刻度盘置于第 1 频段 50Hz 附近和第 2 频段 100Hz 附近，电压表指示值不能超过 0.25mV。否则在做好上述准备工作后，调整灯丝电位器 R_2 和 R_3，使其合格，即可转入正常测试。

若通过灯丝电位器调整，上述两项指示仍不合格，则应将交流电源插头反插后重复上述步骤。做好上述准备工作后，即可转入正常测试。

（2）电压测量（不平衡输入）

1）将量程选择开关放在“300V”档，测量选择开关放在“电压”档。

2）被测电压经本仪器所配备的不平衡输入电缆接到不平衡输入端，电压表即作出指示。

3）改变量程选择开关位置，使电压表指针作出明显指示（即电压表指针有较大偏转）。

根据量程选择开关位置，由电压表表盘的相应刻度线读出被测电压数值。具体读数举例：当量程选择开关置于“300V”档，应根据电压表表盘上第 2 条刻度线（0～3）读数，若此时电压表指针指于 2 处，则应该作为 200V（满刻度为 300V）。当量程选择开关置于“100mV”档时，应根据电压表表盘上的第 1 条刻度线（0～1）读数，若此时电表指针指于 0.8 处，则应读作 80mV（满刻度为 100mV）。

（3）电压和电平测量（平衡输入）

1）将量程选择开关放在“300V”档，测量选择开关放在“分贝”档。

2）被测电压经平衡电缆接到平衡输入端，电压表即作出指示。

3）改变量程选择开关位置，使电表指针作出明显指示（即电压表有较大偏转）。

4）根据量程选择开关位置，由电压表表盘的相对应刻度线读出被测电压数值。

5）在进行平衡输入测试时，应注意必须将本仪器面板上任一接地点与电源地电位相连。

（4）失真度测量（不平衡输入）

1）将被测电压信号经本仪器所配备的不平衡电缆接入不平衡输入端，按不平衡电压测量法，测出被测电压值。

2）根据被测电压的大小，将扳键开关放在被测电压相应位置（250V、16V 或 1V），测量选择开关放在“校准”档，频段选择开关放在被测电压频率的相应频段，量程选择开关放在“100%”档。

3）适当调节示波器亮度和聚焦旋钮，使荧光屏上图像清晰。

4）调节校准控制旋钮，使电压表指示满刻度（100% 处）。然后将测量选择开关放在“失真度”档（此时表头指示将下降）。

5）反复调节调谐刻度盘及相位旋钮，使电压表指示最小，同时相应改变量程选择开关位置，以提高电压表指示灵敏度，使电压表指针指示在明显的位置上。

6）根据量程选择开关位置，在电压表上读出失真度百分数值。

具体读数举例：当量程选择开关在“1%”档时，应读第1条刻度线（0～1），若此时指针在0.8处，则应读作0.8%。量程选择开关在“0.3%”档时，读第2条刻度线（0～3），若此时指针在2.8处，则应读作0.28%。

7）测试完毕，将测量选择开关放回校准位置。电压表指示仍应在100%位置，否则要重新按上述步骤复测。

8）每一次测量结束，应将量程选择开关放回100%档位置。

（5）使用注意事项

1）失真度测量仪工作时，应与被测设备及有关仪器有统一的地线，以防止产生剩余干扰噪声。

2）无论在电压测量或失真度测量中，都要估计被测信号幅度，将量程选择开关或扳键开关放在较大位置，以防止信号幅度过大使表头过载而损坏。

3. 应用举例

（1）音频放大器谐波失真的测量　音频信号调到400Hz或1000Hz，信号幅度调到使被测放大器有额定功率输出时的电压。按不平衡电压测量法测出其额定功率时的电压值后，将扳键开关放在与被测电压相应的位置，测量选择开关转到“校准”档，频段选择开关放在适当的频段，量程选择开关放在“100%”档。

适当控制示波器亮度、聚焦旋钮，使图像清晰。调整校准控制旋钮，使电压表指示在满度“100%”处，然后将测量选择开关放在“失真度”档，反复调节粗调旋钮及相位旋钮，使电压表指示为最小，同时为了提高电压表的指示灵敏度，相应地改变量程选择开关位置，失真度百分数可直接由电压刻度上读出。

逐点改变信号发生器的频率，按上述过程测出各种不同频率时的谐波失真度。通常测量可选取200Hz、400Hz、1000Hz、1500Hz、3000Hz、5000Hz、10000Hz。每次测量完毕，应将测量选择开关放回“校准”档，否则要重新校准复测。一般收音机的音频放大器，其输出电压的失真度在200Hz～400kHz范围内不应大于5%。

（2）音频放大器相位失真的测量　按图8-30所示电路连接测量电路。由于SZ—3的“Y轴输入”处所加信号幅度不能大于280mV，加上被测音频放大器输出幅度不一致，需要外加合适的电阻分压器，将音频信号发生器的输出电压进行合理控制，但必须保证电阻分压器不产生相移。

控制音频信号发生器输入到被测音频放大器和本仪器“Y轴输入”的信号同相位，将测量选择开关调到“电压”档。控制两组电阻分压器，将音频信号发生器在400Hz或1000Hz时的输出幅度调到使示波器显示为一条45°斜线。

然后，保持信号发生器输出幅度不变，逐点改变频率并观察示波器上图形的变化，来判断相位的大小。

图8-31所示图形表明，当输入信号经过被测音频放大器后相移为零时，荧光屏上显示一条45°斜线。当图形由斜线逐渐变成椭圆时，说明相移逐渐加大，当图形为正圆时相移为90°；相移再加，则图形又变为椭圆，但方向改变；当相移为180°时，将出现一条与原斜线垂直的45°斜线。观察图形的变化可估测各频率对应相位失真的大小。

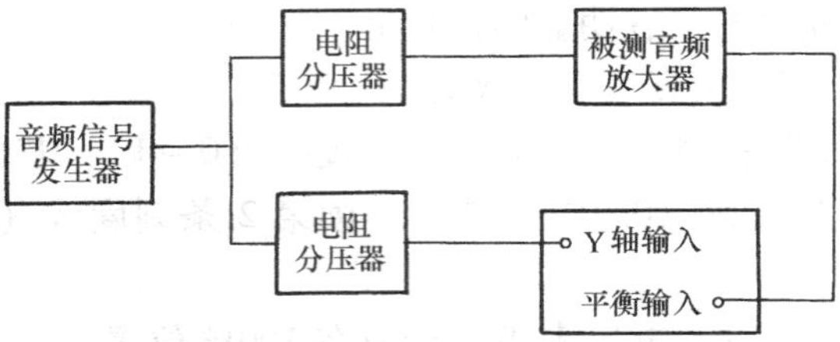

图 8-30 测量相位失真的接线图

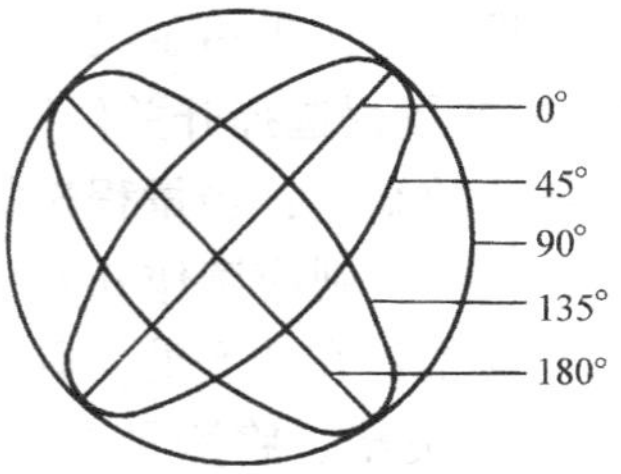

图 8-31 李沙育图形

本 章 小 结

1. 测量网络幅频特性的基本方法有点频法和扫频法。

2. 扫频仪主要由扫频信号发生器、频率标志电路、显示器及检波探头等组成。

3. 扫频仪可以用来对网络的幅频特性、高频阻抗、VHF 高频头和图像中放曲线等进行测量。

4. 频谱仪按其原理可分为数字式及模拟式两大类，目前以模拟式频谱仪应用最为广泛。模拟式频谱仪可分为顺序滤波式、扫频滤波式、扫频外差式等，频谱仪主要用来对信号进行频域分析。

5. 失真度测量仪主要由电桥电路、电压表电路、平衡输入变压器、示波管电路和稳压电路组成。失真度测量仪用于测量低频放大设备的频率失真、非线性谐波失真以及相位失真。

习 题

1. 测量幅频特性有哪几种方法？各有什么特点？

2. 扫频仪是由哪几部分组成的？各部分的作用如何？

3. 使用扫频仪时什么时候使用检波探头，什么时候不用检波探头？

4. 简述扫频外差式频谱仪的工作原理。

5. 非线性失真系数的定义是什么？简述其测量原理。

6. 什么是频谱仪的频率分辨力？试说明在各种频谱仪中它与哪些因素有关？

7. 在扫频外差式频谱仪中，用 100kHz 分辨力分析 20Hz、20kHz 频率信号，问需要多长时间？

8. 用某失真度测量仪分别测量在 1kHz、50Hz、100Hz 三个频率上测得某放大器输出信号的失真度分别为 9.8%、19.8% 和 29.5%。如果不经换算，直接将测量值作为失真度定义值，试计算由此引起的理论误差。

第九章　逻辑分析仪

第一节　概　　述

数据域测试是研究以离散时间或事件为自变量的数据流，它的典型测量仪器是逻辑分析仪。数字系统测试中的错误，大多属于信号数据流的错误，如标志线没有在适当时刻建立，存储器地址被误读，错误的指令被执行，信息数据在传输中丢失信息比特等。这些错误偶尔与电子电路故障吻合，但基本上不属于电气参数的失效，而是由于不正确数据序列产生的数据错误。与时域、频域测试方法相比，数据域测试具有以下一些特征和要求：

1. 数字系统中的信号是按一定格式、结构和方式传送的

在数据系统中，每一测试数据都具有一定的数据格式和结构，而且数据和信号的传送方式有串行和并行、同步和异步之分。有时串、并行之间还要互相转换。因此，在数据域测试仪器中，要注意数字系统中被测信号或数据的结构、数据格式、测试点的选择以及彼此间的逻辑关系。例如，计算机的地址可用几个十六进制数显示，控制信号用“0”和“1”状态显示，数据有8位、16位等，数据又可分为整数、实数等多种形式，也有一维数据、二维数据等不同结构形式。

2. 数字信号是多位传输的

在时域、频域测试中，被测量一般是连续的单通道变量，所以通过个别点的测试，可以获得被测信号的概貌。在数据域测试中，被测信号是离散的、多位的，每一位仅有“1”或“0”两种二进制数值，每一条计算机指令或地址都是多位组成。所以典型的数据测试仪器应能同时进行多路测试。目前，最先进的数据域测试仪器可同时检测500个通道的数据。

3. 数字系统的信号是有序的数据流

在时域、频域测试中，一般是对网络、系统或电路特性进行测量。在数据测试中，测试的数据流涉及逻辑设计、数据格式的状态空间，并严格按时序设计，因此数据域测试要求测出信号的时序和逻辑关系。

4. 数字信号多数是单次的、非周期的

在时域和频域测试中，被测信号一般是非单次的，所以能用示波器和频谱分析仪检测。数字系统中数据流往往是单次的、非周期性的，必须用具有存储功能的数字域测试仪器，此外数字域测试仪器必须能捕获、存储和显示所需的那部分信号。

由于数字信号具有上述特点，所以最早用于数字系统设计和故障查找的工具是节点测试器。20世纪70年代初，逻辑探头、逻辑夹、比较器、电流跟踪器、累进计数器也广泛用于查找节点粘连、脉冲动作和短脉冲计数方面。但这些简易的测试仪器只能对一个组件进行测试，不能简捷、深入地分析一个系统，不能对多节点多通道的现代数字系统进行监测。

逻辑分析仪是微处理机化的分析测量仪器。它带有微处理器和存储器，能进行较强的逻辑判断，并能存储采集到的数据。

第二节　逻辑分析仪原理和使用方法

逻辑分析仪是智能综合测试仪器，可以测量各种波形及逻辑分析等功能。现以RV02100L为例主要说明逻辑分析仪的工作原理及使用方法。

一、面板结构

1. 主机前面板介绍

RV02100L 主机前面板如图 9-1 所示。

2. 主机后面板介绍

RV02100L 主机后面板如图 9-2 所示。

1—主机和计算机连接电缆端口，此端口与主机上标示的3连接。

2—主机和计算机连接电缆端口，此端口与计算机打印机接口（Parallel Port）连接。

3—主机与计算机的接口；

4—电源插口。

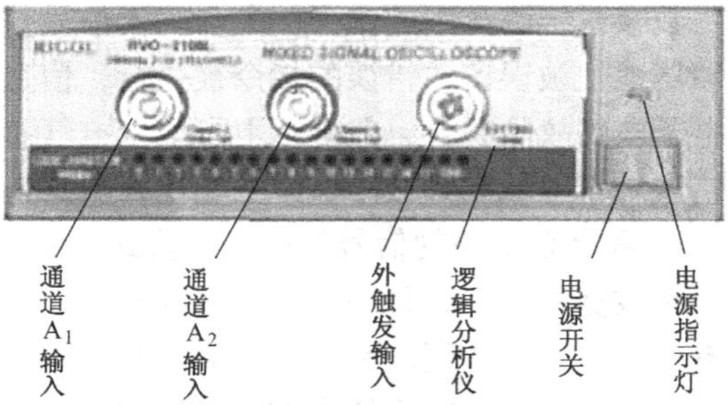

图 9-1　主机前面板

3. 逻辑分析仪面板（计算机屏幕显示）

逻辑分析仪面板控制逻辑分析仪的启动、触发电平的设置、逻辑分析仪设置对话框的启动。

1）逻辑分析仪开关（见图 9-3）：单击此钮激活逻辑分析仪进行有关设置及测试后，再单击关闭。

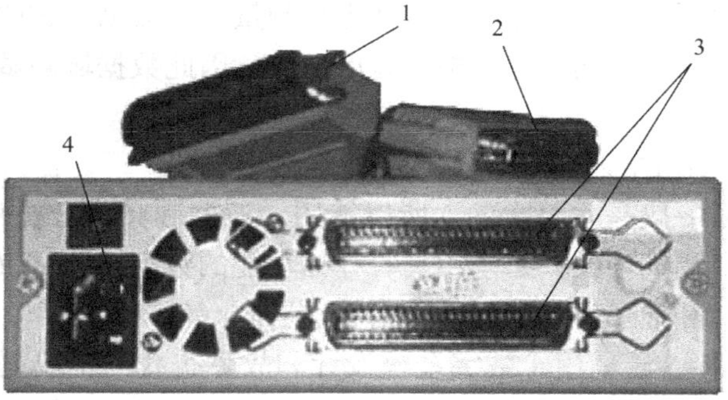

图 9-2　主机后面板

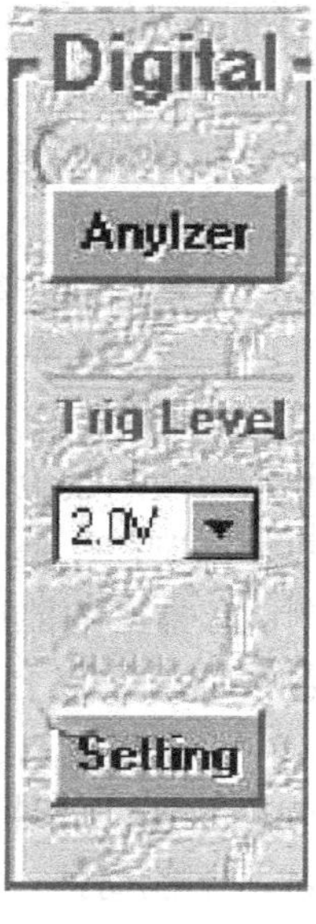

图 9-3　计算机屏幕显示的逻辑分析仪面板

2）为适应各类数字电路不同的逻辑电平阈值，逻辑分析仪的触发电平可在 -1.6～3.4V

之间调节。各种常见数字电路推荐阈值如下：TTL：1.4V；CMOS（5V 供电）：2.5V；CMOS（3V 供电）：1.5V；ECL：-1.3V。

二、技术性能

1. 特点

100MS/s 实时采样（“MS/s”为兆采样次数/秒）。

“16” + “2”通道同时显示，垂直、水平任意缩放。

具有可任意定义、任意修改的总线方式。

总线数据直接显示二、八、十六、十进制，可选。

具有多种触发方式。

具有外时钟输入端口。

鼠标任意拖放，能指定区域放大。

同示波器共同进行模拟与数字信号混合分析。

2. 技术指标

输入灵敏度：40mV。

最高输入电压：40V（DC + ACpeak）。

输入阻抗：>100kΩ。

水平分辨力：1kS/s ~ 100MS/s。

时基准确度：2×10^{-6}。

触发模式：Auto、Normal、Single。

组合逻辑：可自定义。

触发源：channel A、channel B、EXT TRIG。

ZOOM：对应光标选定波形部分作放大或缩小显示，放大倍数最高 16 倍，2 倍步进；缩小倍数最高 64 倍，2 倍步进。

三、测量原理

逻辑分析仪包括逻辑状态分析仪和逻辑时间分析仪。现以逻辑状态分析仪为例分析其工作原理，其原理图如图 9-4 所示。

1. 逻辑状态分析的工作过程

逻辑状态分析仪对输入数据进行采样，是通过时钟脉冲周期进行的，有以下两种方式。

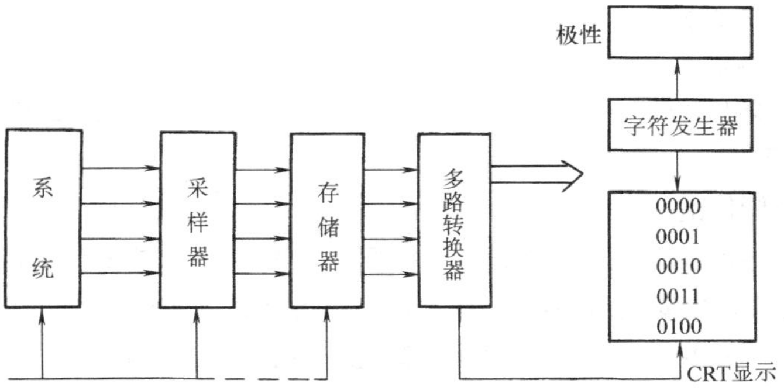

图 9-4　逻辑状态分析仪的原理图

（1）同步取样　时钟脉冲采自被测系统，只有当被测系统的脉冲存在时，仪器才存储输入数据，并用字符“0”和“1”显示。

为了采集数据，输入数据在时钟脉冲的建立和保持时间内，必须严格维持不变，如图9-5所示。图中t_s为建立时间，t_p为保持时间，这一段时间用来检测和存储一个逻辑状态。因t_s+t_p表示能测量的最小脉冲宽度，故最高时钟脉冲频率为$f=1/(t_s+t_p)$。

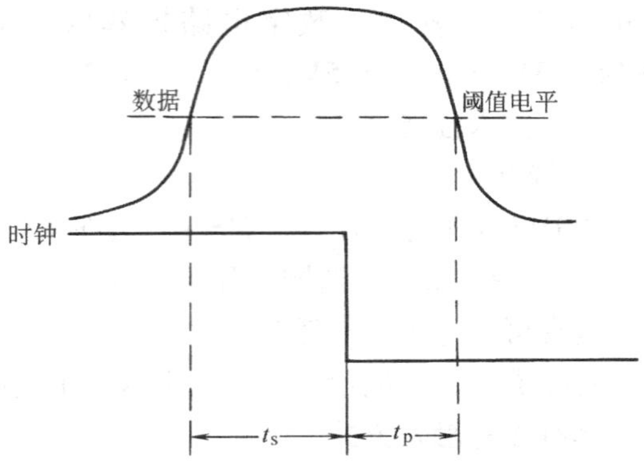

图9-5　同步取样

（2）异步取样　由仪器内部时钟（与被测系统无关）对被测系统输入数据进行取样。因仪器的时钟频率远高于被测系统的时钟频率，所以单位时间内将得到更多的信息，分辨力也提高，从而显示的数据更为准确。

若用被测系统的时钟来同步取样，则数据可被时钟推入存储器，时钟消失后，状态系列就可冻结在存储器中，数据状态和序列一个字一个字地锁存进入移位寄存器的存储器。输出电路以比特为单位依次取出存储器的内容，且转换后在显像管上显示成“0”、“1”的列表形式。其中的字符“0”、“1”由数据和逻辑性的选择来决定。图9-4中，状态以水平方向显示，序列从上到下垂直显示。

总之，数据经采样后，存入存储器，就完成采集工作。当产生触发信号后通过取数指令，将存储器中数据读出，并逐组显示。显示完毕后产生存数指令，再次采集数据，如此循环完成逻辑量测量，如图9-6所示。

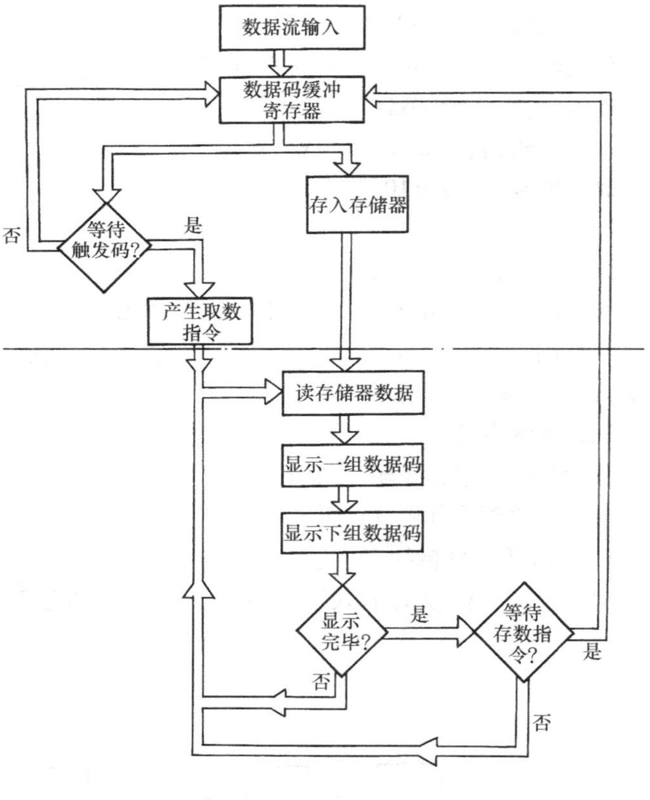

图9-6　数据采集和显示的流程

2. 逻辑状态分析仪的显示

当被测信号以数字形式写入存储器后，根据使用要求，测量者可通过控制电路，稳定地把内存中的全部或部分数据显示在屏幕上。显示方式有如下四种：

（1）状态表式　图9-7a为状态表显示原理图。它以各种数制（二、八、十、十六进制）将存储器的内容显示在CRT屏幕上。

（2）定时式　图9-7b为定时式显示原理图，它将存储器中的内容以时间图方式显示在

CRT 屏幕上。显示的是逻辑电平与时间的关系（1 代表高电平、0 代表低电平）。显示的并不是被测信号的实际波形，而是“伪波形”。可以按通道或改变通道顺序显示存储器的内容。

0000	0000	0111	1110
0000	0000	0111	1101
0000	0000	0111	1100
0000	0000	0111	1011
0000	0000	0111	1110
0000	0000	0111	1101
1111	1111	1111	1100
1111	1111	1111	1011
0010	0100	1001	0100
1001	0010	0010	0110
0100	0100	0100	0000
0001	0100	0011	0010
0000	0100	0111	0000
0100	0011	1001	0000
0000	1001	0010	1001
1001	0010	0010	0100

a）状态表显示

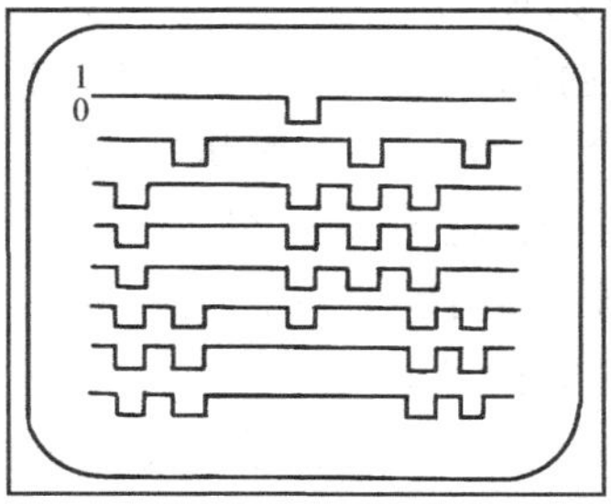

b）定时式显示

图 9-7　显示方式

（3）流程图式　利用图 9-8 所示流程图式显示原理图，对于数字系统的快速分析是有利的。这种显示方式的存储器中，每个字经过数-模转换为模拟量后，供给 CRT 的 Y 轴，X 轴显示位置对应于字序列。若被测设备是简单的 BCD 计数器，则流程图始于左下角的全零状态。随着第一次时钟的到来，计数顺序增长，显示器显示的亮点则步步向右上角移动。这样就可连续计数到 9，计数器复位。使用流程图式，序列状态中的跳跃和偏离，被显示为突然的不连续线，如图 9-9 所示。

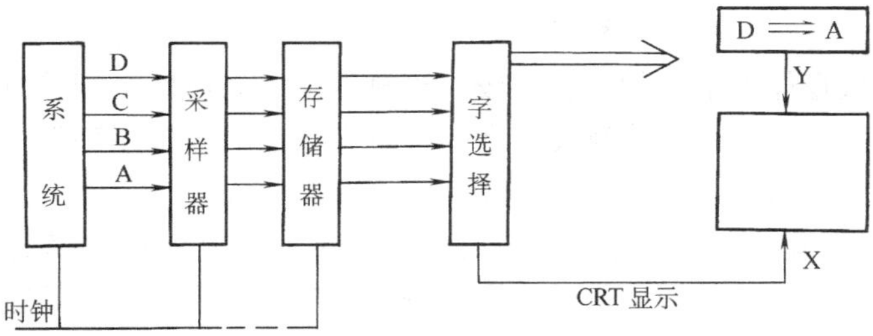

图 9-8　流程图式显示原理图

（4）映射图式　流程图式显示可提供足够的分辨力，具有在纵轴上由用户来确定极限的功能。但当分辨力增加以后，同时被显示的动态范围就受到了限制，因此也限制了此流程图式所提供的观察量。图 9-10 所示映射图显示模式可为使用者观察全部动态逻辑状态提供方便。

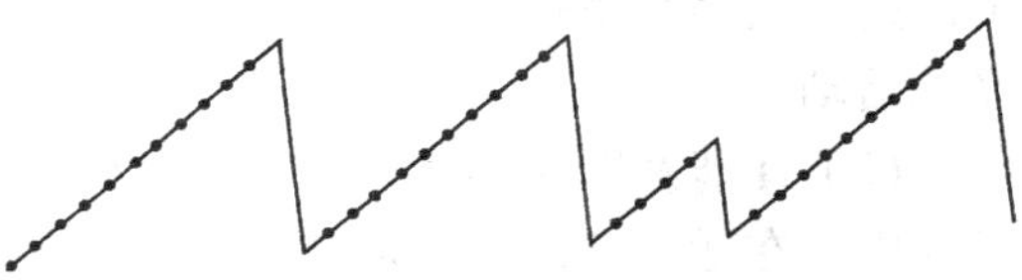

图 9-9　显示不正常序列状态

在映射图上，即可得到程序流活动的宏观概貌。若存储器中每个字都被分为两部分，其中每半个字分别经由数-模转换后，用以激励 CRT 的

X 轴或 Y 轴，则构成显示。在屏幕上的合成位置与数据字相对应时，字的序列产生映射图。映射图显示出的是整个字，而不仅是单个比特，常见的映射图是连续模式显示。映射图的点样式能清楚表明产生的活动是否正确，而点的亮度则定性指示出相对应字的频率。连结诸点的向量要连向序列中的下一个点时，显得更粗更亮。

当遇到数据状态或存储器中的字全为正逻辑 0 时，将在映射图左上角产生显示点，而全为 1 时，则映射图右下角产生显示点。在图 9-10 中，映射图经格式化为 4 行或 16bit 显示。对一个 BCD 计数器来讲，显示从全零（00，00）位置开始，然后移向（01，00）位置等。当计数到状态（01，10）时，电路复位。图 9-10 显示的是 BCD 计数器映射图，有经验的使用者可从映射图中指出系统活动是否处于正常状态。

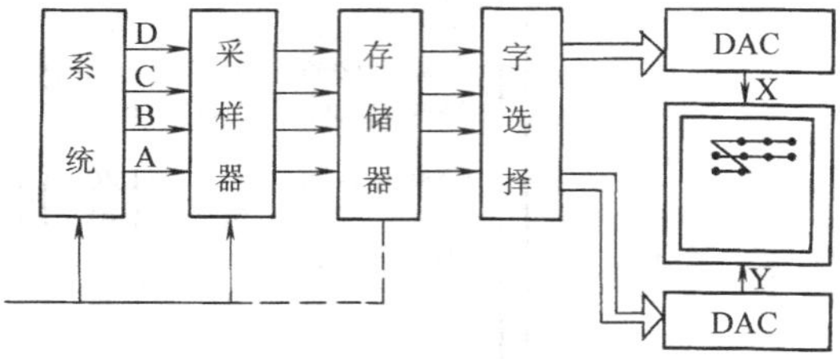

图 9-10　映射图式显示的原理

以上几种显示方式说明，数据域测试仪器可以用各种不同显示方式表示其测试结果。对最简单的计数电路来说，所有显示方式提供的信息大体相同。在比较复杂的系统中，各种显示方式可以取长补短。流程图强调数据流序列，状态表比较详细地研究被选出部分动作的情况，而映射图能迅速提供被测系统动作的全面概貌。所以在寻找系统错误时，可先用映射图观察系统，以得到系统概况，并大致找出存在问题的部分，对有问题部分的数据流，再用流程图进行详细检查，最后通过状态表研究，就可达到严密检查的目的。

3. 触发

为了能在较小的存储容量范围内，获取所需观察点的前后变化，逻辑分析仪设有多种触发方式。

（1）基本触发

1）起始触发跟踪模式。逻辑分析仪经常用于观察紧跟在已知数据后面的特定数据序列，即以已知的触发字作为参照点的一种显示方式。这种方法是在触发逻辑电路中预置一个触发字，并将它和分析仪存储器最终的字相比较。当触发字与采样数据相符时，触发逻辑电路输出一个控制信号使跟踪暂停，并将触发字和跟在触发字后的数据序列保持在存储器中，该数据序列显示在 CRT 屏幕上，称该模式为起始触发跟踪模式。

2）终端触发跟踪模式。逻辑分析仪还可提供一种终端触发跟踪模式，此时存储器内保存的是触发字和触发字前的数据，也就是说，分析仪已捕捉了负时间的数据。这种模式只需把延时器设置为零计数，在触发样式被识别前，数据在存储器内顺序流动。在触发样式得到识别的同时，暂停跟踪，这样就使产生触发字的序列被冻结在存储器的后部。

（2）延迟或变址触发　起始触发跟踪模式中，被捕获的是紧跟在触发字之后的数据。若采取延迟的方法，则可改变分析仪窗口的位置，仅在系统通过通路以后才捕获称为“跟踪”的序列。大多数逻辑分析仪都可提供比较大的延迟能力，因此可以检测离开触发字相当远的系统活动。

（3）使能及顺序触发　在某一逻辑状态建立使能，并可在其后某一状态建立触发。使能模式中，在触发字以前必须满足使能或启动条件。

（4）计数触发　如图 9-11 所示的嵌套环，要求逻辑分析仪具有计数的功能，这样分析仪就可检查程序内的活动。例如，I 环中的第 9 趟，J 环中的第 8 趟，K 环中的第 7 趟。

综上所述，简单系统可利用在单个触发字上的触发来跟踪。触发字可启动跟踪或结束跟踪，触发字通常被加亮或反底显示。若要对触发进行一些限制，则可进一步使用触发限定。若要得到远离触发字的程序活动，则可使用延迟或变址触发。为跟踪复杂程序的动作，分析仪需要使能顺序触发、序列再启动及多次触发。逻辑分析仪最重要的特性之一，就是触发能力，只有选择合适的触发，才能观察所期望的系统作用区域。

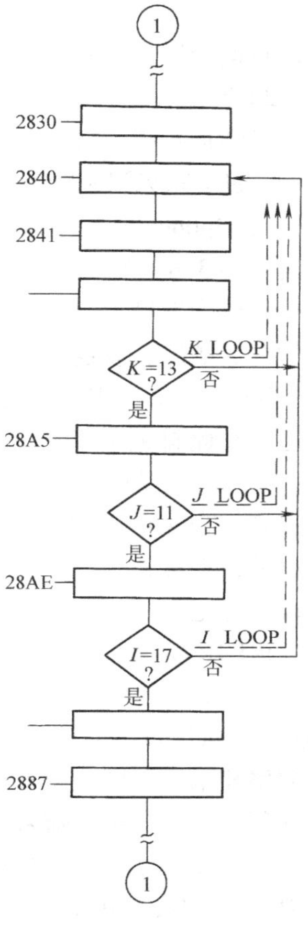

图 9-11　嵌套环

4. 逻辑分析仪与示波器的区别

逻辑分析仪采用微机控制，母线结构，显示规格化、数字化，具有数据存储功能。故与示波器在测试方法、显示和触发方式方面有以下区别：

1）逻辑分析仪能同时观察多通道信号，例如 8、16、32、64 路并行数据，示波器却只能观察到有限通道的信号。

2）逻辑分析仪实现数域测量，有时间图和状态表等多种显示方式，示波器是时域测量，只能显示参量和时间的关系。

3）逻辑分析仪的数据采集部分与显示部分是独立的。输入信号波形被转换为数字量后，用时钟对数据流取样，存入存储器，显示时则以低速显示。示波器输入信号直接进入 Y 放大器，显示器、放大器等部件同时工作。示波器实时显示了输入信号的波形。

4）逻辑分析仪利用存储器，可连续存储数据。根据显示记录状态，就可判断正常与否，并可寻找故障源，也可显示出偶然出现的数据。

5）触发能力是逻辑分析仪的重要特性之一，它具有多种触发方式，能观察触发时刻前后的信号，而示波器只能显示触发时刻之后的信号。

四、测量技能

1. 使用方法

（1）硬件的安装与设置

1）电源。电压为 220V；频率为 50Hz。

2）硬件的安装步骤。关闭 PC 电源，按面板说明连接主机与计算机的电缆；开启 PC，进入操作系统之前按键盘 Del 键，启动 CMOS 设置；设置打印机接口（Printer Port）；连接主机电源电缆；连接示波器探头。

（2）软件的安装与设置

1）安装步骤。将随产品附带的软件安装光盘置入计算机光盘驱动器内，运行“setup. exe”，按照程序提示完成安装过程。

2）简要功能测试。开启计算机和主机；连接探头至 A_1 通道与被测信号之间；启动测探软件；鼠标单击 AUTO 键；按照操作说明进行相应测试；建议在正式使用之前先运行自动校准程序，方法是选取菜单栏中 Ptions-Preferences-AUTO Calibration-RUN。

（3）菜单栏

1）File 项。Open：打开波形信息文件；Save：存储当前波形信息至文件；Page Setup：打印页面设置；Print：打印波形图像和参数；Exit：退出系统。

2）Trigger 项。Run：开始采样；Stop：停止采样；Analyzer：逻辑分析仪触发设置。

3）View 项。Status Bar：启动/关闭状态栏；FFT：启动/关闭频谱分析窗口；X-Y Plot：启动/关闭李沙育图形窗口。

4）Options 项。Preference：测试平台主要参数设置；Parallel Port Setting：并口设置，缺省设置为 378；Analog：模拟通道参数设置，双击波形显示区域激活显示区域；Digital：逻辑分析仪参数设置，双击逻辑分析仪激活此窗口可设置和定义逻辑分析仪每一通道，编辑它们的前后顺序，设定读取总线数据的数字进制，软件退出时自动保存这些设置，以备以后调用；Bus Source：用于定义总线逻辑分析仪物理通道资源；Bus Element：从列表中选出的物理通道在此排列顺序后进入目标区；Source：用于定义单独数字信号线的物理通道资源；Bus View：选择总线数据的显示进制；Dec：十进制；Bin：二进制；Oct：八进制；Hex：十六进制；Target：定义后的目标逻辑通道；Detail：单击该键可了解已定义的总线包括哪些物理通道；Rename：重新给已定义的逻辑通道命名；Vaiue Carsor：启动/关闭逻辑分析仪测量标尺，并定义其颜色，该标尺是逻辑分析仪显示区域内的一条垂直线，用于测量某一时刻各个通道的逻辑值。

5）Help 项。Conienis：帮助总目录；Search for Help：帮助索引；About：版本信息；Logical Analyzerview Setting：逻辑分析仪测试设置；Level Adjusting：水平调整，用于调整采样频率和采样深度，设置适当的采样频率，结合 ZOOM 功能，可方便地观察信号波形概况和细节，水平分辨率随采样频率的变化而变化；Sample Rate Setting：采样频率的设定：通过下拉复选框选择采样频率，采样频率的档位分别为 100MHz、50MHz、20MHz、10MHz、5MHz、2MHz、1MHz、500kHz、200kHz、100kHz、50kHz、20kHz、10kHz、5kHz、2kHz 和 1kHz，共 16 档，采样频率的设定，也可通过鼠标单击“+、-”按钮来达成；Sample Depth Setting：采样深度调节按钮，采样存储深度分为 1KB、32KB 两档，可根据需要选择。需要快速显示时，选 1KB 档，需要二次采集大量数据时，选 32KB 档。

（4）触发调整　用于设置触发源、触发模式以及触发电平等和触发相关的参数。触发源选择：通过下拉复选框或“+、-”按钮选择触发源，分为 A_1（通道 A_1）、A_2（通道 A_2）、EXT（外部触发）和 LA（逻辑分析仪）四种；逻辑分析仪触发设置：单击按钮出现对话框，可定义逻辑分析仪；触发条件：在通道左侧框内选中该通道，右侧选择触发条件为 0 或 1。

（5）逻辑分析仪显示效果　逻辑显示区域内有一条纵向的虚线，可自由拖动，用来测量某一时刻各个数字通道（或总线）的逻辑值，结果显示在左侧数值栏内。

2. 测量实例

（1）监测 MCS6502　MCS6502 是最容易用逻辑分析仪监测的微处理机，图 9-12 是 MCS6502 的时序。在 MCS6502 中，地址线由 ϕ_1 时钟建立，数据在 ϕ_2 时钟允许

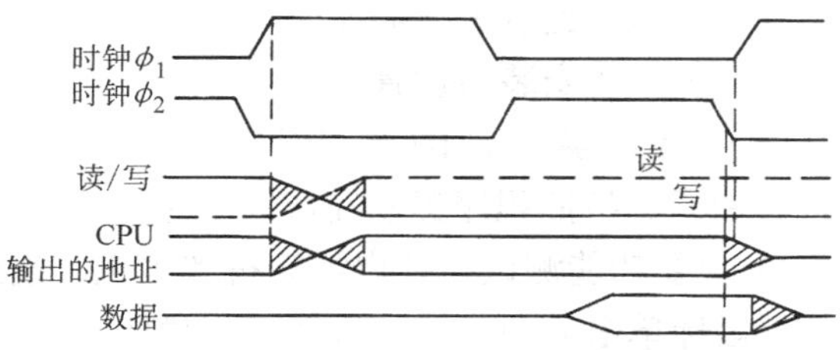

图 9-12　MCS6502 的时序

进入数据总线。不论地址和数据，都在 ϕ_2 时钟负跳变沿有效，由于微处理机是在 ϕ_2 时钟负跳变沿译解数据，分析仪以 ϕ_2 时钟负跳变沿作为分析仪时钟。

（2）Intel8085　这种微处理机，其低 8 位地址和数据共用一组总线。8085 的时序如图 9-13 所示。ALE 的负跳变时获得地址，在 $\overline{RD}$ 或 $\overline{WR}$ 由低到高的正跳变获得数据。观察中断时，中断回答线正跳变沿同样有效。8085 到分析仪的接口电路如图 9-14 所示。若被测系统包含有不同于 8085 系统的任意部件，则此系统可具备与 8212 类似的 8bit 锁存器，就需要加入一个 3 输入与门，以提供对逻辑分析仪的接口。

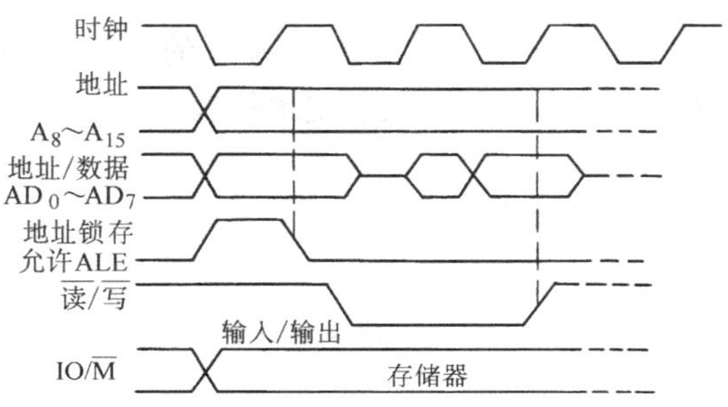

图 9-13　8085 的时序

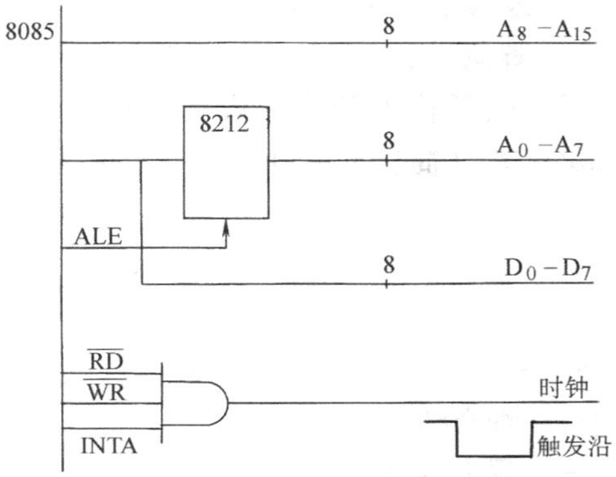

图 9-14　8085 到分析仪的接口电路

（3）模拟、数字电路混合调试　系统中带有 ADC 和 MDC 系统，它可以同时显示各部分的电路波形，以便分析它们之间的时序关系。

3. 注意事项

1）注意安装调试顺序。

2）在使用前应先使用自动校准。

3）注意键盘、各接口、按钮等易损件的使用。

本章小结

1. 本章以 RV02100L 为例介绍了逻辑分析仪的面板、工作原理及其使用方法。

2. 通过使用逻辑分析仪，掌握智能仪器的使用，并了解数据域的测试。

习　　题

1. 数据域测试有什么特征？
2. 逻辑分析仪与示波器的区别是什么？
3. 如何使用 RV02100L？
4. RV02100L 对使用环境有什么要求？
5. 实验实训具体操作时，要注意哪些问题？
6. 试分析逻辑分析仪的工作原理？
7. 试说明逻辑分析仪的显示原理？
8. 逻辑分析仪是如何采集数据的？

第十章　计算机仿真测量

随着计算机技术的发展，采用计算机仿真技术进行电子技术课程的辅助教学与实验，已被越来越多的学校所重视。采用计算机仿真技术具有以下优点：

1）改善单一课堂教学和做实验以验证性实验为主的现象。

2）避免了受实验室设备和实验时间的限制。

用于电子技术分析和设计的软件有很多，不同的软件各有特点。这里的“Electronic Workbench”（简称 EWB），是一个学生比较容易上手、适合学习电子技术的软件。

第一节　软件介绍

EWB 是加拿大交互图像技术有限公司（Interactive Image Technologies Ltd.）的产品，下面进行详细介绍。

一、用户界面

EWB 启动后的用户界面如图 10-1 所示。

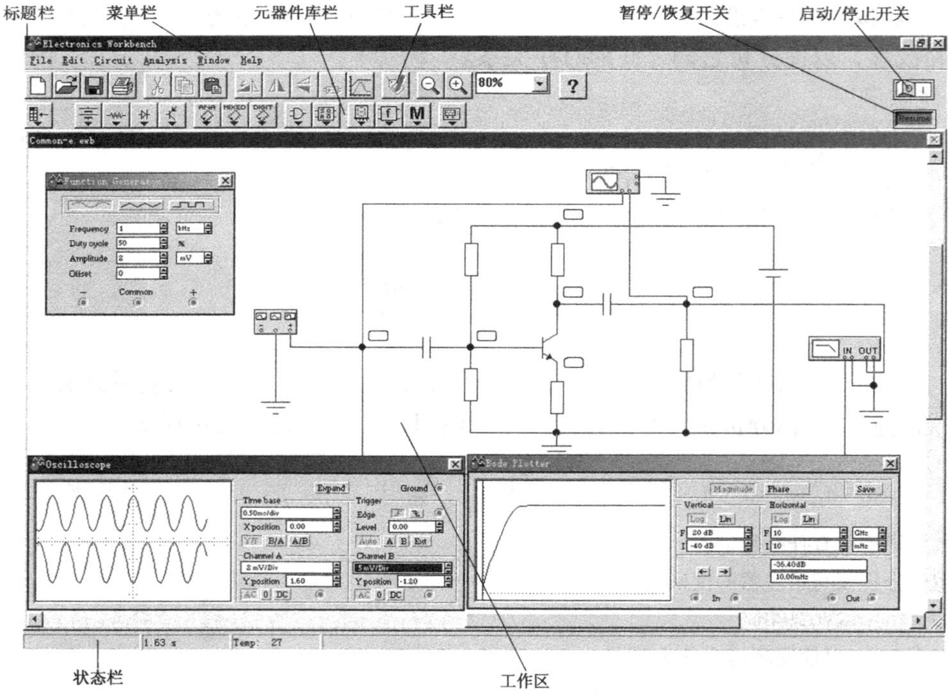

图 10-1　用户界面

用户界面类似于 Windows XP 下的大多数应用软件的界面，最上面是标题栏，下来是菜单栏，再下来是工具栏，工具栏右边是一个启动开关，启动开关下面是暂停开关，中间是工作区，工作区的下面和右面是屏幕滚动条，最下面是状态栏。

二、工具栏

EWB 的工具栏如图 10-2 所示。

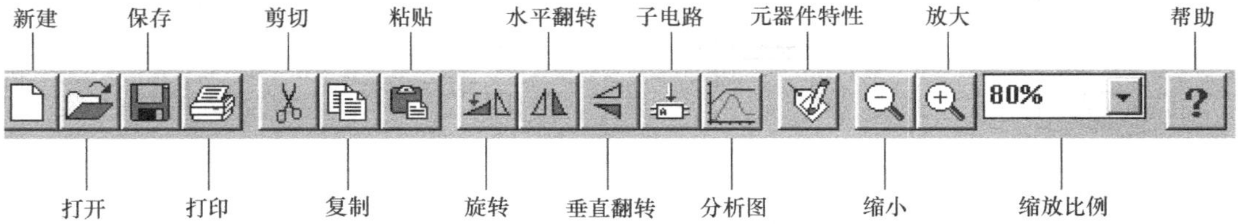

图 10-2　工具栏

三、元器件和仪器的放置

EWB 的电路图就在工作区中绘制，绘制时用户从工具栏的各个按钮中选取出要放置的元器件和仪器仪表，用鼠标拖放到工作区中。EWB 中图标所对应的元器件类如图 10-3 所示：

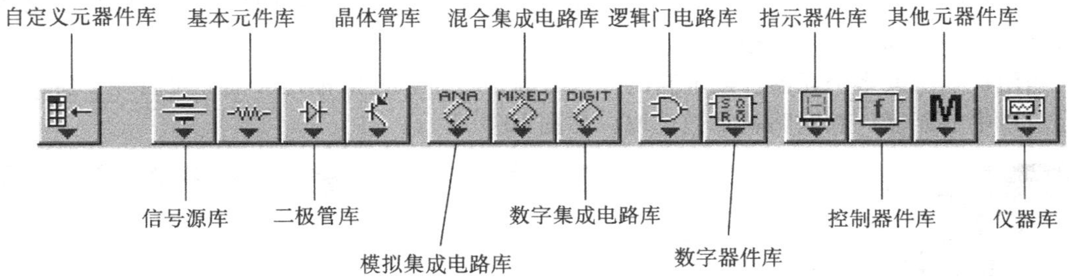

图 10-3　元器件库栏

- ➢ 信号源库：有各种各样的交直流电源，如电池、恒流源、压控电流源等。
- ➢ 基本元件库：有电阻、电容、电感、电解电容、变压器、继电器、电位器等。
- ➢ 二极管库：有二极管、稳压管、整流桥堆、发光二极管、晶闸管等。
- ➢ 晶体管库：有 PNP 型晶体管、NPN 型晶体管、场效应晶体管等。
- ➢ 模拟集成电路库：有运算放大器、比较器、锁相环等。
- ➢ 混合集成电路库：有模-数转换器、数-模转换器、555 时基电路等。
- ➢ 数字集成电路库：有各种 CMOS 和 TTL 等中规模数字集成电路。
- ➢ 逻辑门电路库：有与门、与非门、或门、或非门等。
- ➢ 数字器件库：有 RS 触发器、D 触发器、JK 触发器等。
- ➢ 指示器件库：有安培表、伏特表、七段数码管等。
- ➢ 控制器件库：有微分器、积分器、除法器等。
- ➢ 其他元器件库：有晶振、熔断器等。
- ➢ 仪器库：有示波器、数字万用表、信号发生器等。

元器件放置到工作区后，可以根据需要对元器件进行旋转、左右翻转、上下翻转、移动等操作，工具栏上的三个按钮分别对应旋转、水平翻转、垂直翻转操作，如图

10-4 所示。操作时用户先选定元器件，此时该元器件会变成红色，用户再按下相应的操作按钮。

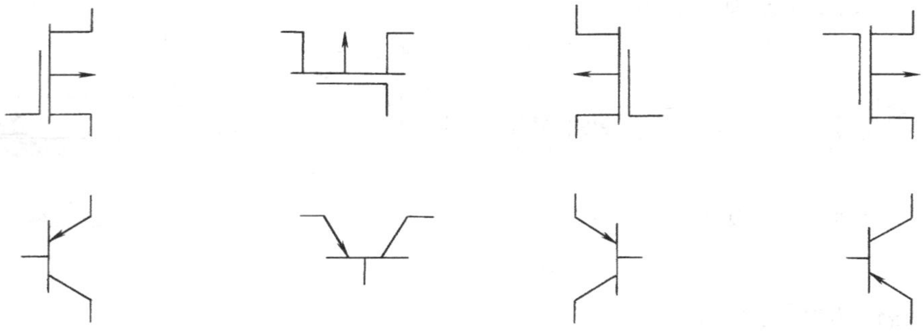

图 10-4　元器件的旋转与反转

当用户移动鼠标到元器件上时，鼠标图形会变成手的形状，此时用户按下鼠标按钮即可选取该元器件，同时也可以移动它。

当用户要选取多个元器件或电路的一部分时，也可以用鼠标在屏幕上拉出一个窗口，此时在窗口中的元器件和电路就都被选取，如图 10-5 所示。

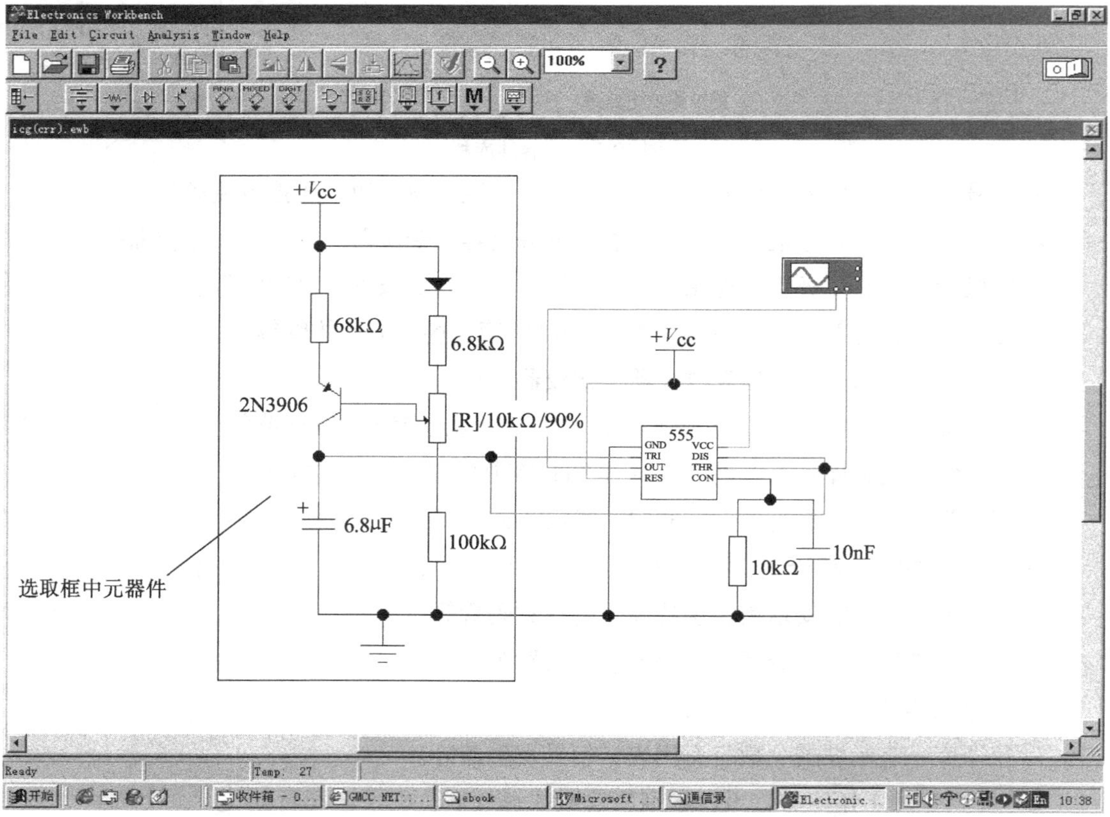

图 10-5　元器件的选取

四、元器件与仪器的连线

当元器件和仪器放置好后，就可对元器件和仪器开始连线。先移动鼠标到要连接的元器件的端点，此时鼠标会变成一个小黑圆点，按下鼠标并拖动它，当拖动到另一元器件端点时鼠标又变成小黑圆点形状，此时松开鼠标按键，则两个元器件间就建立了一根连线。当从一个元器件端点往一根连线上连线时，拖动鼠标靠近该线时线上会出现一个小黑圆点，此时松开鼠标则该元器件会连接到该连线上，并自动产生一个节点。同样，当往一个节点上连线时也是作同样的操作。只是线与节点上可以产生不止一个的小黑圆点，分别对应不同的方向（只有上、下、左、右四个方向），连线时应注意小黑圆点的朝向，如图 10-6 所示。

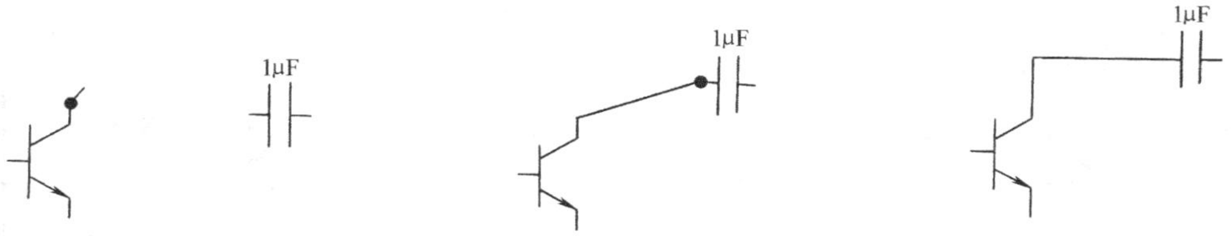

图 10-6　元器件的连接

五、元器件参数的编辑与修改

用鼠标双击要编辑的元器件就会弹出该元器件的参数对话框，用户可在该对话框中对它的各种参数进行修改。图 10-7 为更改电容参数的对话框。

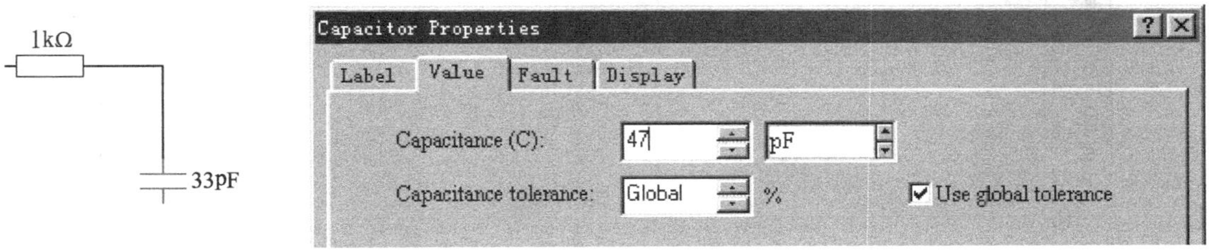

图 10-7　电容参数更改

六、仿真环境的设定

用户在对电路进行仿真之前，要先对仿真环境进行设定。在菜单栏上依次选取 Analysis、Analysis Options，则弹出 Analysis Options 对话框，用户可对其中的仿真环境参数进行设定，如环境温度、绝对电流误差等。图 10-8 所示为示波器满屏后暂停的设置。

七、绘制好的电路进行仿真

在上述步骤完成后，按下启动按钮即可进行电路仿真。此时用户可以对电路的工作进行各种分析，如傅里叶分析，噪声分析等，用鼠标双击电路中的仪器可以打开仪器面板，通过改变面板上的参数来改变电路输入状态或查看电路仿真结果，如改变信号发生器的输出波形、幅度和频率等来改变电路的输入状态，用户也可以查看它的仿真结果，如查看万用表上的指示值，查看示波器上的波形等。

EWB 的工具栏上的按钮是用来作分析用的，当电路中有使用到如示波器或扫频仪等仪器时，按下对应按钮就会弹出图 10-9 所示的 Analysis Graphs 窗口，用户可以清楚地看到电路中的波形状态。当仿真时间很长时，整个仿真过程的波形会都存在屏幕上，此时波形可能看不清楚，但用户可以用鼠标从该屏幕上拉出一小块窗口，则选定区域就会放大到整个窗口。

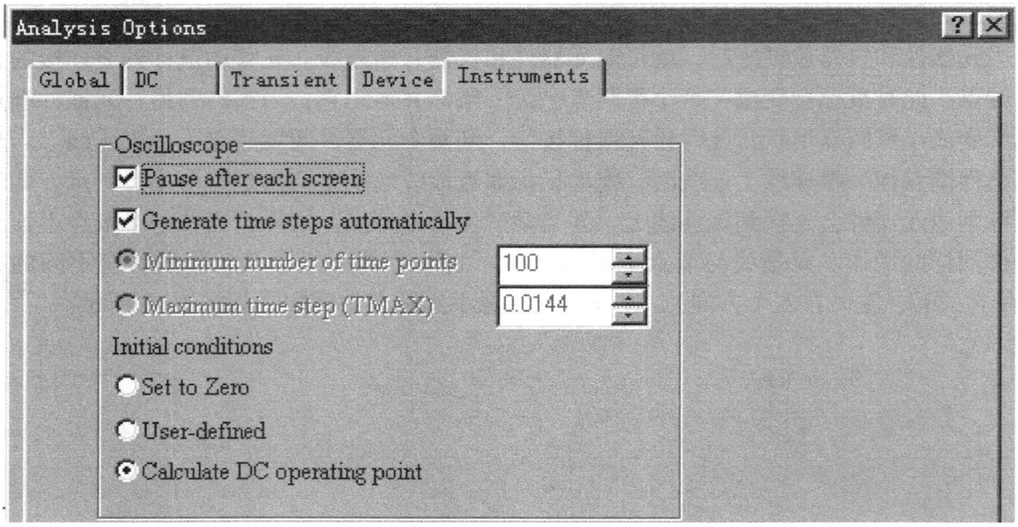

图 10-8　设置示波器满屏后暂停

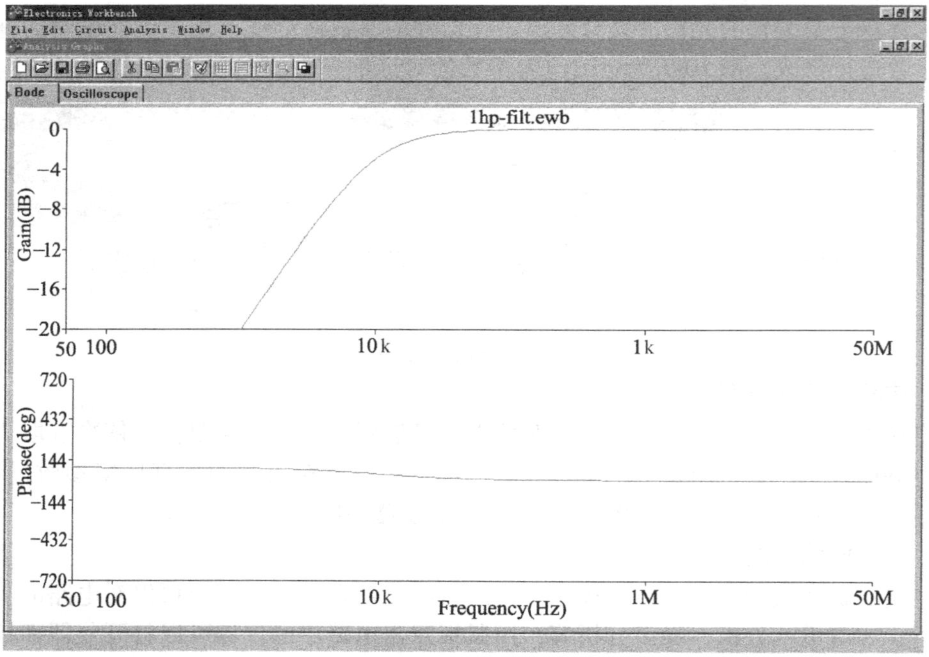

图 10-9　图形分析窗口

八、仿真时出错的处理

当电路有问题时，EWB 仿真过程中会产生出错信息，并出现在 Analysis Graphs 窗口上，用户可从出错信息中找到出错原因和故障所在，再修改电路或参数，改完后再进行仿真，直到正确为止。用户也可以在仿真的同时对电路参数进行修改，此时电路的状态和输出波形也会动态随之更改。

下面重点对 EWB 软件的仪器进行介绍。

第二节 仪器使用

EWB 的仪器库存放有七台仪器可供使用，如图 10-10 所示。它们分别是数字万用表、函数信号发生器、示波器、波特图仪、字信号发生器、逻辑分析仪和逻辑转换仪。这些仪器每种只有一台，在电路中不能进行旋转、水平翻转或垂直翻转的操作。此外，EWB 的指示器件库还放有电压表和电流表，如图 10-11 所示，电压表、电流表的数量没有限制，在电路中可通过旋转改变引出线的方向。在连接电路时，仪器以图标方式存在。需要观察测试数据与波形或者需要设置仪器参数时，可以双击仪器图标打开仪器面板。图 10-12 是打开的示波器面板。

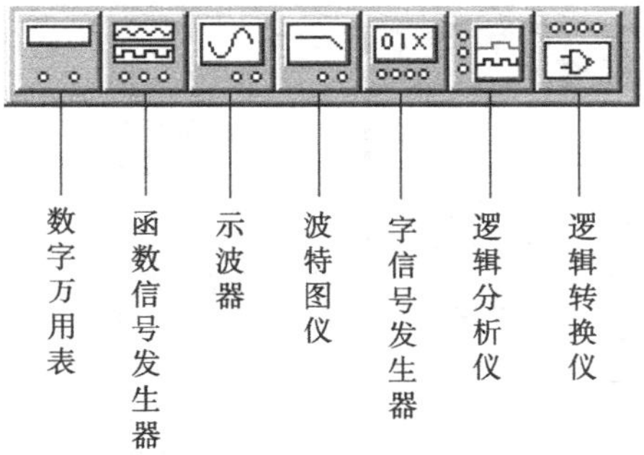

图 10-10 仪器库

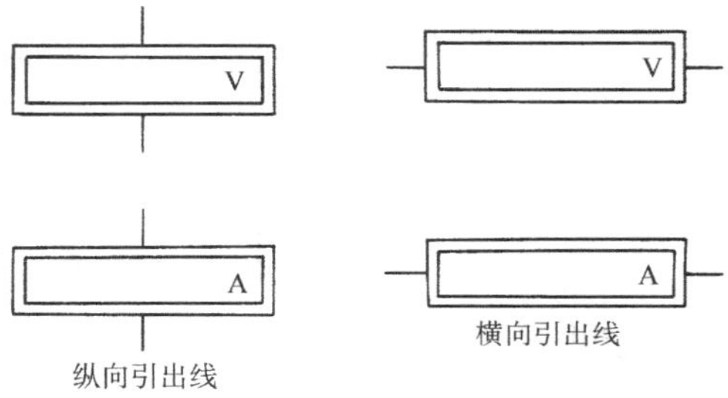

图 10-11 电压表和电流表

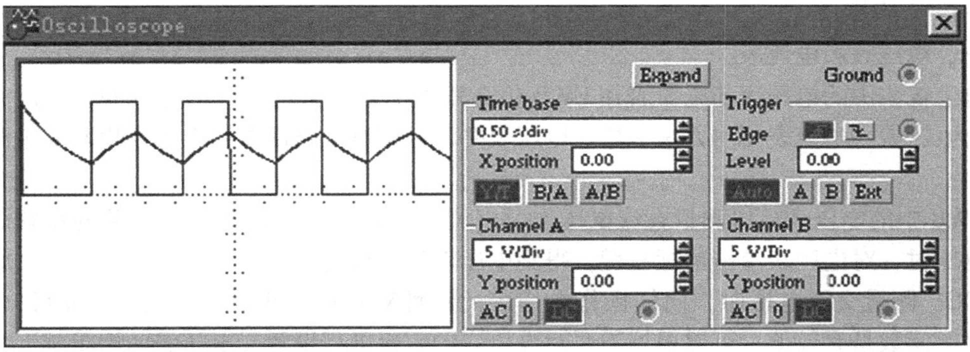

图 10-12 示波器面板

EWB 中的仪器是非常直观的，其仪器面板几乎和我们平时所用的仪器一样，用户会发觉这些仪器比实际使用中的那些仪器还要好用，比如示波器，它不仅无需进行同步调整，而且还有波形记忆功能，用户可以随时查看仿真过程中任一时刻的输出波形。

这里先介绍仪器操作的一般方法。

1. 仪器的选用与连接

选用仪器可以从仪器库中将相应的仪器图标拖曳至工作区。仪器图标上有连接端用于将仪器连入电路。拖曳仪器图标可以移动仪器的位置。不使用的仪器可以拖曳回仪器栏存放，与该仪器相连的导线会自动消失。图 10-13 是函数信号发生器图标及其连入电路的情况。

2. 仪器参数的设置

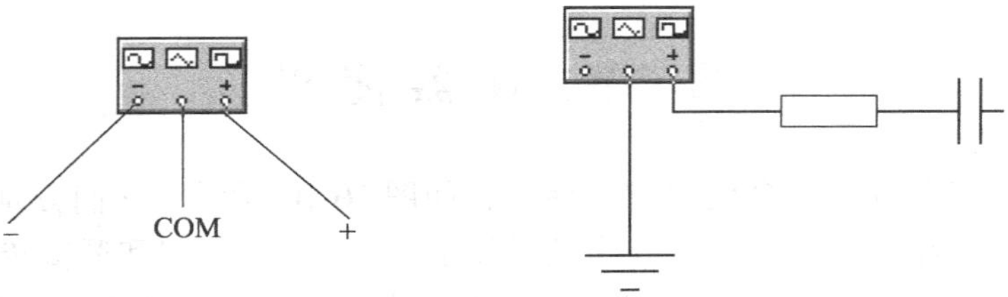

图 10-13　仪器的连接

双击仪器图标打开仪器面板即可设置仪器参数。图 10-14 以函数信号发生器为例说明仪器参数的设置方法及仪器面板的有关操作。

下面将分别详细介绍各类仪器。

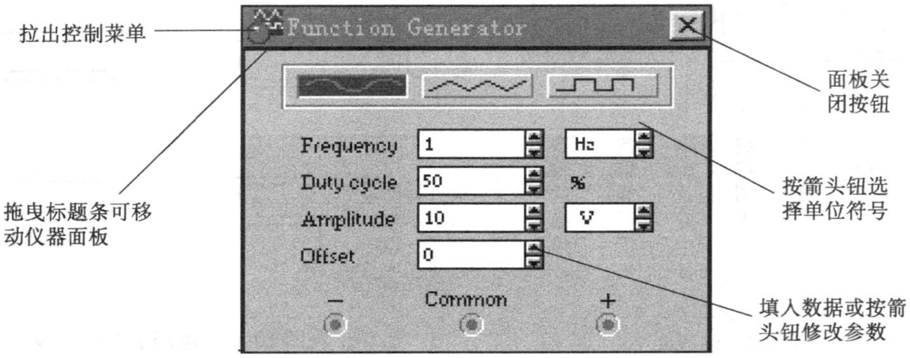

图 10-14　仪器参数设置方法

一、电压表和电流表

电工仪表中的电压表和电流表在 EWB 仿真软件中是归类到指示器件中的，使用方法和实际的电压表、电流表使用方法一样，电压表并联在被测电路两端，电流表串联在被测电路中。

EWB 中的电压表可以测量直流电压也可以测量交流电压，但要进行相关的设置。测量直流电压时，对电压表单击鼠标右键，得到电压表的特性对话框，如图 10-15 所示，将模式设为 DC。测量交流电压时，同样操作电压表的特性对话框，将模式设为 AC 即可，这时，电压表的读数是有效值。可以根据需要对电压表的内阻进行设置，电压表的内阻越大，测量得到的数据越准确，EWB 中的电压表内阻最大可以设置成 99999999MΩ。

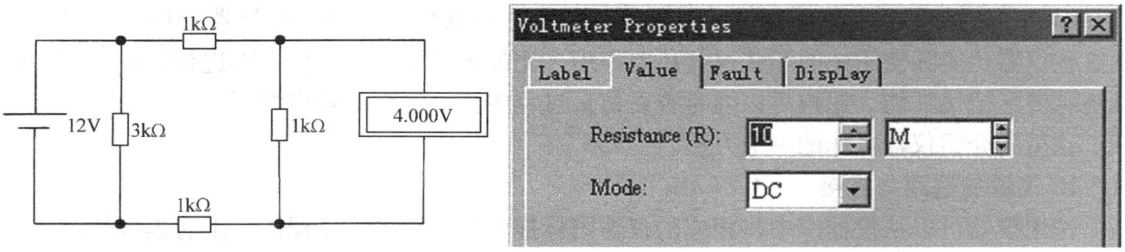

图 10-15　测直流电压时电压表特性设置

EWB 中的电流表串接在电路中，也可以测量直流电流和交流电流，同样要进行相关的模式设置。测量交流电流时，电流表的读数是有效值，如图 10-16 所示。

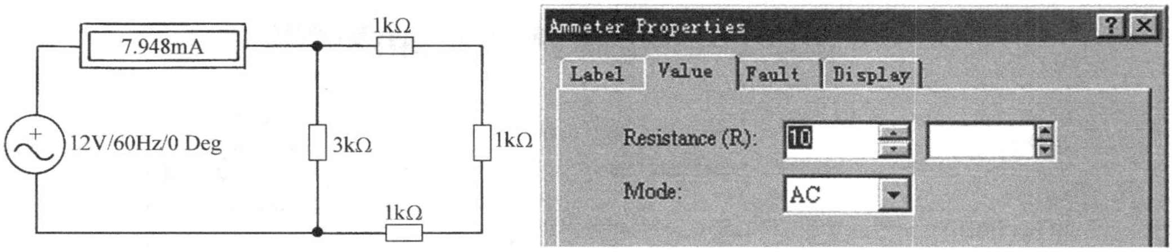

图 10-16　电流表测交流电流

电流表的内阻越小，测量得到的数据越接近理想值。电流表与电压表均有极性，粗黑线的一端为负极，当测量直流电流时，电流表会依据电流的方向显示出电流的正负值，如图 10-17 所示。若测量交流电流，则总是显示正值。

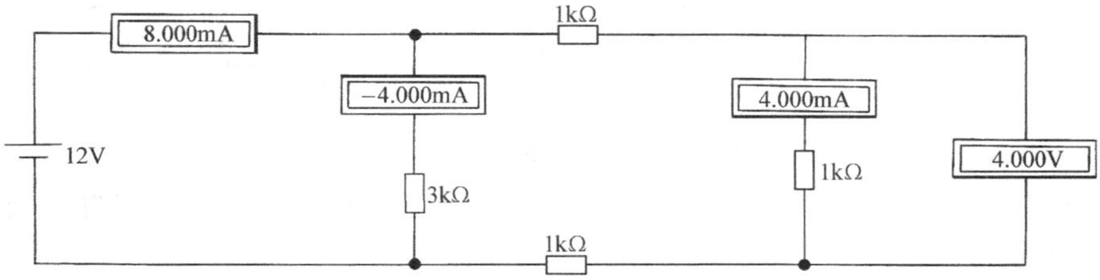

图 10-17　电表测量电路

注意电压表和电流表的模式设置必须正确，如测直流电压时，模式设置成交流 AC，或测交流电压时，模式设置成直流 DC，均不能得到正确的结果。

二、数字万用表

EWB 的数字万用表相当于实际使用的数字万用表，可自动调整量程。电压档、电流档的内阻，电阻档的电流值和分贝档标准电压值都可任意进行设置。图 10-18 是它的图标和面板。

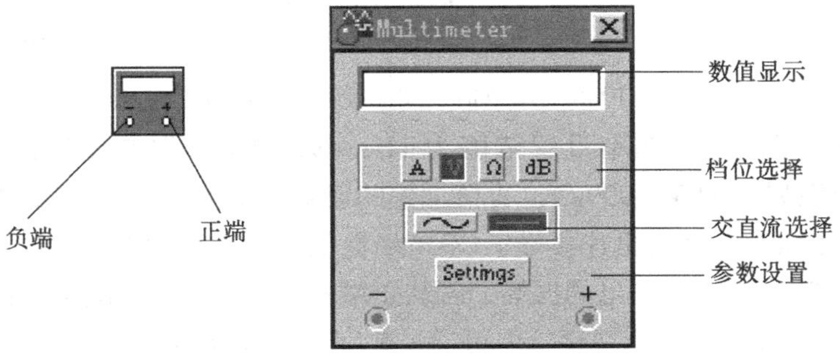

图 10-18　数字万用表

按 Settings（参数设置）按钮时，就会弹出图 10-19 所示的对话框，可以设置万用表内部的参数。

数字万用表及后面要介绍的函数信号发生器、示波器在接入电路并打开电路启动开关后，若改变其在电路中的接入点，则显示的数据和波形也相应改变，不必重新启动电路。这给电路仿真实验带来方便，与实际工作中的情形也非常相似。

三、函数信号发生器

EWB 中的函数信号发生器可用来产生正弦波、三角波和矩形波，其图标和面板如图 10-

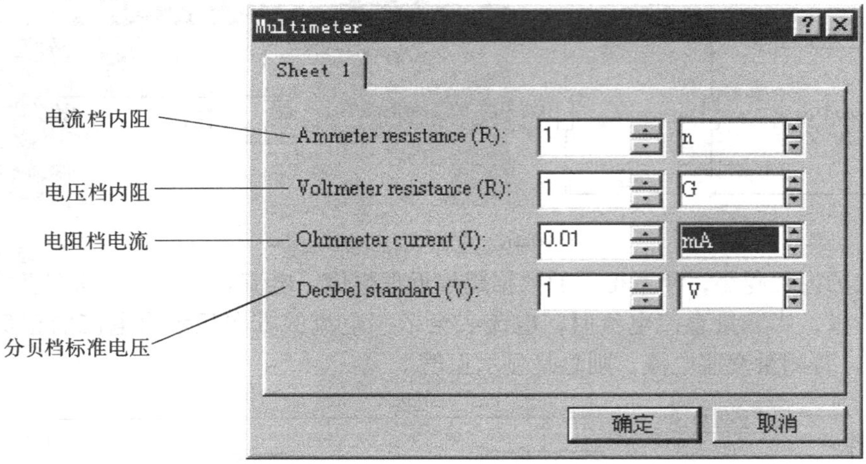

图 10-19　数字万用表内部参数设置

20 所示。可以根据需要，选择输出波形，且波形的频率、振幅、占空比和直流偏置都可以方便地进行设置，调整占空比可以改变脉宽，也可使三角波变为锯齿波。

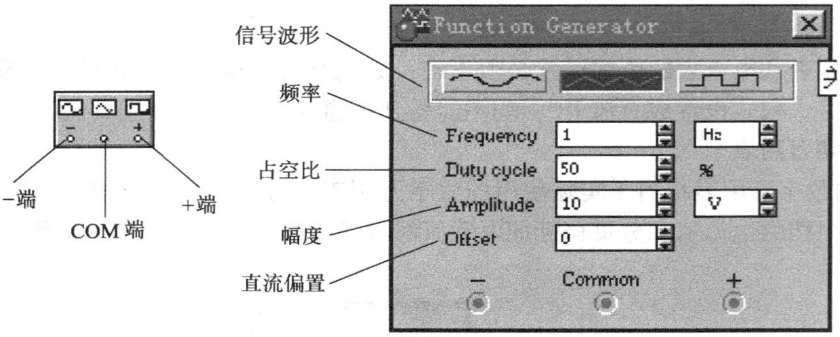

图 10-20　函数信号发生器的图标和面板

函数信号发生器的输出频率设置范围为 1Hz ~ 999MHz，占空比的设置范围为 1% ~ 99%，振幅的设置范围为 0V ~ 999kV，直流偏置的设置范围为 -999kV ~ 999kV。

函数信号发生器有三个输出连接端，COM 端提供了一个信号参考端。注意，这里的振幅是指正端或负端对 COM 端输出的振幅，若从正端和负端输出，则输出振幅为设置振幅的 2 倍，此种接法在示波器上不能观察，但可通过数字万用表读出。

四、示波器

示波器的图标和面板如图 10-21 所示。

示波器各部分的调整方法如图 10-22、图 10-23、图 10-24 所示。

1. 时间参数设置

在面板上的“time base”栏内可设置时间参数（扫描速率），为了能清晰地看到稳定的波形，时间参数的设置要与被测信号的频率相对应，以能观察 3 ~ 4 个周期的信号为宜。坐标轴可以设置成波形对时间（Y/T），一个通道对另一个通道（A/B 或 B/A）。前者用于一般信号的测量，后者用于观察李沙育图形。

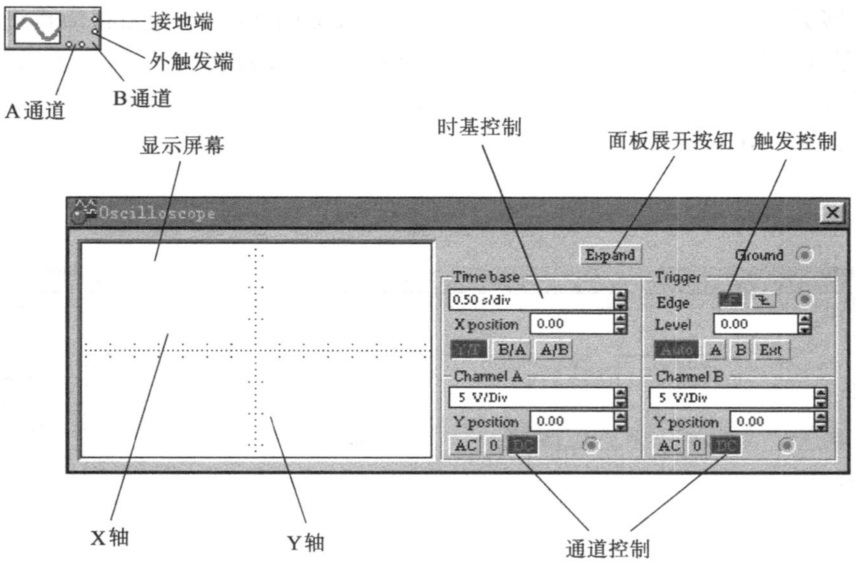

图 10-21　示波器的图标和面板

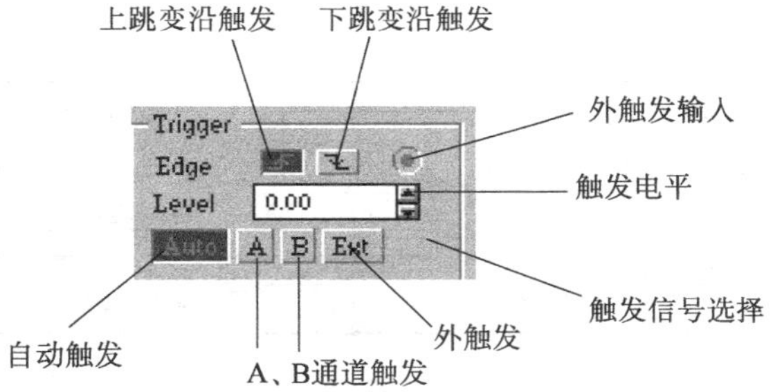

图 10-22　示波器触发方式调整

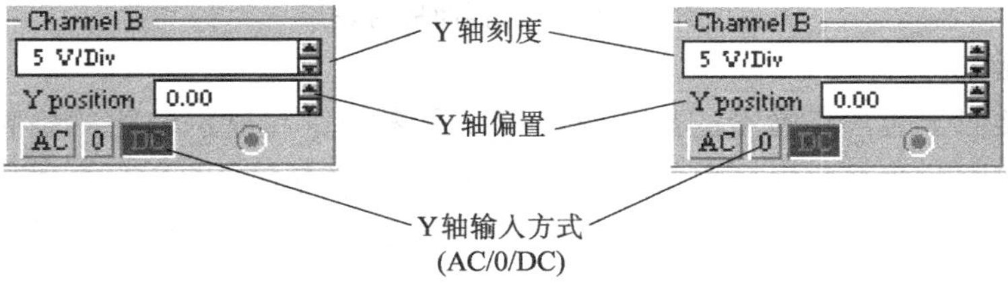

图 10-23　示波器输入通道设置

2. 通道设置

通道设置与日常普通双踪示波器的设置方法相同，指标是：Y 轴灵敏度为 10μV/DIV ~ 5kV/DIV)，输入耦合方式为 AC/0/DC。

3. 触发

触发有选择触发极性、选择触发电平、选择触发信号等，使用方法和实际的示波器相同，这里不再作进一步的叙述。

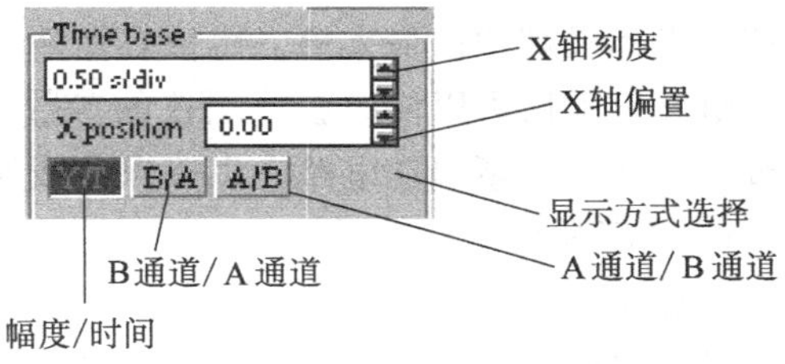

图 10-24　示波器时基的调整

为了能够更细致地观察波形，可按下示波器面板上的 Expand 按钮将面板进一步展开，如图 10-25 所示。通过拖曳指针可以详细读取波形任一点的读数，以及两个指针间读数的差。按下 Reduce 按钮可缩小示波器面板至原来大小。按下 Reverse 按钮可改变示波器屏幕的背景颜色。按下 Save 按钮可按 ASC II 码格式存储波形读数。

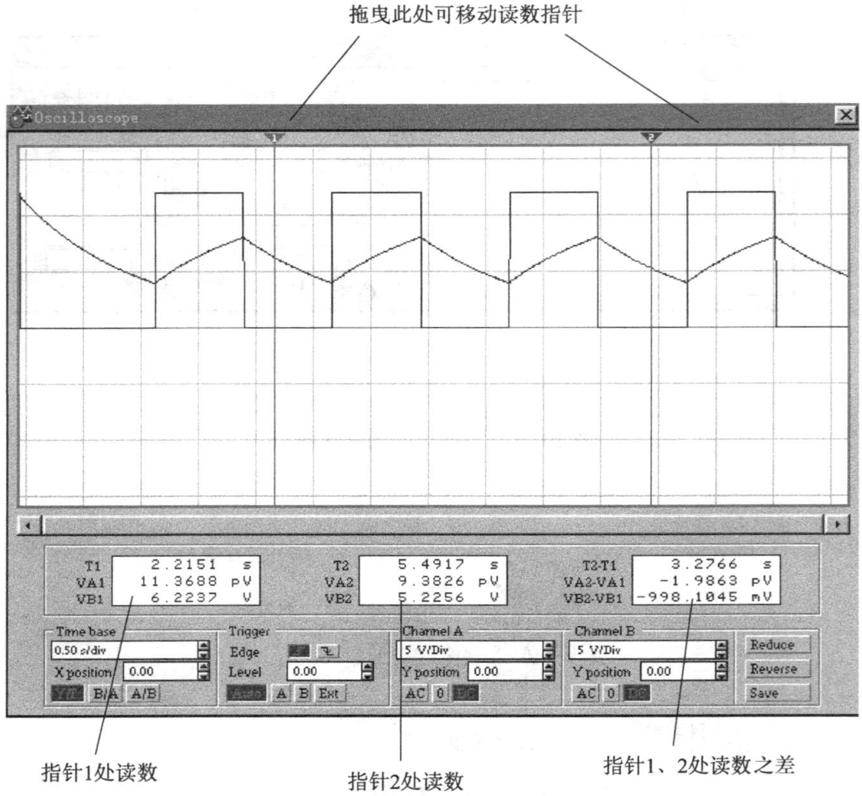

图 10-25　示波器面板的展开

五、波特图仪

波特图仪类似于通常实验室的扫频仪，可以用来测量和显示电路的幅频特性与相频特性。波特图仪的图标及其面板如图 10-26 所示。波特图仪有 IN 和 OUT 两对端口，其中 IN 端口的 +V 端和 -V 端分别接电路输入端的正端和负端；OUT 端口的 +V 端和 -V 端分别接电路输出端的正端和负端。此外使用波特图仪时，必须在电路的输入端接入 AC（交流）信号源，但对其信号频率的设定并无特殊要求，频率测量的范围由波特图仪的参数设置决定。垂直和水平标尺都预设最大值，可依具体情况进行调整，以输出波形清晰，方便读数为准。

电路启动后可以修改波特图仪的参数设置（如坐标范围）及其在电路中的测试点，但修改以后建议重新启动电路，以确保曲线显示的完整与准确。

1. 幅度和相位特性设置

在控制面板中，单击“Magnitude”按钮表示要测量电路中两个任意节点间的幅频特性，单位可为倍数或 dB；单击“Phase”按钮表示测相频特性，单位是度。

2. 垂直轴和水平轴设置

波特图仪的坐标可以选择对数（Log）和线性（Lin）。由于频率范围较宽，增益也很

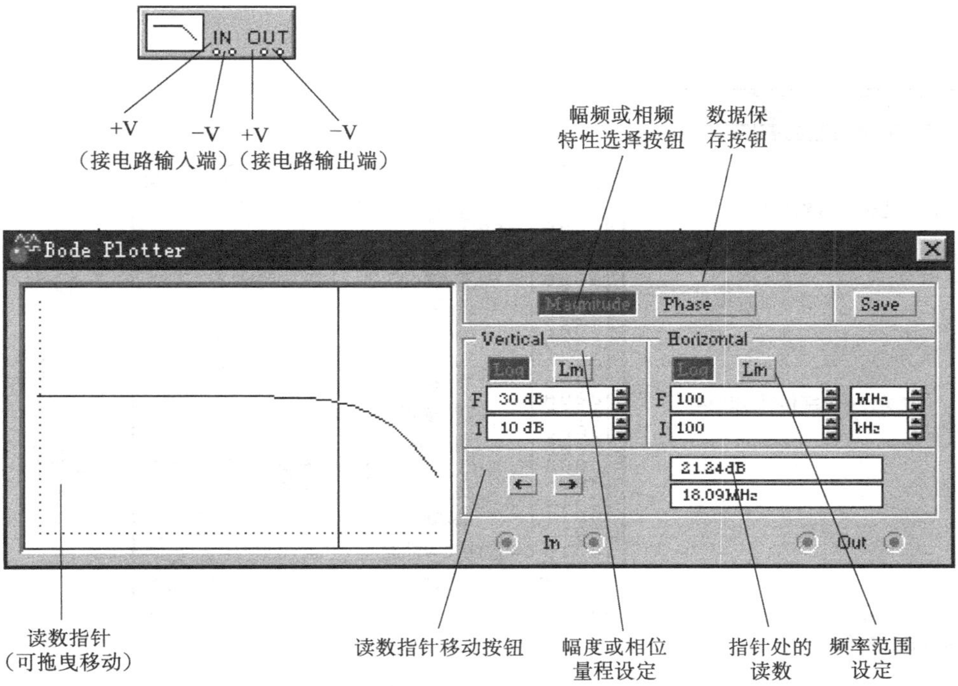

图 10-26　波特图仪的图标及面板

大，通常都采用对数坐标。水平坐标总是频率，可通过设置初始频率（I）和终止频率（F），人为设定测量电路的某一段频率响应。垂直坐标轴依幅度或相位特性设置可表示为幅度大小或相位大小。相位总是用度作单位，幅度则有选择对数坐标和线性坐标的差别。当选择对数坐标时，单位是 dB；当选择线性坐标时，单位是倍数。

波特图仪的频率变化范围是 1mHz ~ 999GHz；

相位变化范围是 −720° ~ 720°；

3. 数据读出

移动垂直指针，可以读出不同频率值对应的幅度增益和相移值。单击波特图仪下方的箭头或拖曳垂直指针到相应位置，可得到相应的读数，如图 10-27 所示。

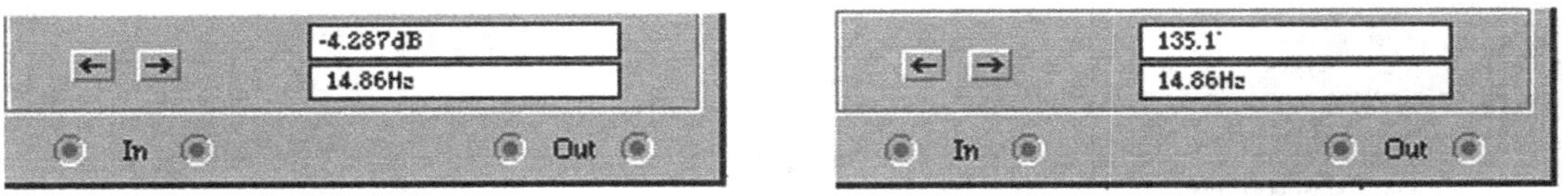

图 10-27　测幅频特性和相频特性时的读数示意

六、字信号发生器

字信号发生器是一个多路逻辑信号源，它能够产生 16 位（路）的同步逻辑信号送给数字逻辑电路。图 10-28 是其图标和面板，从中可知，字信号发生器除输出 16 路逻辑信号外，同时，还可输出一路时钟脉冲。

字信号发生器的 16 路信号输出是对应逻辑字的每一位的，逻辑字可以人工编辑存放在逻辑地址中。在时钟节拍的控制下，依次从逻辑地址中取出，得到所需的信号。图 10-29 是

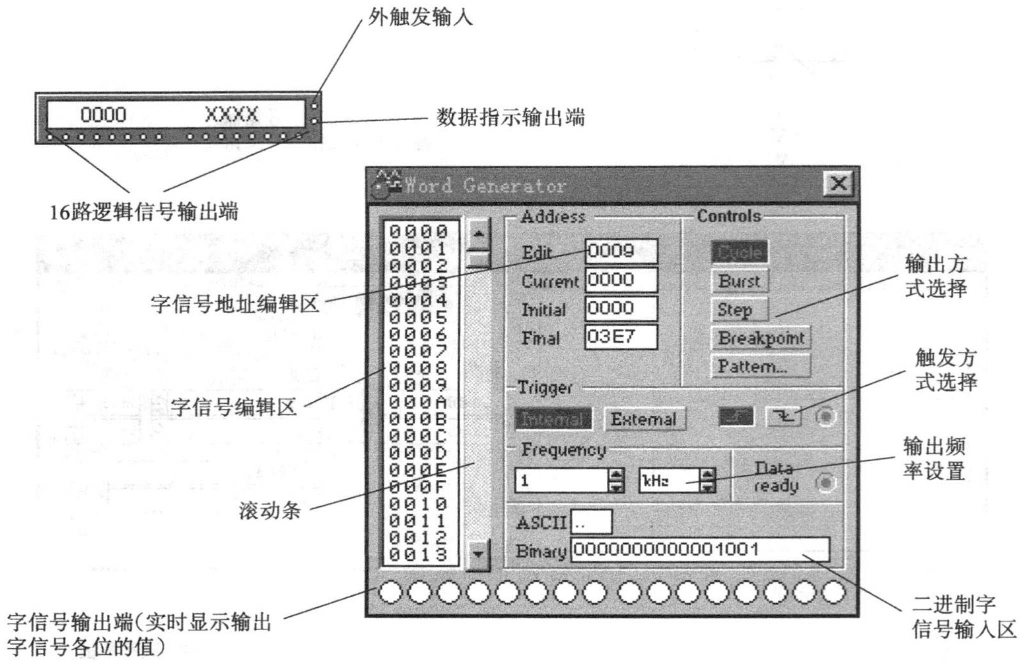

图 10-28 字信号发生器的图标和面板

随意编辑得到的一路最低位的数字信号输出波形。

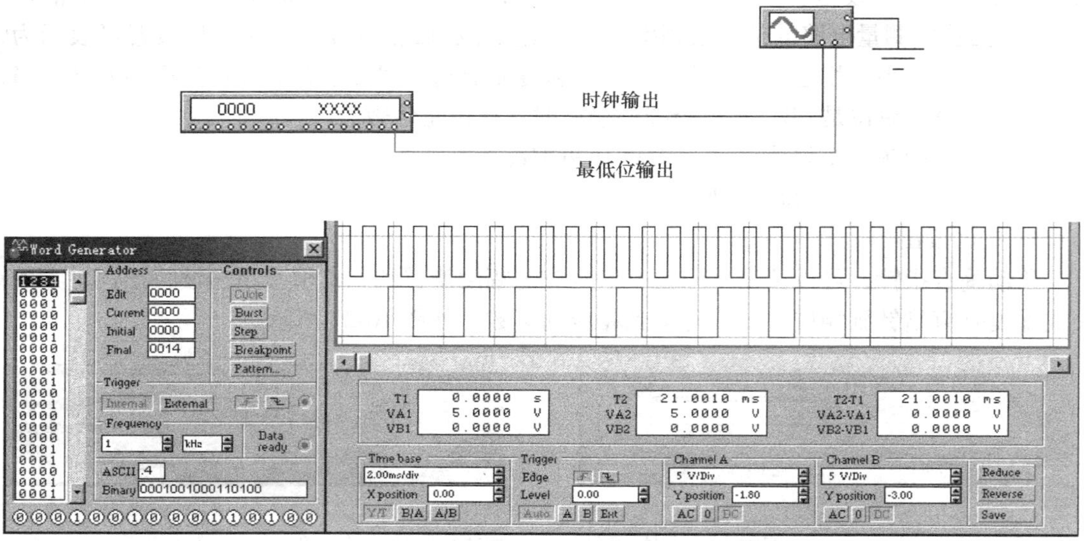

图 10-29 字信号发生器时钟输出和最低位输出

字信号发生器的面板分为六个栏：左半部区域显示一系列 4 位并行十六进制字元，右半部分分别是地址（Address）栏、控制（Controls）栏、触发（Trigger）栏、频率（Frequency）栏、二进制（Binary）编辑栏。

在地址栏中，Edit 区显示当前正在编辑的字信号的地址；Current 区显示当前正在输出的字信号的地址；Initial 区和 Final 区分别用于编辑和显示输出字信号的首地址和末地址。

地址编号为 0 ~ 3FF，即最多可以存放 1024 条字信号。编辑区内的显示内容可以通过滚动条前后移动。使用鼠标单击可以定位和插入需编辑的位置，然后输入十六进制数码。也可以在面板下部的二进制字信号输入区输入二进制码。字信号发生器被激活后，字信号将按照一定的规律逐行从底部的输出端送出，同时在面板的底部对应于各输出端的 16 个小圆圈内实时显示输出字信号各个位的值。

控制栏可以设置字信号的输出方式，分为单步（Step）、单帧（Burst）、循环（Cycle）三种方式。单击一次 Step 按钮，字信号输出一条，这种方式可用于对电路进行单步调试。按下 Burst 按钮，则从首地址开始至末地址连续逐条地输出字信号。按下 Cycle 按钮则循环不断地进行 Burst 方式的输出。Burst 和 Cycle 情况下的输出节奏由输出频率的设置决定。选中某地址的字信号后，按下 Breakpoint 按钮则该地址被设置为中断点。Burst 输出方式时，当运行至该地址时输出暂停，可单击 Pause 或按 F9 键恢复输出。Pattern 是字元设置按钮，单击会弹出图 10-30 所示的对话框。图中前三个选项分别为清除、打开、保存，用于对编辑区的字信号进行相应的操作。字信号保存文件的后缀为“. DP”。图中的后四个选项用于在编辑区生成按一定规律排列的字信号。例如，若选择按递增编码，则按 0000 ~ 03FF 排列；若选择按右移编码，则按 8000、4000、2000、…逐步右移一位的规律排列；其余类推。

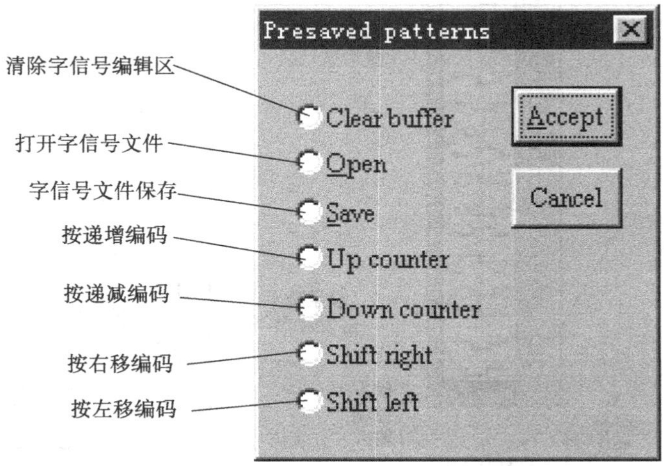

图 10-30　Pattern 对话框

触发栏可以设置触发方式，有内部（Internal）触发方式和外部（External）触发方式两种。一般情况下选择内触发，若特殊情况选择外触发时，需接入外触发脉冲信号。上升沿触发是指字信号的产生对应时钟的上升沿，下降沿触发是指字信号的产生对应时钟的下降沿，可根据需要进行选择。频率的设置用于控制字信号发生器产生一个码元的持续时间。二进制编辑栏可以直接键入 16bit 的二进制码元。

七、逻辑分析仪

逻辑分析仪的作用类似示波器，可以同步记录和显示 16 路逻辑信号，这是一般的示波器所不能比拟的。它可以用于对数字逻辑信号的高速采集和时序分析，是分析与设计复杂数字系统的有力工具。

逻辑分析仪的图标和面板如图 10-31 所示。面板左边的 16 个小圆圈对应 16 个输入端。小圆圈内实时显示各路输入逻辑信号的当前值。按从上到下排列依次为最低位至最高位。逻辑信号波形显示区以矩形波形式显示 16 路逻辑信号的波形。通过设置输入导线的颜色可修改相应波形的显示颜色。波形显示的时间轴刻度可通过面板下边的 Clocks per division 予以设置。拖曳读数指针可读取波形的数据。在面板下部的两个方框内显示指针所处位置的时间读数和逻辑读数（4 位十六进制数）。

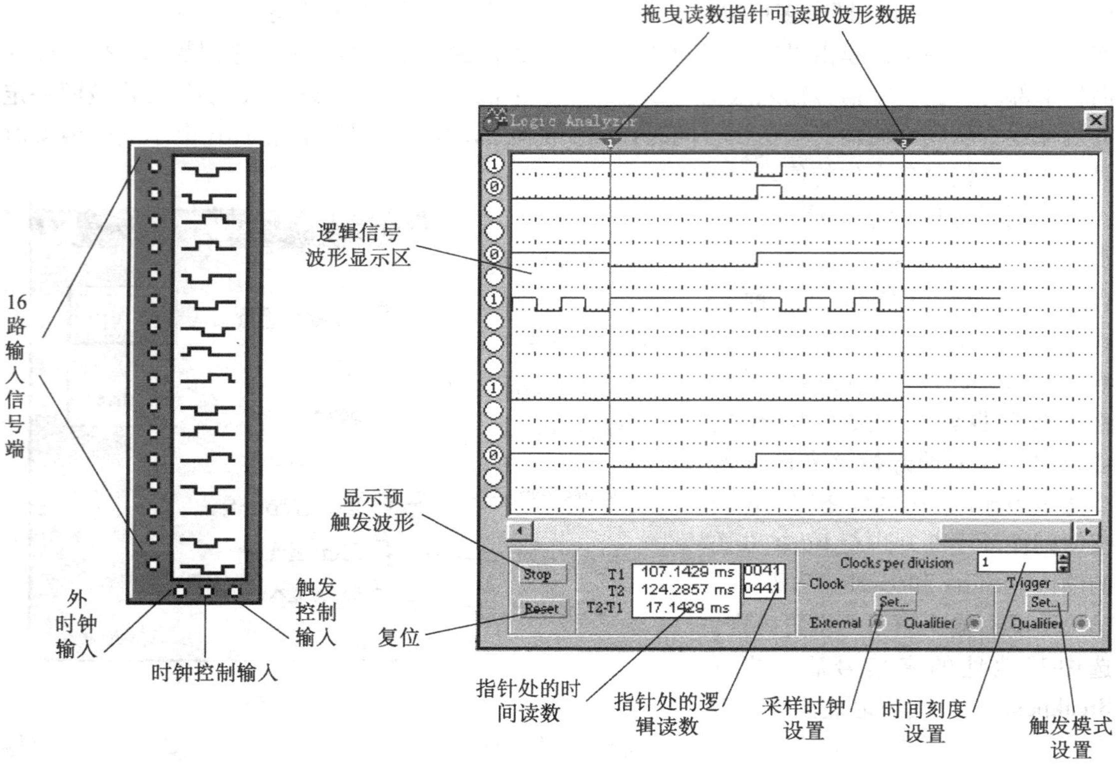

图 10-31　逻辑分析仪的图标和面板

可对逻辑分析仪读取输入信号的时钟进行相关的设置，单击面板 Clock 区的 Set 按钮，会弹出图 10-32 所示的对话框。首先选择内时钟或者外时钟，上升沿有效或下降沿有效。若选择内部时钟，可选择时钟频率。最后设置采样数据的数量及触发电平数值。此外对 Clock 区中 Qualifier（时钟限定）的设置决定时钟控制输入何时有效，若该位设置为 1，则表示时钟控制输入为 1 时有效，逻辑分析仪可以进行波形采集；若该位设置为 0，则表示时钟控制输入为 0 时有效；若该位设置为 x，则表示时钟总是有效，不受时钟控制输入的限制。

触发方式有多种选择。单击 Trigger 区的 Set 按钮弹出触发模式对话框如图 10-33 所示。对话框中可以输入 A、B、C 三个触发字。三个触发字的识别方式可通过 Trigger combinations 进行选择，分为如下八种组合情况：

A or B

A or B or C

A then B

(A or B) then C

A then (B or C)

A then B then C

A then B (no C)

触发字的某一位设置为 x 时，表示该位为“任意”（0、1 均可）。三个触发字的默认设置均为 xxxxxxxxxxxxxxxx，表示只要第一个输入逻辑信号到达，无论是什么逻辑值，逻辑分

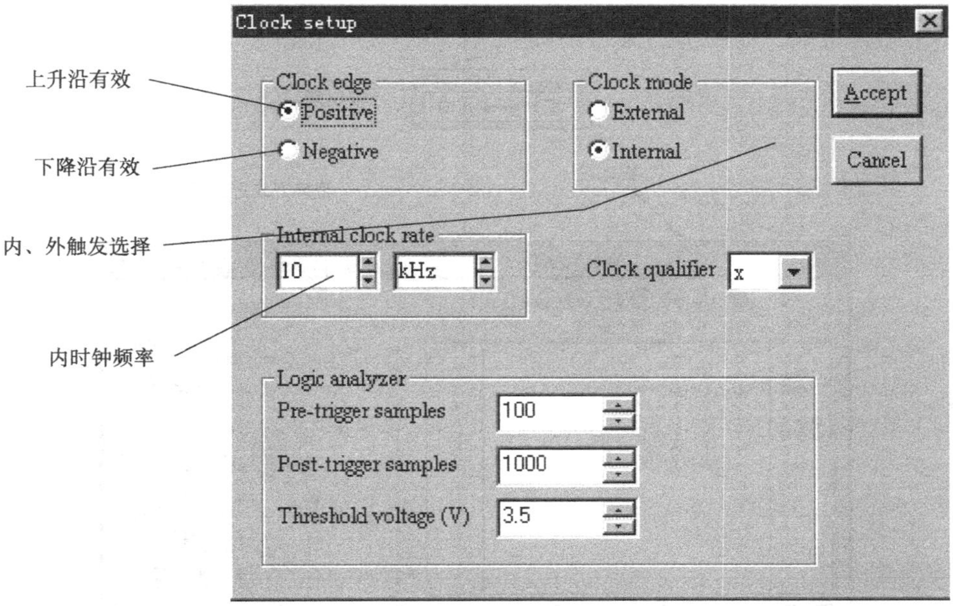

图 10-32　时钟控制对话框

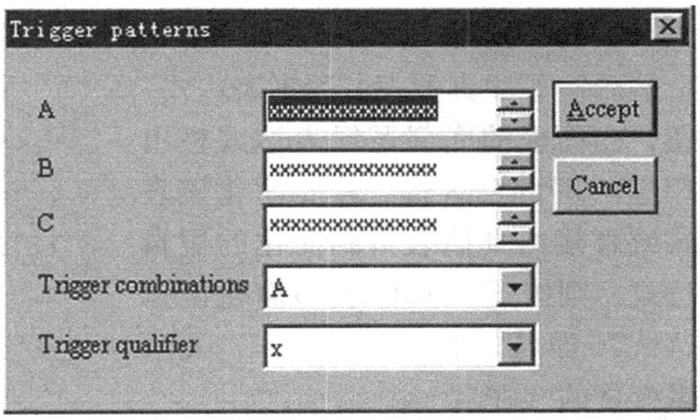

图 10-33　触发模式对话框

析仪均被触发开始波形的采集。否则必须满足触发字的组合条件才被触发。此外，Trigger qualifier（触发限定字）对触发有控制作用。若该位设为 x，则触发控制不起作用，触发完成由触发字决定；若该位设为 1（或 0），则仅当触发控制输入信号为 1（或 0）时，触发字才起作用，否则即使触发字组合条件满足也不能引起触发。触发发生后，逻辑分析仪按照设置的点数显示触发前波形和触发后波形，并标出触发的起始点。在触发前，单击 Stop 按钮可显示触发前波形。任何时候单击 Reset 按钮，逻辑分析仪就会复位，显示的波形清除。

八、逻辑转换仪

逻辑转换仪是 EWB 特有的仪表，实际工作中不存在与之对应的设备。逻辑转换仪能够完成真值表、逻辑表达式和逻辑电路三者之间的相互转换。图 10-34 是其图标和面板，图 10-35 是转换方式选择按钮的含义。

由电路导出真值表的方法与步骤是：首先画出逻辑电路图，并将其输入端连接至逻辑转换仪的输入端，输出端连接至逻辑转换仪的输出端。此时按下“逻辑电路→真值表”按钮，在真值表区即出现该电路的真值表。

由真值表也可以导出逻辑表达式。首先根据输入信号的个数用鼠标单击逻辑转换仪面板顶部代表输入端的小圆圈，选定输入信号（由 A 至 H）。此时真值表区自动出现输入信号的所有组合，而输出列的初始值则全部为零。可以根据所需要的逻辑关系修改真值表的输出

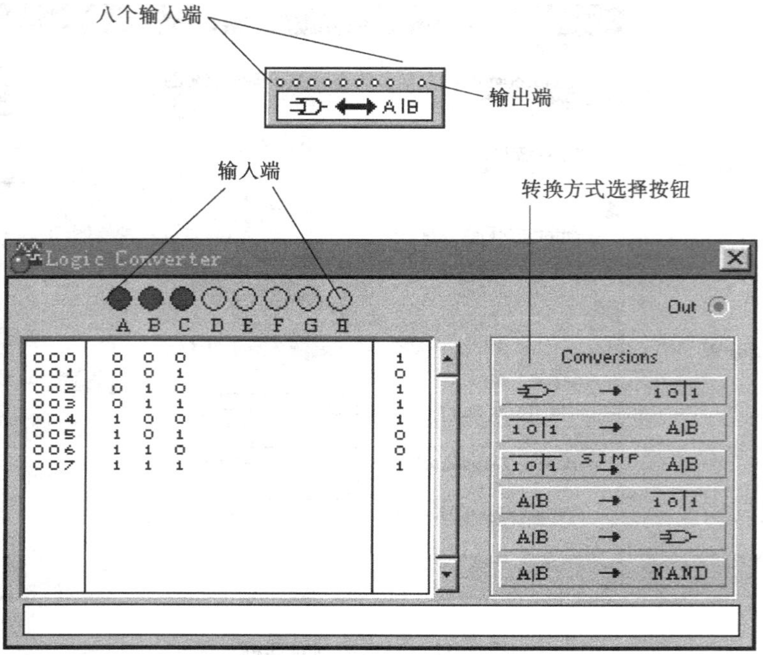

图 10-34　逻辑转换仪的图标和面板

值。然后按下“真值表→逻辑表达式”按钮，在面板的底部逻辑表达式栏出现相应的逻辑表达式。若要简化该表达式或直接由真值表得到简化的逻辑表达式，则按下“真值表→简化逻辑表达式”即可。表达式中“,”表示逻辑变量的“非”。

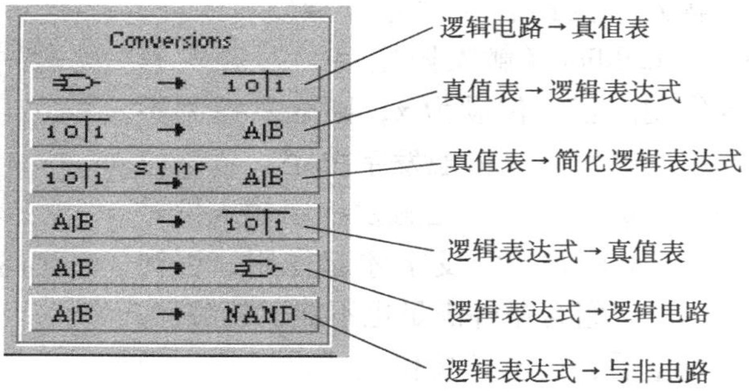

图 10-35　转换方式选择按钮

可以直接在逻辑表达式栏输入逻辑表达式（与或式、或与式均可），然后按下“逻辑表达式→真值表”按钮得到相应的真值表；按下“逻辑表达式→逻辑电路”按钮得到相应的逻辑电路图；按下“逻辑表达式→与非电路”按钮得到由与非门构成的电路。

第三节　电路仿真测试举例

一、电路基础举例

1. 灯泡的使用

（1）测量灯泡电阻　测量灯泡电阻如图 10-36 所示，直接使用数字万用表的电阻档测量即可。测量结果与理论计算值相同。

$$P = \frac{U^2}{R}$$

$$R=\frac{U^2}{P}=\frac{12^2}{10}\Omega=14.4\Omega$$

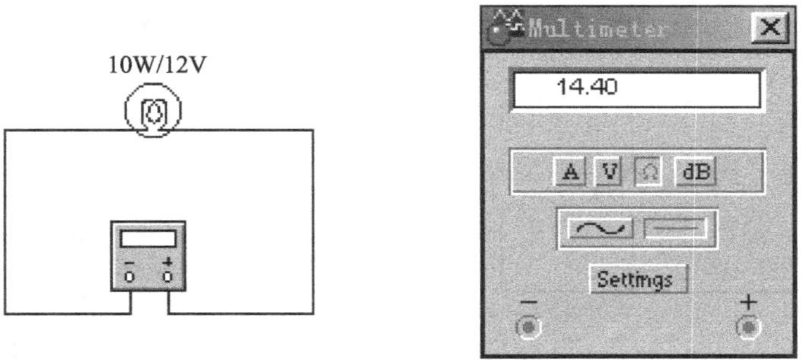

图 10-36　用数字万用表测量灯泡的电阻

（2）灯泡的使用分析　灯泡的使用有以下几种情况，如图 10-37 所示。图 10-37a 是过电压烧坏；图 10-37b 是正常使用；图 10-37c 是电压不足，会导致灯光昏暗。

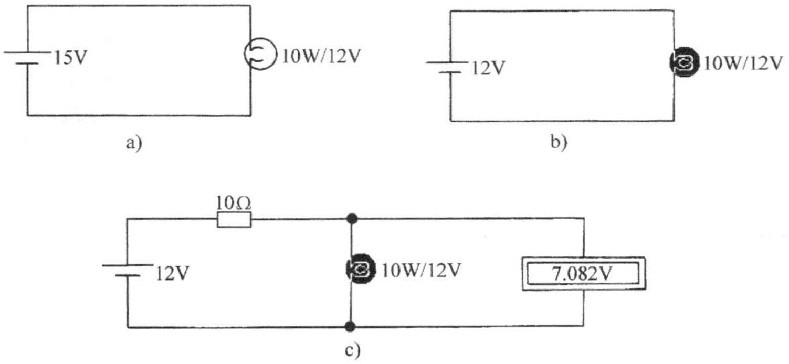

图 10-37　灯泡使用的几种情况

2. 电压表内阻对测量误差的影响

图 10-38 所示为电压表内阻对电路测量误差的影响情况，可知电压表内阻越大，测试结果越准确。

二、模拟电路应用举例

1. 测量放大器的放大倍数

图 10-39 所示分压式偏置电路中，可以直接通过示波器的指示得到放大器的放大倍数。A 通道为输入信号，B 通道为输出信号。在 T_1 时刻，$V_{A1}=278.3\text{mV}$，$V_{B1}=-3.07\text{V}$，则放大器的放大倍数为

$$A_V=\frac{V_{B1}}{V_{A1}}=-\frac{3.07\times1000}{278.3}=-11$$

从图中还可知道，输出电压与输入电压是反相的。

改变负载电阻 R_3，使之从 10kΩ 减小到 3.9kΩ 时，V_{B1} 绝对值减小，从图 10-40 中可以读出此时 V_{B1} 为 −2.14V，即放大倍数变为

$$A_V=\frac{V_{B1}}{V_{A1}}=-\frac{2.14\times1000}{278.3}=-7.7$$

当将反馈电阻 R_{e1} 减小到 100Ω 时，输出大约为 5V，相应放大倍数绝对值也增大为 18，

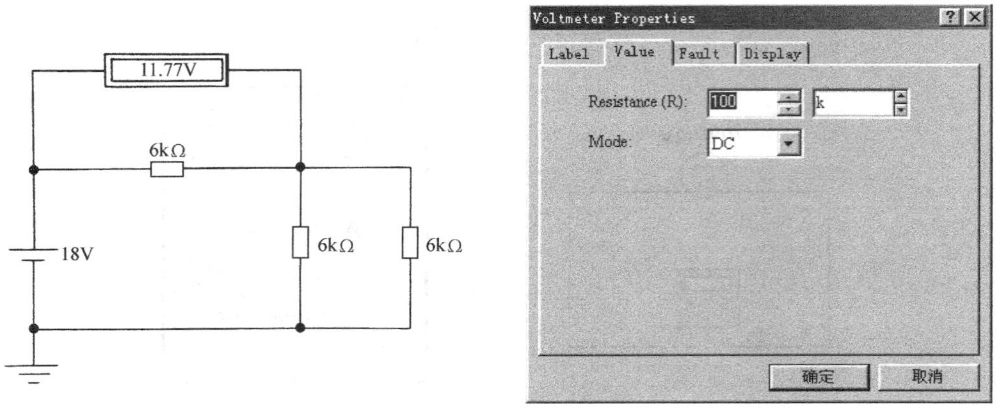

a）电压表内阻为100kΩ时的测量结果

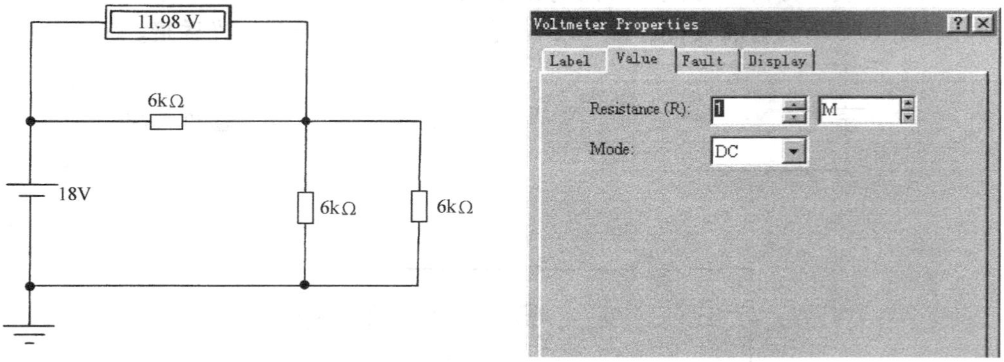

b）电压表内阻为1MΩ时的测量结果

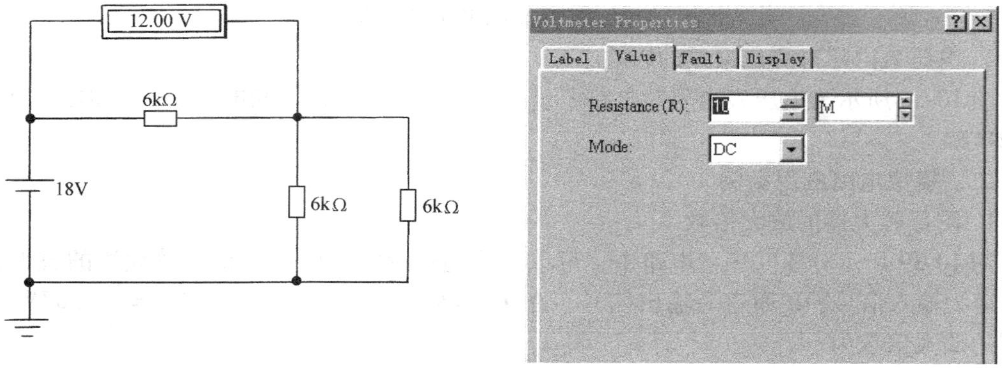

c）电压表内阻为10MΩ时的测量结果

图 10-38　电压表内阻对测量误差的影响

如图 10-41 所示。

$$A_V = \frac{V_{B1}}{V_{A1}} = -\frac{5 \times 1000}{278.3} = -18$$

2. 测量电路的频率响应

图 10-42a 是一个 60Hz 陷波器的电路，图 10-42b 是用扫频仪得到的频率响应曲线，图

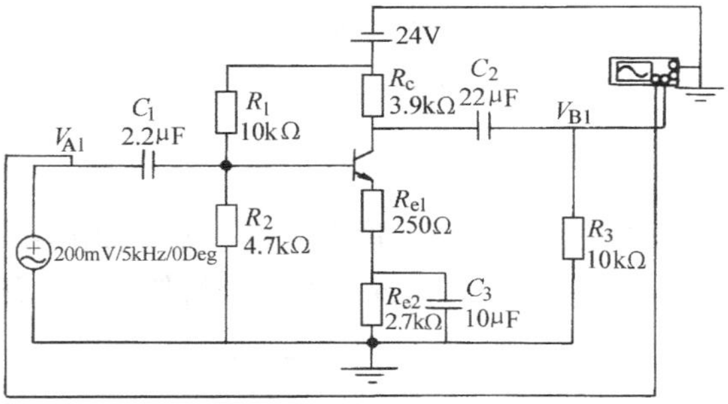

a）分压式偏置电路

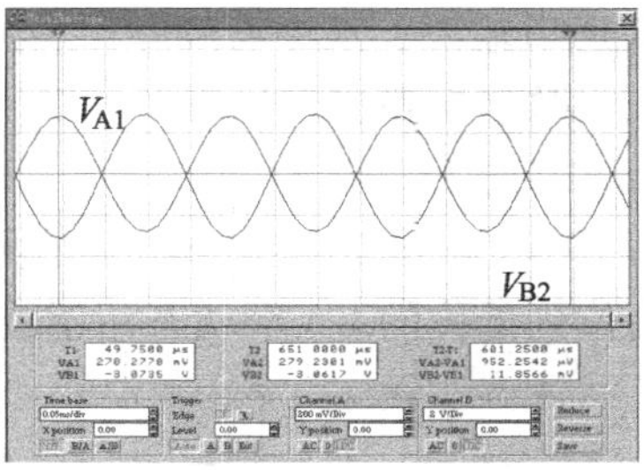

b）输入、输出波形

图 10-39　分压式偏置电路及其输入、输出波形

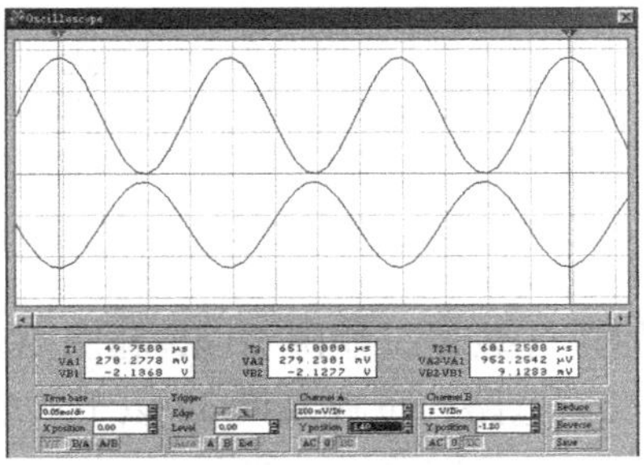

图 10-40　负载减小时的波形

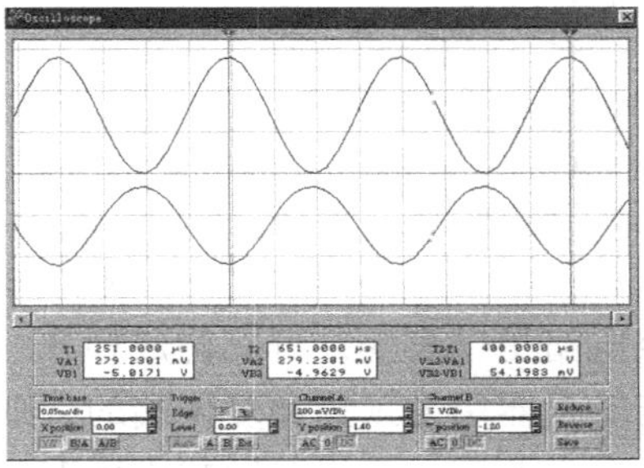

图 10-41　反馈电阻减小时的波形

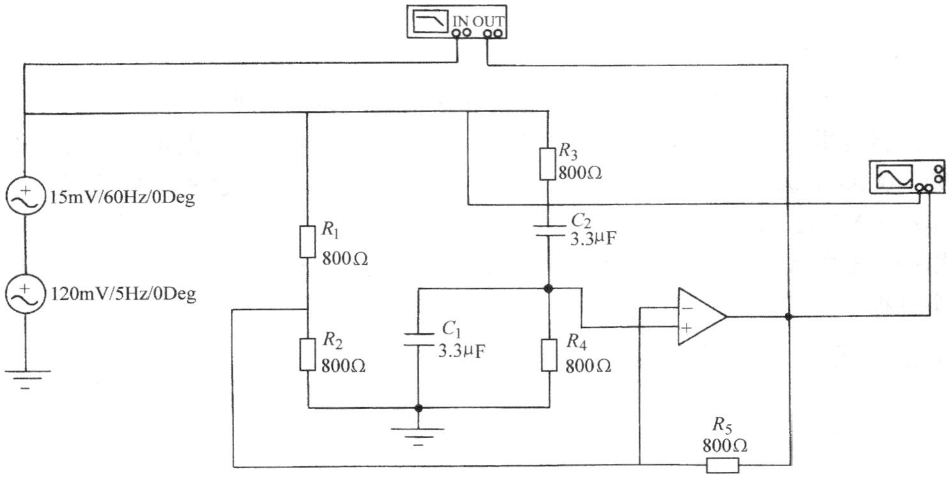

a)

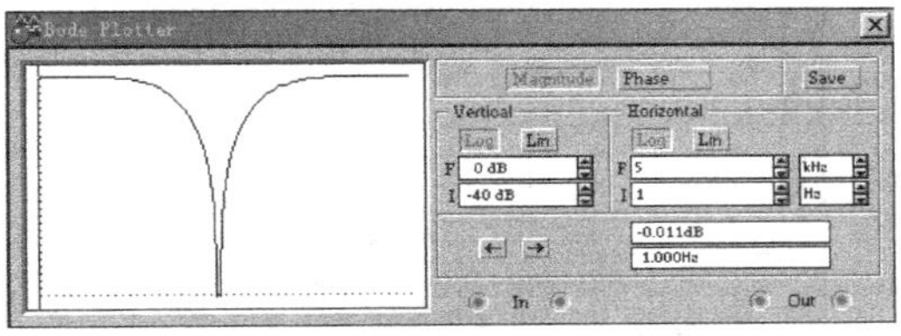

b)

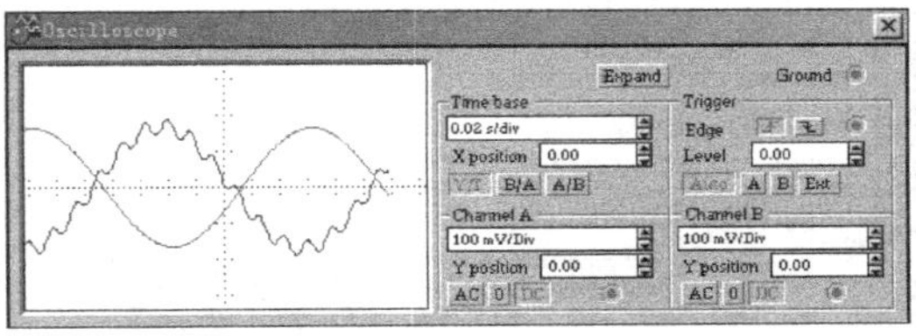

c)

图 10-42　60Hz 陷波器

10-42c 是将输入 5Hz 和 10Hz 的信号叠加得到输入信号作为示波器的 A 通道输入，输出信号作为 B 通道输入，从中看到输出波形中不再含有 60Hz 的成分。

三、数字电路应用举例

1. 二进制异步计数器

图 10-43 和图 10-44 为模 32 的异步二进制减法计数器及其输出波形，波形输出由上到下是从高位到低位的。5 个状态用示波器不能全部显示，这种情况用逻辑分析仪就很方便。

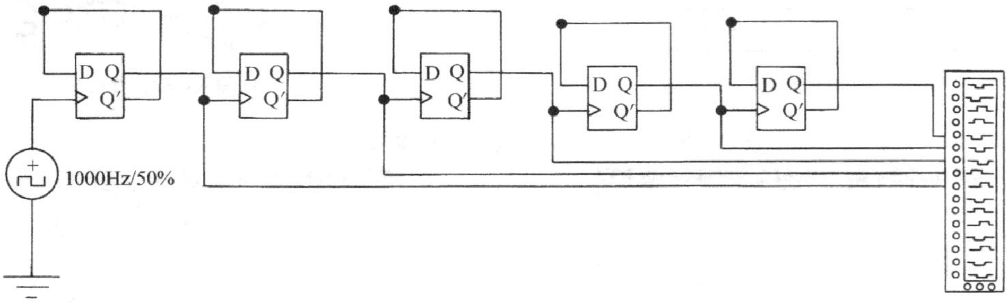

图 10-43　异步二进制减法计数器

该电路稍作改变，可以构成模 32 的异步二进制加法计数器，如图 10-45 和图 10-46 所示。若触发器用带预置和复位端的，则通过加入适当反馈电路，可构成模 32 以下的任意进制计数器。若该电路将时钟减小到 1Hz，则可以用发光二极管作演示，如图 10-47 所示，计数状态为 00000→11111→11110→11101→…→00001→00000，相当直观。图中指示是计数到 11101 时的情况。

2. 4 位全加器

图 10-48 为 4 位全加器的电路。字信号发生器的内容设置成依次递加的，字信号发生器的频率设置的慢一些，这样可以便于观察，此处设为 0. 5Hz。此电路可以完成从 0000 + 0000 = 0000、0000 + 0001 = 0001 到 1111 + 1111 = 11110 的运算过程，即完成 $A_4A_3A_2A_1 + B_4B_3B_2B_1 = \Sigma_4\Sigma_3\Sigma_2\Sigma_1$ 的加法运算。被加数 $A_4A_3A_2A_1$、加数 $B_4B_3B_2B_1$ 及和 $\Sigma_4\Sigma_3\Sigma_2\Sigma_1$ 的状态均用一个七段数码管显示。同时发光二极管也在显示。通过该例，可以很直观地看到做加法的全过程。

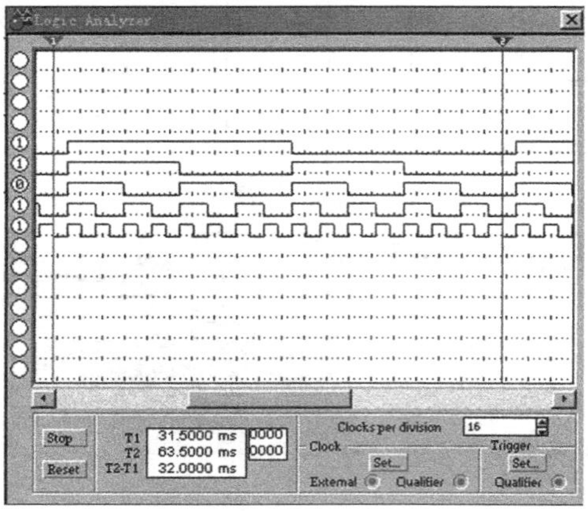

图 10-44　模 32 减法计数器输出波形

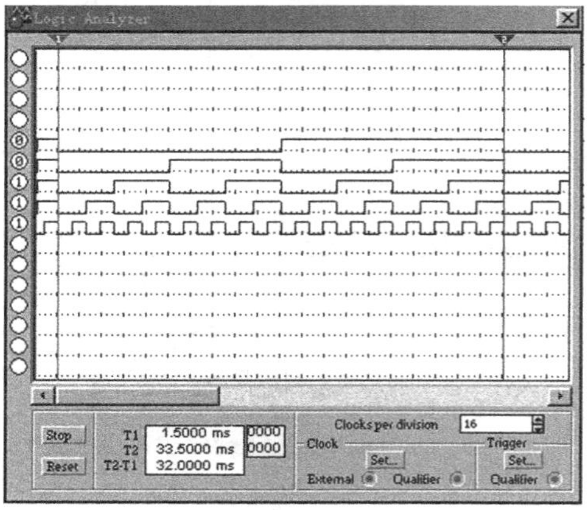

图 10-45　模 32 加法计数器输出波形

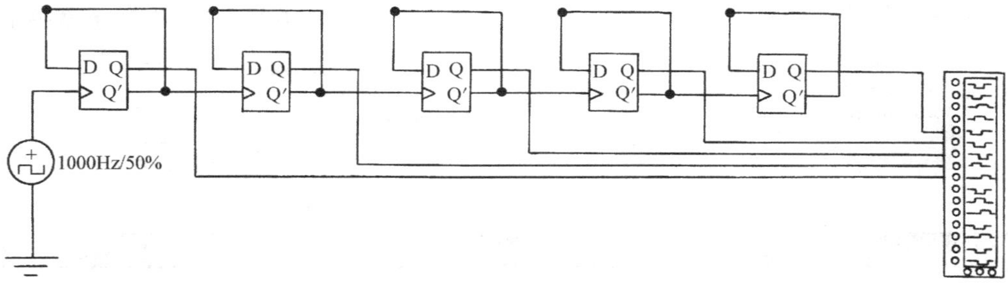

图 10-46　异步二进制加法计数器

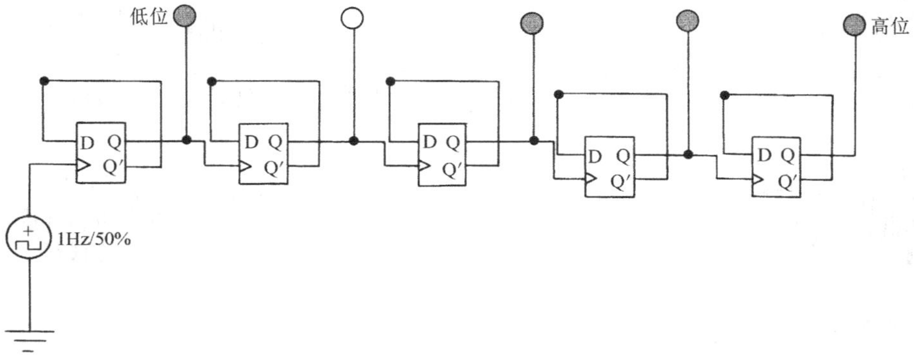

图 10-47　用发光二极管显示输出

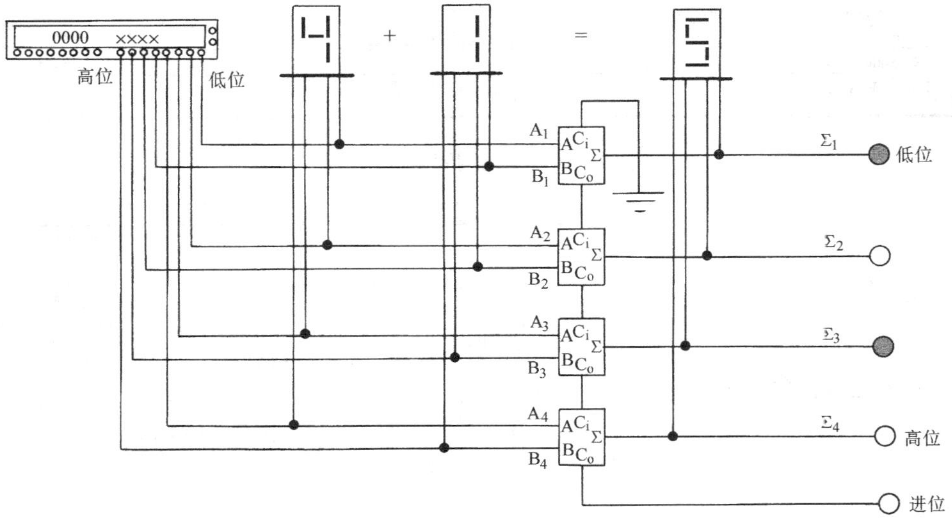

图 10-48　4 位全加器

四、高频电路应用举例

EWB 可以产生调幅波和调频波，调幅波和调频波的调制指数、幅度、载波和调制信号的频率均可方便地调整。图 10-49 为不同调制度的调幅波，图 10-50 为不同调制度的调频波（调频指数分别为 8 和 3）。

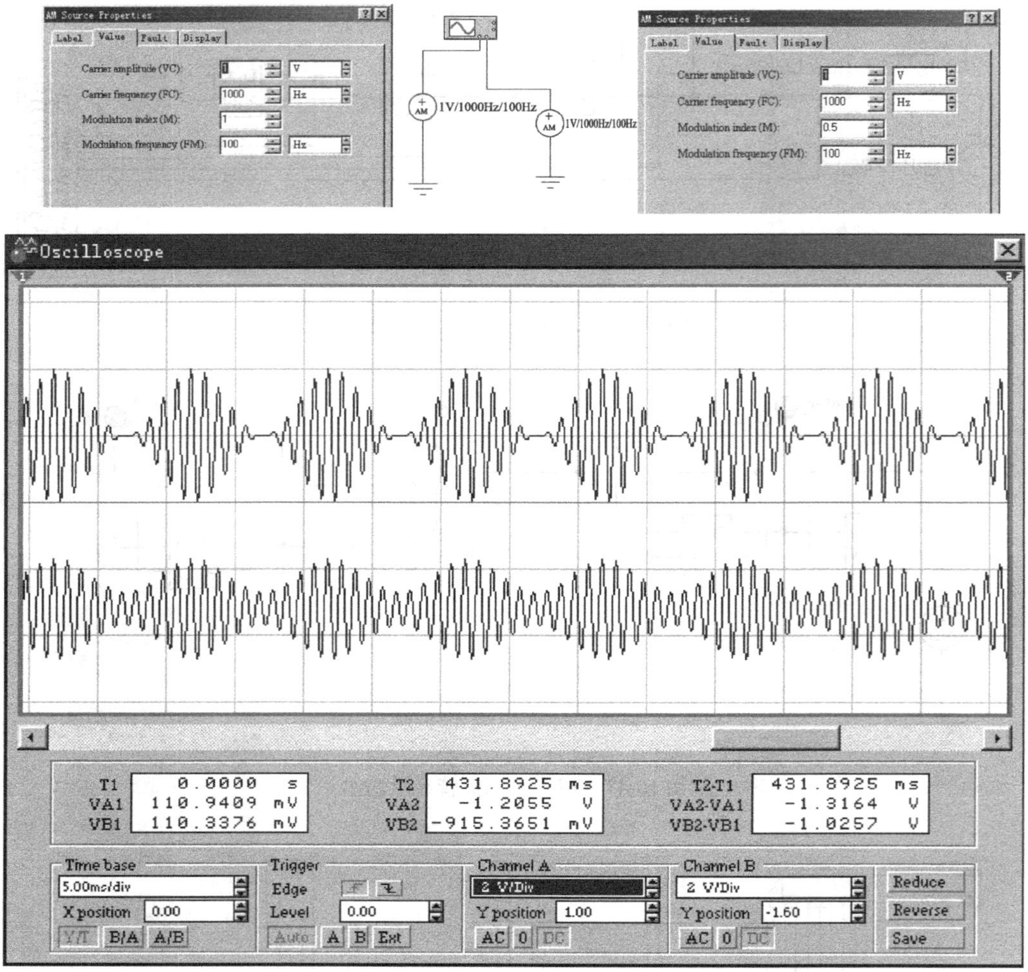

图 10-49　不同调制度的调幅波

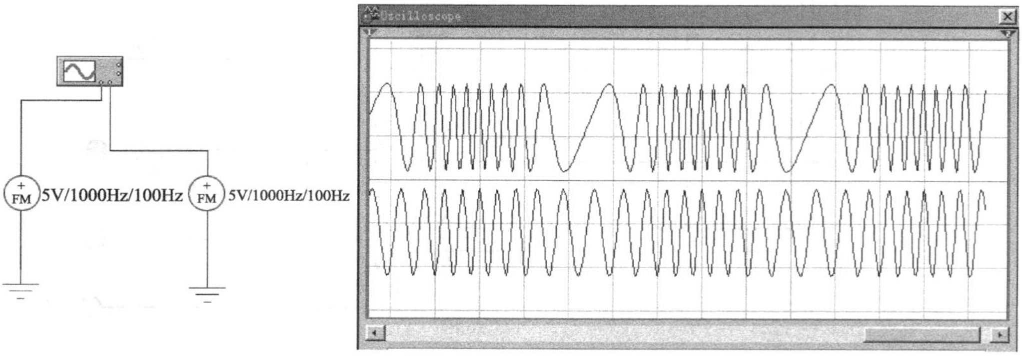

图 10-50　不同调频指数的调频波

五、通信原理应用举例

EWB 可以仿真产生伪随机编码（m 序列），用以模拟通信信道中的噪声。图 10-51 是用于产生 127 位码元，生成多项式为 x^7+x^3+1 的伪随机信号产生器。

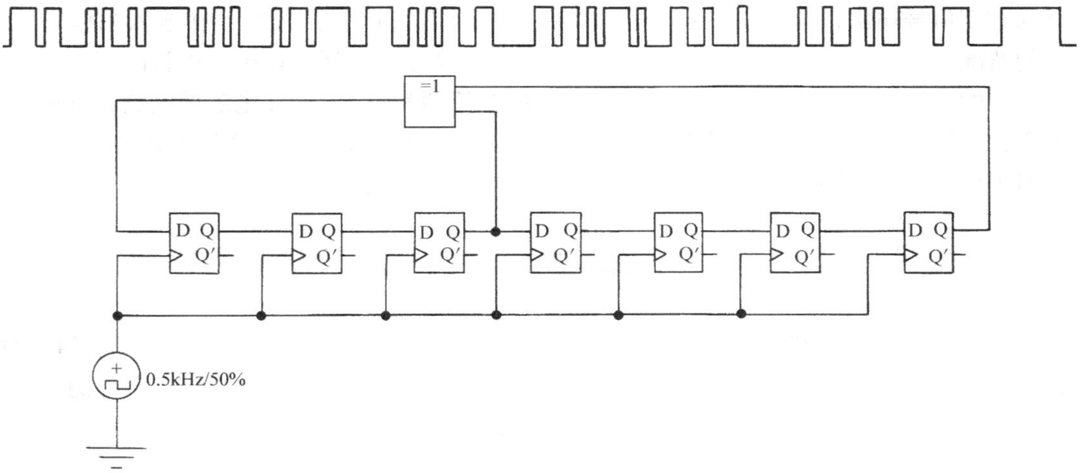

图 10-51　m 序列产生器

该伪随机信号产生器产生的序列状态为 01110110001010010111110101010000101101111 001110010101100110000011011010111010001100100010000001001001101001111011100001111 11100。

六、综合应用举例（二极管特性曲线测试）

测试二极管的输出特性曲线如图 10-52 所示，该电路采用字信号发生器自动产生等步长

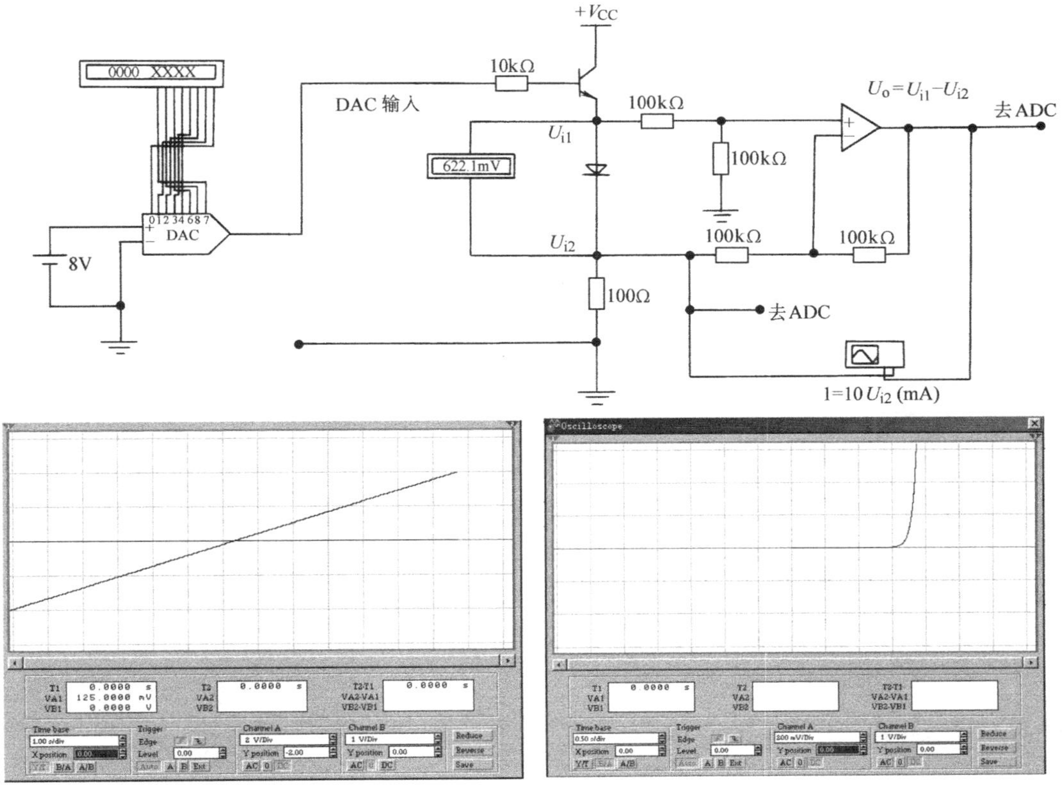

图 10-52　测试二极管的输出特性曲线

递增的数字信号输出，由 D-A 转换器（DAC）转换成相应的模拟信号。在输入晶体管电压增长的情况下，电压表可直接指示二极管两端电压的变化。由运放取出二极管两端的电压加到示波器的 A 通道作为 X 轴输入，流过二极管的电流即是流过 100Ω 电阻的电流，可通过测量 100Ω 电阻两端电压经换算得到，100Ω 电阻两端电压加到示波器的 B 通道作为 Y 轴输入，示波器工作于 B/A 模式，可以直接显示出二极管的特性曲线。

本章小结

EWB 软件是一个非常方便实用的电路仿真软件，利用它可帮助同学们理解电子技术中相关的理论、概念，它最大的优点就是生动直观、安全、节省元器件，建议有条件的学校应充分地利用它来进行教学。

习　　题

1. EWB 软件具有什么主要特点？
2. 用 EWB 软件对电子电路进行仿真时使用了哪两种基本方法？
3. EWB 软件对电子电路进行仿真是怎么样设置直流电压参数值的？
4. EWB 软件对电子电路进行仿真提供了什么测量工具？
5. 使用 EWB 软件时会出现哪些现象和问题？写出操作心得。

第十一章　常用电子测量仪表综合运用

在实际测量工作中，由于外界条件、仪表本身和测量者技术水平等的不同，必然导致对同一测量对象进行的若干次测量所得到的结果彼此不同，或在各观测值与其理论值之间仍存在差异。也就是说，测量结果含有误差是不可避免的。为了消除或减少误差，需要对误差的来源、性质及其产生和传播的规律进行研究，来解决测量中经常遇到的一些问题。例如，在一系列的测量值中如何确定最可靠值；如何来评定测量的准确度；什么样的误差是被许可的，即如何确定误差的限度。所有这些问题都要运用误差理论和科学测量来得到解决。

第一节　科学制订测量方案

一、测量任务的分析

在受理了测量任务之后，第一件工作就是要对该任务进行详尽的分析。要分清楚所要进行的是电量测量，还是非电量测量；是简单的直接测量，还是复杂的组合测量；是时间域测量、频率域测量，还是调制域测量；是低频测量，还是高频测量。此外，还要进一步分析该测量对实时性、准确度的具体要求。

二、测量工具的选择

电子测量仪表是完成电子测量任务的基本工具。当测量任务与方法确定以后，十分重要的工作就是选择测量仪表。在具体的选择过程中要注意两方面的问题：一是测试功能的针对性，二是选择电子测量仪表的合理性。

三、测量环境的准备

任何测量都是有条件的测量。测量环境主要包括温度、湿度、压力以及供电电源的频率、幅度和平稳性等。有些对电磁干扰比较敏感的测量，要在电磁屏蔽室里进行。另外有些测量，如产品的可靠性测量，要在特定条件下长时间地连续进行。

图 11-1　单一的测量系统构成

四、测量系统的建立

实际的测量，可以是由一台仪表去测量一个或多个参数，也可以是由多台仪表相互配合测量一个过程的多个参数。单一的测量系统构成如图 11-1 所示。现代电子测量更多的是将带有接口的程控仪表和被测对象、通用计算机组成测量系统。多仪表组成的自动测量系统如图 11-2 所示。

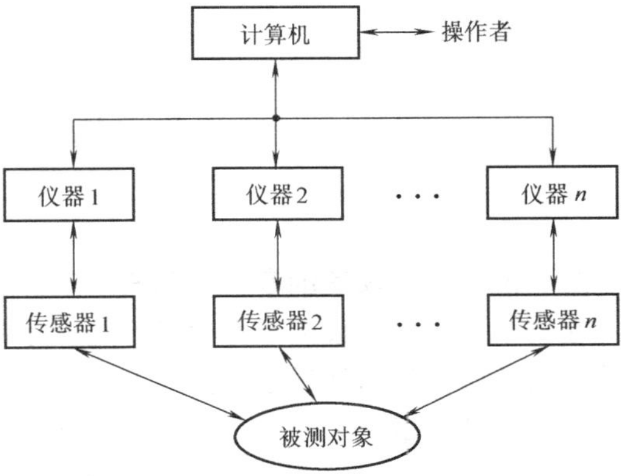

图 11-2　多仪表组成的自动测量系统

五、测量流程的设定

用单一仪表进行单一参数的测量，往往

按仪表的技术规范进行操作。对于较为复杂的测量，特别是一些非标准和非常规的测量，在确定测量方案时，要制订具体的操作步骤、方法，形成测量程序（也称操作定义），以书面的形式，让操作人员在测量时严格照章执行。例如，为测定某压控振荡器的压控特性，制订如下测量流程（见图 11-3）：

1）将 E312A 型数字频率计接于压控振荡器的频率输出端。

2）用 YB3203 型直流电源给压控振荡器加上 12V 直流电源。

3）将 YB3203 型直流电源的可调电压加于压控振荡器的压控电压端，使控制电压为零。

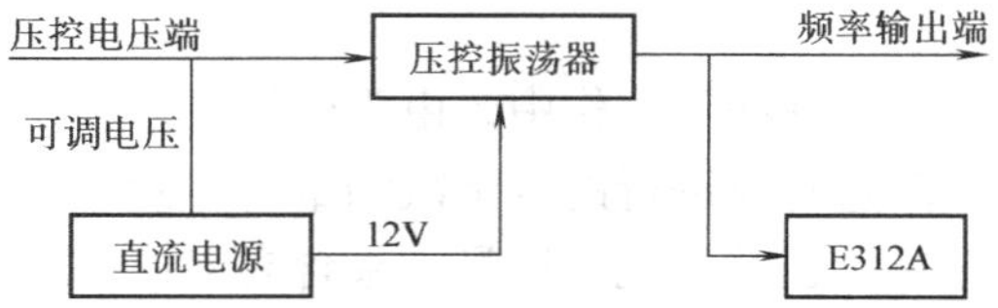

图 11-3　压控振荡器的压控特性测量

4）可调电压增加 0.5V，记录 E312A 的数值。

5）每次可调电压增加 0.5V，重复 4）的操作过程。

6）绘出 U-f 曲线。

第二节　正确使用和维护电子测量仪表

一、电子测量仪表的基本运用和基本操作

测量质量和效率取决于操作人员对测量工艺的掌握程度和制订测量方案是否合理。学习被测量产品整机电路的工作原理，了解其性能指标和测试条件。掌握各种仪表的性能指标及其使用环境要求，并能熟练操作。掌握电路多个项目的测量和调试方法，并能进行数据处理。懂得总结调试过程中常见的故障，并能设法排除。

例如，有图 11-4 所示的这样一个电路，在该电路输入端加入幅度为 100mV、频率为 20MHz 的正弦波信号，用一台 40MHz 的示波器来分别观察 A 点与 B 点的波形，当示波器探头衰减器处于 1:1 状态时，操作人员会发现 B 点波形幅度大于 A 点的波形幅度，似乎以 VT_2 为核心的射随电路有放大作用，这是与理论相对立的。

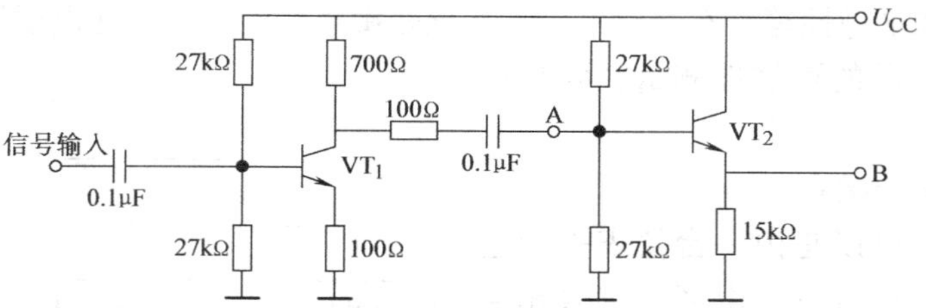

图 11-4　射随电路

二、电子测量仪表的变通使用与功能扩展

在测量条件受限或测量准确度不是十分苛刻的场合，往往可以通过对现有测量仪表的变通使用或适当增加附加设备来扩展其功能，以完成在通常规则下难以完成的测量任务。

三、电子测量仪表的检查、校准与维护

作为一种电子产品，经过一段时间的使用，免不了出现一些问题。关键是要及时发现，并加以维修与校正。

四、测量的安全措施

测量过程中要接触到各种测量仪表和电源，在这些仪表设备及被测量机器中常常带有高压电路、高压大容量电容和 MOS 电路等。为保护测量人员的人身安全和避免测量仪表及元器件的损坏，必须严格遵守安全操作规程。

1. 电子测量仪表的安全措施

1）仪表及附件的金属外壳都应接地，尤其是高压电源及带有 MOS 电路的仪表更要良好接地。

2）测量仪表外壳易接触部分不应带电，非带电不可时，应加绝缘覆盖层防护。仪表外部超过安全电压的接线柱及其他端口不应裸露，以防使用者触电。

3）仪表电源线应采用三芯插头，且仪表设备的外壳应通过三芯插头与地线相连。

2. 操作安全措施

1）在接通被测机的电源前，应检查其电路及连线有无短路等不正常现象。接通电源后观察机内有无冒烟、高压打火和异常发热等情况。如有异常现象，应立即切断电源，查找故障原因，以免扩大故障范围或造成不可修复的故障。

2）禁止调试人员带电操作，如必须与带电部分接触时，应使用带有绝缘保护的工具。

3）在进行高压测量前，应做好绝缘安全准备，如穿戴好绝缘工作鞋、绝缘工作手套等。在接线前，应先切断电源，待连线及其他准备工作完毕后再接通电源进行测量与调整。

4）使用和调试 MOS 电路时必须佩带防静电腕套。在更换元器件或改变连线前，应关掉电源，待滤波器电容放电完毕后再进行相应操作。

5）测量时至少应有两人在场，以防不测。无关人员不得进入工作场所，任何人不得随意拔动电源总闸、仪表设备的电源开关及各种旋钮，以免造成事故。

6）测量工作结束或离开工作场所前，应关掉调试用仪表等设备的电源，并拉开总闸。

以上简述了测量过程中可能遇到的问题及采取的措施，测量时可根据具体情况制订相应的安全操作规程，以减少或避免事故的发生。

项目六　常用电子测量仪表综合运用和技能训练

项目要求

本项目通过学习电子电路实验中常用的电子测量仪表——示波器、函数信号发生器、直流稳压电源、交流毫伏表和频率计等的主要技术指标、性能及正确使用方法、测量方法和技能训练，要求学生掌握常用的电子测量仪表使用方法，熟练掌握常用的电子测量仪表综合运用和测量方法是电子测量基本技能。

【知识要求】

1）了解常用电子测量仪表的主要技术指标、性能。

2）掌握常用电子测量仪表的使用方法。

3）掌握常用电子测量仪表综合运用的测量方法。

4）了解常用电子测量仪表综合运用的操作步骤、方法，形成科学的测量流程。

【能力要求】

1）掌握常用电子测量仪表使用方法。

2）能使用常用电子测量仪表直接观察和测量信号的大小。

3）能用常用电子测量仪表检测数值是否有误差。

【学习方法】

1）练习前认真阅读实践流程，掌握电子测量仪表的基本运用和基本操作方法。

2）通过实践的技能训练，懂得总结测量过程中常见的故障，并能设法排除。

3）勤于思考，拓展对常用电子测量仪表综合运用能力、优化配置与优化设计的了解。

任务一　常用电子测量仪表综合运用

通过本任务的学习，了解常用电子测量仪表基本运用和基本操作方法，为今后电子测量与调试奠定基础。熟练掌握常用电子测量仪表综合运用和基本操作方法是从事电子产品装配与调试工作的基本技能之一。

一、常用电子测量仪表综合运用介绍

在实际测量工作中，测量、调试是用仪表对单元电路板或整机的性能进行测量、调试。测量、调试的主要内容如下：

1）熟悉产品测量、调试目的和要求。

2）正确合理地选择和使用测量所需要的仪表。

3）严格按照测量工艺要求，对单元电路板或整机进行测量和调试。通过仪表测量操作可以验证单元电路或整机设计的理论知识（如图 11-3 所示的压控振荡器的压控特性测量）。

4）运用电路和元器件的基础理论去分析和排除调试中出现的故障，对测量数据进行正确处理和分析（如图 11-4 所示的射随电路）。

5）填写测量记录，对存在的问题及时反馈，提出改进意见。

例如，在模拟电子电路实验中，经常使用的电子测量仪表有示波器、函数信号发生器、直流稳压电源、交流毫伏表及频率计等。它们和万用电表一起，可以完成对模拟电子电路的静态和动态工作情况的测量。在高频电子线路实验中，常用的电子测量仪表包括双踪示波器、高频信号发生器、超高频毫伏表、多功能频率计和频率特性测量仪等。

二、常用电子测量仪表综合运用训练

1. 常用电子测量仪表的使用

实验中要对各种电子测量仪表进行综合使用，可按照信号流向，以连线简捷，调节顺手，观察与读数方便等原则进行合理布局，各仪表与被测实验装置之间的布局与连接如图 11-5 所示。接线时应注意，为防止外界干扰，各仪表的公共接地端应连接在一起，称为共地。信号源和交流毫伏表的引线通常用屏蔽线或专用电缆，示波器接线使用专用电缆，直流电源的接线用普通导线。

（1）示波器　示波器是一种用途很广的电子测量仪表，它既能直接显示电信号的波形，又能对电信号的各种参数进行测量。现着重介绍下列几点：

1）寻找扫描线。将示波器 Y 轴显示方式置“Y1”或“Y2”，输入耦合方式置“GND”，开机预热后，若在显示屏上不出现亮点和扫描线，则可按下列操作去找到扫描线：①适当调节“亮度”旋钮。②触发方式开关置“自动”。③适当调节垂直（↑↓）、水平

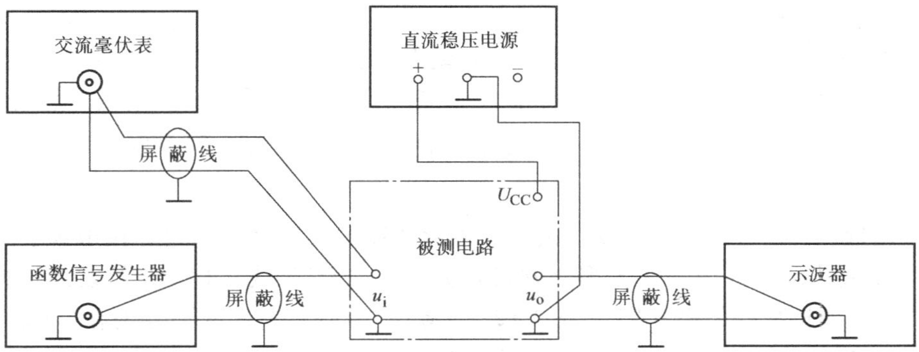

图 11-5　各仪表与被测实验装置之间的布局与连接

（⇆）和位移旋钮，使扫描线位于显示屏中央。

2）双踪示波器一般有五种显示方式，即“Y1”、“Y2”、“Y1 + Y2”三种单踪显示方式和“交替”、“断续”两种双踪显示方式。“交替”显示一般适用于输入信号频率较高的情况。“断续”显示一般适用于输入信号频率较低的情况。

3）为了显示稳定的被测信号波形，“触发源选择”开关一般选为内触发，使扫描触发信号取自示波器内部的 Y 通道。

4）触发方式开关通常先置于“自动”，调出波形后，若被显示的波形不稳定，则可置于“常态”，通过调节“触发电平”旋钮找到合适的触发电压，使被测量的波形稳定地显示在示波器显示屏上。

有时，由于选择了较慢的扫描速度，显示屏上将会出现闪烁的光迹，但被测信号的波形不在 X 轴方向左右移动，这样的现象仍属于稳定显示。

5）适当调节“扫描速度”开关及“Y 轴灵敏度”开关使显示屏上显示 1 ~ 2 个周期的被测信号波形。在测量幅值时，应注意将“Y 轴灵敏度微调”旋钮置于“校准”位置，即顺时针旋到底，且听到关的声音。在测量周期时，应注意将“X 轴扫描速度微调”旋钮置于“校准”位置，即顺时针旋到底，且听到关的声音。另外，还要注意“扩展”旋钮的位置。

根据被测波形在显示屏坐标刻度上垂直方向所占的格数（DIV 或 cm）与“Y 轴灵敏度”开关指示值（V/DIV）的乘积，即可算得信号幅值的实测值。

根据被测信号波形一个周期在显示屏坐标刻度上水平方向所占的格数（DIV 或 cm）与“扫描速度”开关指示值（s/ DIV）的乘积，即可算得信号频率的实测值。

（2）函数信号发生器　函数信号发生器按需要输出正弦波、矩形波和三角波三种信号波形。输出电压最高可达 20V（p-p）。通过“输出衰减”开关和“输出幅度调节”旋钮，可使输出电压在毫伏级到伏级范围内连续调节。函数信号发生器的输出信号频率可以通过频率分档开关进行调节。

注意：函数信号发生器作为信号源，它的输出端不允许短路。

（3）交流毫伏表　交流毫伏表只能在其工作频率范围之内，用来测量正弦交流电压的有效值。为了防止过载而损坏，测量前一般先把量程开关置于量程较大位置上，然后在测量中逐档减小量程。

2. 用机内校正信号对示波器进行自检

（1）调节扫描线　将示波器的显示方式开关置于“单踪”显示（Y1 或 Y2），输入耦合方式开关置“GND”，触发方式开关置于“自动”。开启电源开关后，调节“辉度”、“聚焦”、“辅助聚焦”等旋钮，使荧光屏上显示一条细而且亮度适中的扫描线。然后调节“X 轴位移”（⇄）和“Y 轴位移”（↑↓）旋钮，使扫描线位于显示屏中央，并且能上下左右自如移动。

（2）测量校正信号波形的幅度、频率　将示波器的校正信号通过专用电缆引入选定的 Y 通道（Y1 或 Y2），将 Y 轴输入耦合方式开关置于“AC”或“DC”，触发源选择开关置“内”，内触发源选择开关置“Y1”或“Y2”。调节“X 轴扫描速度”开关和“Y 轴灵敏度”开关，使示波器显示屏上显示出一个或数个周期稳定的矩形波波形。

1）校准校正信号幅度。将“Y 轴灵敏度微调”旋钮置“校准”位置，“Y 轴灵敏度”开关置适当位置，读取校正信号幅度，记入表 11-1。

2）校准校正信号频率。将“扫描速度微调”旋钮置“校准”位置，“扫描速度”开关置适当位置，读取校正信号周期，记入表 11-1。

表 11-1　数据记录表 1

	标准值	实测值
幅度 U_{p-p}/V	0.6	
频率 f/kHz	1	
上升沿时间/μs	≤2	
下降沿时间/μs	≤2	

注：不同型号示波器的标准值有所不同，请按所使用示波器将标准值填入表格中。

3）测量校正信号的上升沿时间和下降沿时间。调节“Y 轴灵敏度”开关及微调旋钮，并移动波形，使矩形波波形在垂直方向上正好占据中心轴，且上下对称，便于阅读。通过“扫描速度”开关逐级提高扫描速度，使波形在 X 轴方向扩展（必要时可以利用“扫描速度扩展”开关将波形再扩展 10 倍），并同时调节“触发电平”旋钮，从显示屏上清楚地读出上升沿时间和下降沿时间，记入表 11-1。

3. 用示波器和交流毫伏表测量信号参数

调节函数信号发生器有关旋钮，输出频率分别为 100Hz、1kHz、10kHz 和 100kHz，有效值均为 1V（交流毫伏表测量值）的正弦波信号。

改变示波器“扫描速度”开关及“Y 轴灵敏度”开关等位置，测量信号源输出电压频率及峰-峰值等，记入表 11-2。

表 11-2　数据记录表 2

信号电压频率	示波器测量				交流毫伏表测量
	频率/Hz	周期/ms	电压峰-峰值/V	有效值/V	读数/V
100Hz					
1kHz					
10kHz					
100kHz					

4. 观察双踪示波器显示波形时“交替”与“断续”两种显示方式的特点

Y1、Y2 均不加输入信号，输入耦合方式置“GND”，“扫描速度”开关置扫描速度较低档位（如 0.2s/DIV 档）和扫描速度较高档位（如 5μs/DIV 档），把显示方式开关分别置“交替”和“断续”位置，观察两条扫描线的显示特点。

三、任务小结

1. 任务工作单的填写

【填写要求】回顾本任务所介绍的主要内容，检查学习效果，请认真完成下面“常用电子测量仪表综合运用任务工作单”中各项内容的填写。其中，学生自评分为优、良、中和差四个等级，填写完毕后交指导老师评定签字，作为期末成绩评定参考的依据。

常用电子测量仪表综合运用任务工作单

任务名称					
学生姓名		所在班级		学 号	
实施场所		实施时间		指导老师	

1. 示波器进行自检测量，记入下表。

	标 准 值	实 测 值
幅度 U_{p-p}/V	0.6	
频率 f/kHz	1	
上升沿时间 /μs	≤2	
下降沿时间 /μs	≤2	

注：不同型号示波器的标准值有所不同，请按所使用示波器将标准值填入表格中。

2. 用示波器和交流毫伏表测量信号参数值，记入下表。

信号电压频率	示波器测量				交流毫伏表测量
	频率/Hz	周期/ms	电压峰-峰值/V	有效值/V	读数/V
100Hz					
1kHz					
10kHz					
100kHz					

3. 函数信号发生器有哪几种输出波形？它的输出端能否短接？

学生自评		指导老师评价		指导老师签字	

2. 巩固提高

1）整理实验数据，并进行分析。

2）如何操纵示波器有关旋钮，以便从示波器显示屏上观察到稳定、清晰的波形？

3）用双踪示波器显示波形，比较相位时，为在显示屏上得到稳定波形，应怎样选择下列开关的位置？

① 显示方式选择（Y1、Y2、Y1 + Y2、交替和断续）。

② 触发方式选择（常态、自动）。

③ 触发源选择（内、外）。

④ 内触发源选择（Y1、Y2 和交替）。

任务二 常用电子测量仪表测量晶体管放大器

通过本任务的学习，了解常用电子测量仪表的综合运用——测量晶体管放大电路，初步掌握电子测量与调试基础步骤。熟练掌握常用电子测量仪表的综合运用和基本操作方法是从事电子产品装配与调试工作的基本技能之一。

一、晶体管共发射极单管放大器的工作原理

图 11-6 为电阻分压式工作点稳定的晶体管共发射极单管放大器实验电路图。它的偏置电路采用由 R_{B1} 和 R_{B2} 组成的分压电路，并在发射极中接电阻 R_E，以稳定放大器的静态工作点。当在放大器的输入端加入输入信号 u_i 后，在放大器的输出端便可得到一个与 u_i 相位相反，幅值被放大了的输出信号 u_o，从而实现了电压放大。

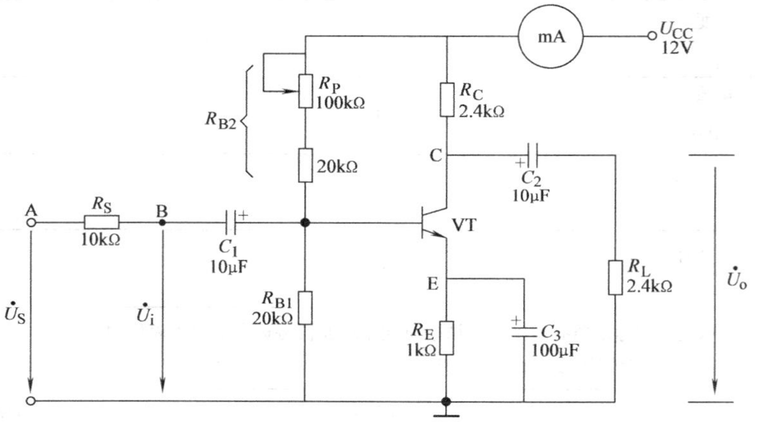

图 11-6 晶体管共发射极单管放大器实验电路

在图 11-6 所示电路中，当流过偏置电阻 R_{B1} 和 R_{B2} 的电流远大于晶体管 VT 的基极电流 I_B（一般为 5 ~ 10 倍）时，则它的静态工作点可用下式估算：

$$V_B \approx \frac{R_{B1}}{R_{B1}+R_{B2}}U_{CC}$$

$$I_E \approx \frac{V_B - U_{BE}}{R_E} \approx I_C$$

$$U_{CE} = U_{CC} - I_C\ (R_C + R_E)$$

电压放大倍数为

$$A_u = -\beta \frac{R_C /\!/ R_L}{r_{be}}$$

输入电阻为

$$R_i = R_{B1} /\!/ R_{B2} /\!/ r_{be}$$

输出电阻为

$$R_0 \approx R_C$$

由于电子器件性能的分散性比较大，因此在设计和制作晶体管放大器时，离不开测量和调试技术。在设计前应测量所用元器件的参数，为电路设计提供必要的依据，在完成设计和装配以后，还必须测量和调试放大器的静态工作点和各项性能指标。一个优质放大器，必定是理论设计与实验调整相结合的产物。因此，除了学习放大器的理论知识和设计方法外，还必须掌握必要的测量和调试技术。

放大器的测量和调试一般包括：放大器静态工作点的测量与调试，干扰与自激振荡的消除、放大器各项动态参数的测量与调试等。

1. 放大器静态工作点的测量与调试

（1）静态工作点的测量　测量放大器的静态工作点，应在输入信号 $u_i=0$ 的情况下进行，即将放大器输入端与地端短接，然后选用量程合适的直流毫安表和直流电压表，分别测量晶体管的集电极电流 I_C 以及各电极对地的电位 V_B、V_C 和 V_E。一般实验中，为了避免断开集电极，所以采用测量电位 V_E 或 V_C，然后算出 I_C 的方法，例如，只要测出 V_E，即可用 $I_C\approx I_E=\dfrac{V_E}{R_E}$算出 $I_C\left(也可根据 I_C=\dfrac{U_{CC}-V_C}{R_C}，由 V_C 确定 I_C\right)$，同时也能算出 $U_{BE}=V_B-V_E$，$U_{CE}=V_C-V_E$。

为了减小误差，提高测量准确度，应选用内阻较高的直流电压表。

（2）静态工作点的调试　放大器静态工作点的调试是指对管子集电极电流 I_C（或 U_{CE}）的调整与测量。静态工作点是否合适，对放大器的性能和输出波形都有很大影响。若工作点偏高，则放大器在加入交流信号以后易产生饱和失真，此时 u_o 的负半周将被削底，如图 11-7a 所示；若工作点偏低，则易产生截止失真，即 u_o 的正半周被缩顶（一般截止失真不如饱和失真明显），如图 11-7b 所示。这些情况都不符合不失真放大的要求。所以在选定工作点以后还必须进行动态调试，即在放大器的输入端加入一定的输入电压 u_i，检查输出电压 u_o 的大小和波形是否满足要求。如不满足，则应调节静态工作点的位置。

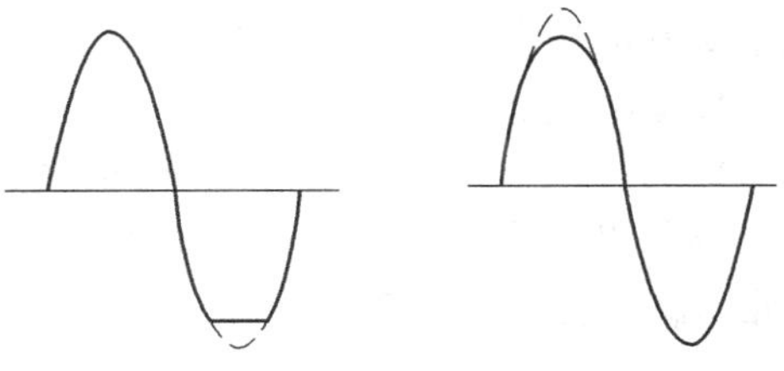

a)　　　　b)

图 11-7　静态工作点对 u_o 波形失真的影响

改变电路参数 U_{CC}、R_C、R_B（R_{B1}、R_{B2}）都会引起静态工作点的变化，如图 11-8 所示。但通常多采用调节偏置电阻 R_{B2} 的方法来改变静态工作点，如减小 R_{B2}，则可使静态工作点提高等。

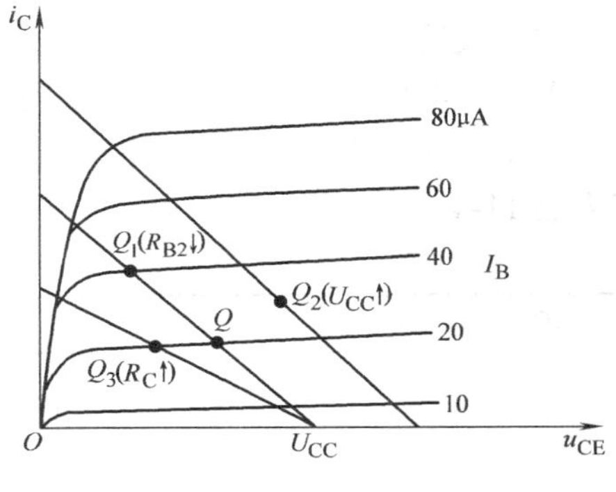

图 11-8　电路参数对静态工作点的影响

最后还要说明的是，上面所说的工作点“偏高”或“偏低”不是绝对的，应该是相对信号的幅度而言，若输入信号幅度很小，则即使工作点较高或较低也不一定会出现失真。所以确切地说，产生波形失真是信号幅度与静态工作点设置配合不当所致。若需满足较大信号幅度的要求，则静态工作点最好尽量靠近交流负载线的中点。

2. 放大器电压放大倍数 A_u 的测量

调整放大器到合适的静态工作点，然后加入输入电压 u_i，在输出电压 u_o 不失真的情况下，用交流毫伏表测出 u_i 和 u_o 的有效值 U_i 和 U_o，则

$$A_u = \frac{U_o}{U_i}$$

3. 最大不失真输出电压 U_{oPP}的测量（最大动态范围）

如上所述，为了得到最大动态范围，应将静态工作点调在交流负载线的中点。为此在放大器正常工作情况下，逐步增大输入信号的幅度，并同时调节 R_P（改变静态工作点），用示波器观察 u_o，当输出波形同时出现削底和缩顶现象（见图 11-9）时，说明静态工作点已调在交流负载线的中点。然后反复调整输入信号，使波形输出幅度最大，且无明显失真时，用交流毫伏表测出 U_o（有效值），则动态范围为 $2\sqrt{2}U_o$，或用示波器直接读出 U_{oPP}来。

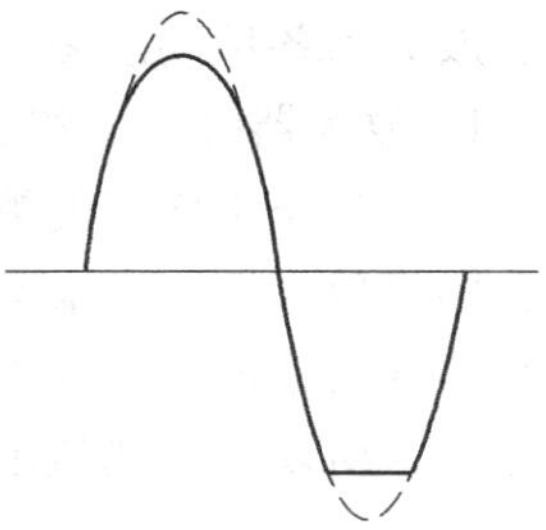

图 11-9 输出波形同时出现削底和缩顶现象

二、测量晶体管放大器技能训练

实验电路如图 11-6 所示。各电子测量仪表可按图 11-5 所示方式连接，为防止干扰，各仪表的公共端必须连在一起，同时信号源、交流毫伏表和示波器的引线应采用专用电缆或屏蔽线，若使用屏蔽线，则屏蔽线的外包金属网应接在公共接地端上。

1. 调试静态工作点

接通直流电源前，先将 R_P 调至最大，函数信号发生器输出旋钮旋至零。接通 12V 电源，调节 R_P，使 $I_C = 2.0\text{mA}$（即 $V_E = 2.0\text{V}$），用直流电压表测量 V_B、V_E、V_C，用万用电表测量 R_{B2}，记入表 11-3。

表 11-3 数据记录表 3

测 量 值				计 算 值		
V_B/V	V_E/V	V_C/V	R_{B2}/kΩ	U_{BE}/V	U_{CE}/V	I_C/mA

2. 测量电压放大倍数

在放大器输入端加入频率为 1kHz 的正弦波信号 u_S，调节函数信号发生器的输出旋钮使放大器输入电压 $U_i \approx 10\text{mV}$，同时用示波器观察放大器输出电压 u_o 波形，在波形不失真的条件下用交流毫伏表测量下述三种情况下的 U_o 值，并用双踪示波器观察 u_o 和 u_i 的相位关系，记入表 11-4。

表 11-4 数据记录表 4

R_C/kΩ	R_L/kΩ	U_i/V	U_o/V	A_u	观察记录一组 u_o 和 u_i 波形
2.4	∞				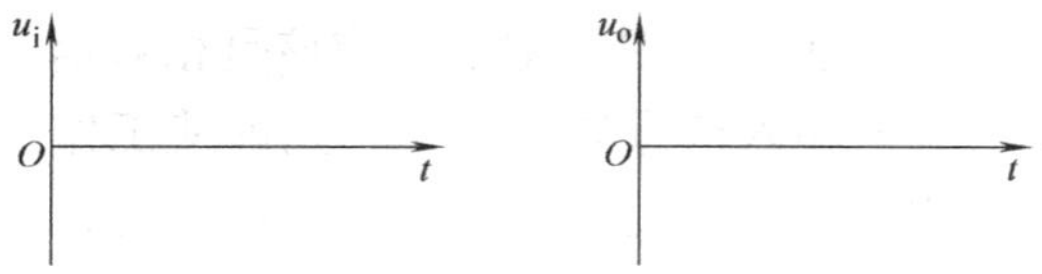
1.2	∞				
2.4	2.4				

3. 观察静态工作点对输出波形失真的影响

置 $R_C = 2.4\text{k}\Omega$，$R_L = \infty$，$u_i = 0$，调节 R_P 使 $I_C = 2.0\text{mA}$，测出 U_{CE}值，再逐步加大输入

信号，使输出电压 u_o 足够大但不失真。然后保持输入信号不变，分别增大和减小 R_P，使波形出现失真，绘出 u_o 的波形，并测出失真情况下的 I_C 和 U_{CE}值，记入表 11-5 中。每次测 I_C 和 U_{CE}值时都要将信号源的输出旋钮旋至零。

表 11-5　数据记录表 5

I_C/mA	U_{CE}/V	u_o 波形	失真情况	管子工作状态

4. 测量最大不失真输出电压

置 $R_C=2.4\mathrm{k}\Omega$，$R_L=2.4\mathrm{k}\Omega$，按照上述方法，调节输入信号的幅度和 R_P，用示波器和交流毫伏表测量 U_o 的值，记入表 11-6。

表 11-6　数据记录表 6

I_C/mA	U_{im}/mV	U_{om}/V

三、任务小结

1. 任务工作单的填写

【填写要求】回顾本任务所介绍的主要内容，检查学习效果，请认真完成下面“常用电子测量仪表测量晶体管放大器任务工作单”中各项内容的填写。其中，学生自评分为优、良、中和差四个等级，填写完毕后交指导老师评定签字，作为期末成绩评定参考的依据。

常用电子测量仪表测量晶体管放大器任务工作单

任务名称					
学生姓名		所在班级		学号	
实施场所		实施时间		指导老师	

1. 写出实验设备型号：

1）直流电源：________　2）函数信号发生器：________

3）双踪示波器：________　4）交流毫伏表：________

5）直流毫安表：________　6）万用电表：________

7）模拟电路实验箱：________

2. 填写晶体管放大器测量数值

表　1

测　量　值				计　算　值		
V_B/V	V_E/V	V_C/V	R_{B2}/kΩ	U_{BE}/V	U_{CE}/V	I_C/mA

（续）

表 2

R_C/kΩ	R_L/kΩ	U_i/V	U_o/V	A_u	观察记录一组 u_o 和 u_i 波形
2.4	∞				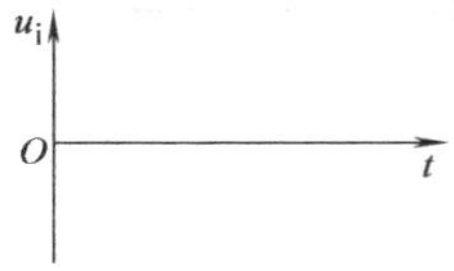 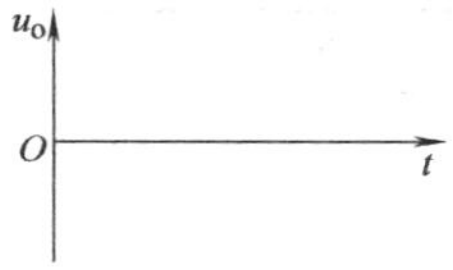
1.2	∞				
2.4	2.4				

表 3（R_C =2.4kΩ、R_L = ∞）

I_C/mA	U_{CE}/V	u_o 波形	失真情况	管子工作状态

		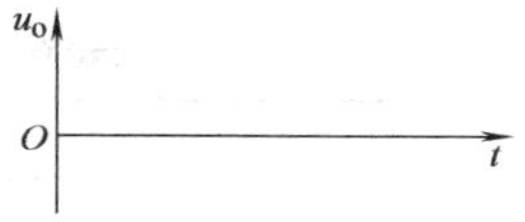		

表 4（R_C =2.4kΩ、R_L =2.4kΩ）

I_C/mA	U_{im}/mV	U_{om}/V

3. 交流毫伏表是用来测量正弦波电压还是非正弦波电压的？它的表头指示值是被测信号的什么数值？它是否可以用来测量直流电压的大小？

学生自评		指导老师评价		指导老师签字	

2. 巩固提高

1）熟悉和掌握电路参数的测量方法及常用仪表的使用，了解一些电路的调试方法。

2）总结 R_C、R_L 及静态工作点对放大器电压放大倍数的影响。

3）讨论静态工作点变化对放大器输出波形的影响。

本 章 小 结

1. 测量流程的设定是：用单一仪表进行单一参数的测量时，往往按仪表的技术规范进行操作。对于较为复杂的测量，特别是一些非标准和非常规的测量，在确定测量方案时，要制订具体的操作步骤、方法，形成测量流程（也称操作定义），以书面的形式，让操作人员在测量时严格照章执行。

2. 了解和掌握常用电子测量仪表综合运用的测量安全措施。

3. 熟悉和掌握电路参数的测量方法及常用仪表的使用，了解一些电路的调试方法。

习　　题

1. 如何科学运用电子测量仪表进行测量？
2. 用双踪示波器显示波形时，观察“交替”与“断续”两种显示方式的特点。
3. 分析讨论在测量晶体管放大器实验中出现的现象和问题，写出实验心得。

参 考 文 献

［1］ 魏岫崑，等．电子测量技术［M］．天津：天津科技大学出版社，1986.

［2］ 任庆，范懋本．电子测量原理［M］．成都：电子科技大学出版社，1989.

［3］ 宋伟．电子仪器与测量技术［M］．北京：高等教育出版社，1993.

［4］ 申业刚．电子测量［M］．南京：江苏科学技术出版社，1986.

［5］ 张学庄，廖诩希．电子测量与仪器［M］．长沙：湖南科学技术出版社，1993.

［6］ 节东炜，汪润久，吴春华．万用表使用维修手册［M］．北京：中国计量出版社，1995.

［7］ 张永瑞，刘振起，杨林耀，等．电子测量技术基础［M］．西安：西安电子科技大学出版社，1994.

［8］ 孙建京，路而红，陆宏瑶．常用电子仪器原理使用维修［M］．北京：中国广播电视大学出版社，1996.

［9］ 邓泰林．新型万用表实用手册［M］．福州：福建科学技术出版社，1998.

［10］ 孙焕根．电子测量与智能仪器［M］．杭州：浙江大学出版社，1991.